高等职业教育融合课程思政新形态一体化教材
高等职业教育应用型人才培养规划教材

土工技术

（第2版）

主　编　李　忠　刘　翠
副主编　杨春景　李宝玉　杨二静
　　　　张　敏　范巧娟
主　审　郭俊刚

黄河水利出版社
·郑　州·

内 容 提 要

本书是高等职业教育融合课程思政新形态一体化教材及高等职业教育应用型人才培养规划教材。本书是依据现行行业规范、规程编写,注重实践,突出应用。全书共7个学习项目,主要内容为土的物理性质与工程分类、土的压缩性与地基变形、土的渗透性、土的抗剪强度、挡土墙与土压力、软弱地基处理、土工试验。

本书是贯彻落实国务院《国家职业教育改革实施方案》,根据教育部、财政部发布的《关于实施中国特色高水平高职学校和专业建设计划的意见》和教育部等九部门发布的《职业教育提质培优行动计划》等文件精神,结合水利水电类相关专业对土工技术课程的要求,编写完成。可供水利水电类专业、土木工程类专业高职高专教学使用,也可供水利水电工程、工业与民用建筑工程、地质工程等工程技术人员参考学习。

图书在版编目(CIP)数据

土工技术/李忠,刘翠主编. —2版. —郑州:黄河水利出版社,2022. 5

高等职业教育融合课程思政新形态一体化教材　高等职业教育应用型人才培养规划教材

ISBN 978-7-5509-3275-3

Ⅰ. ①土…　Ⅱ. ①李…　②刘…　Ⅲ. ①土工学-高等职业教育-教材　Ⅳ. ①TU4

中国版本图书馆CIP数据核字(2022)第076416号

策划编辑:陶金志　电话:0371-66025273　E-mail:838739632@qq.com

出 版 社:黄河水利出版社　　网址:www.yrep.com

地址:河南省郑州市顺河路黄委会综合楼14层　　邮政编码:450003

发行单位:黄河水利出版社

发行部电话:0371-66026940、66020550、66028024、66022620(传真)

E-mail:hhslcbs@126.com

承印单位:河南承创印务有限公司

开本:787 mm×1 092 mm　1/16

印张:14.50

字数:340千字

版次:2018年5月第1版　　印次:2022年5月第1次印刷

2022年5月第2版

定价:42.00元

第2版前言

本书是为贯彻落实国务院《国家职业教育改革实施方案》，根据教育部、财政部发布的《关于实施中国特色高水平高职学校和专业建设计划的意见》和教育部等九部门发布的《职业教育提质培优行动计划》等文件精神，在第一版教材的基础上，结合水利水电类相关专业对土工技术课程的要求，完成本次一体化教材的修订编写。

本书编写修订参考高职高专学生的特点，遵循“教·学·练·评”一体化的教学模式，以实用性为目的，紧密联系实际，突出应用，尽量使教材文字叙述简洁明了，通俗易懂，内容选用成熟的理论与典型经验，使教材少而精。教材注重练习，每一个任务均对应有相应基本练习，每一个项目均对应有思考计算。教材编写顺应“互联网+”的发展趋势，推进信息技术与教育，将数字教学资源与传统教材完美融合。同时，将与课程契合的、学生容易接受的课程思政元素融入教材，并从专业知识的角度切入讲解，提升课程思政教育的实效性。此外，本教材编写除采用国家及水利、建筑等行业颁布的最新勘察设计规范及试验标准外，还将常见的土工试验列为一个项目，以加强理论与实践的结合。

本书第1版于2018年5月出版，自出版以来，受到全国高职高专院校水利类专业师生及广大水利类从业人员的喜爱，随着新时代对职业教育发展提出的新要求，以及相关规范、标准、法规等更新完善，同时也为了满足不同层次、不同专业及行业企业的新要求，2022年对原书内容进行了全面修订、补充和完善。本书由全国相关院校专业任课教师共同组成团队，在充分征集各位教师对第1版教材在教学使用中的意见和建议的基础上完成修订再版。

本书主要有土的物理性质与工程分类、土的压缩性与地基变形、土的渗透性、土的抗剪强度、挡土墙与土压力、软弱地基处理、土工试验等内容，适合于理论课60课时，试验课1周的水利水电类专业、土木工程类专业高职高专教学使用，也可供水利水电工程、工业与民用建筑工程、地质工程等技术人员参考。

本书编写人员及分工如下：绪论及项目1由黄河水利职业技术学院李忠编写；项目2由黄河水利职业技术学院刘翠编写；项目3由河南水利与环境职业学院李宝玉编写；项目4由黄河水利职业技术学院张敏编写；项目5由黄河水利职业技术学院杨春景编写；项目6和练习题答案由河南省江淮工程检测有限公司王辉和黄河水利职业技术学院杨二静共同编写；项目7由云南云水工程技术检测有限公司杭林林、张静静和河南水利与环境职业学院范巧娟共同编写。本书由李忠、刘翠担任主编，由李忠负责全书规划与统稿；由杨春景、李宝玉、杨二静、张敏、范巧娟担任副主编；由中国地质科学院郑州矿产综合利用研究所郭俊刚担任主审。

本书在编写过程中，参考引用了国内同行的著作、教材及有关资料，为此，谨对所有文献的作者深表谢意！由于编者水平和能力有限，书中难免有疏漏和不妥，欢迎读者批评指正。

编　者

2022 年 1 月

本书互联网全部资源二维码

目 录

绪 论

【思政导引】

新时代水利精神

在中华民族悠久治水史中,孕育了大禹精神、都江堰精神、红旗渠精神、九八抗洪精神等优秀治水传统和宝贵精神财富。党的十八大以来,在习近平总书记治水重要论述指引下的生动实践中,催生了具有新时代特征的水利精神品质。五千年精神传承、新时代实践创新,彰显了水利人"忠诚、干净、担当"的可贵品质,厚植了水利行业"科学、求实、创新"的价值取向。在治水矛盾发生深刻变化、治水思路需要相应调整转变的新形势下,迫切需要进一步传承和弘扬"忠诚、干净、担当,科学、求实、创新"的新时代水利精神,为不断把中国特色水利现代化事业推向前进提供精神支撑。

新时代水利精神在做人层面倡导"忠诚、干净、担当"。

忠诚——水利人的政治品格。水利关系国计民生。在新时代,倡导水利人忠于党、忠于祖国、忠于人民、忠于水利事业,胸怀天下、情系民生,致力于人民对优质水资源、健康水生态、宜居水环境的美好生活向往,承担起新时代水利事业的光荣使命。

干净——水利人的道德底线。上善若水。在新时代,倡导水利人追求至清的品质,从小事做起,从自身做起,自觉抵制各种不正之风,不逾越党纪国法底线,始终保持清白做人、干净做事的形象。

担当——水利人的职责所系。水利是艰苦行业,坚守与担当是水利人特有的品质。在新时代,倡导水利人积极投身水利改革发展主战场,立足本职岗位,履职尽责,攻坚克难,在平凡的岗位上创造不平凡的业绩。

新时代水利精神在做事层面倡导"科学、求实、创新"。

科学——水利事业发展的本质特征。水利是一门古老的科学,治水要有科学的态度。在新时代,倡导水利工作坚持一切从实际出发,尊重经济规律、自然规律、生态规律,坚持按规律办事,不断提高水利工作的科学化、现代化水平。

求实——水利事业发展的作风要求。水利事业不是空谈出来的,是实实在在干出来的。在新时代,倡导水利工作求水利实际之真、务破解难题之实,发扬脚踏实地、真抓实干的作风,察实情、办实事、求实效,以抓铁有痕、踏石留印的韧劲抓落实,一步一个脚印把水利事业推向前进。

创新——水利事业发展的动力源泉。水利实践无止境,水利创新无止境。在新时代,倡导水利工作解放思想、开拓进取,全面推进理念思路创新、体制机制创新、内容形式创新,统筹解决好水灾害频发、水资源短缺、水生态损害、水环境污染的问题,走出一条有中国特色的水利现代化道路。

(源自中华人民共和国水利部)

0.1　土工技术的研究内容与对象

土工技术是研究“工程土”的一门学科,包括人工土体和自然土体,以及与土的力学性能密切相关的地下水。土是岩石经风化、剥蚀、搬运、沉积而形成的松散堆积物,颗粒之间没有胶结或弱胶结。土位于地壳的表层,是人类工程经济活动的主要地质环境。土的形成经历了漫长的地质历史过程,其性质随着形成过程和自然环境的不同而有差异。因此,在建筑物或构筑物设计前,必须对场地土的成因、工程性质、不良地质现象、地下水状况和场地的工程地质等进行评判,密切结合土的工程性质进行设计和施工。否则,会影响工程的经济效益和安全使用。总之,土工技术是研究土的物理、力学性质及土体在荷载、水等外界因素作用下与工程建筑有关的土的变形、强度和渗透等特性的应用科学。

工程上土常作为建筑物或构筑物的地基。地基是指建筑物或构筑物下面支承基础的土体或岩体。地基有天然地基和人工地基(复合地基)两类。天然地基是指不需要人工加固的天然土层,有土质、岩石及特殊土地基等。人工地基是指用换土、夯实、化学加固、加筋技术等方法加固处理的地基。地基不属于建筑的组成部分,是自然界的一部分,但它对保证建(构)筑物的坚固耐久具有非常重要的作用。基础是将结构所承受的各种作用传递到地基上的结构组成部分。

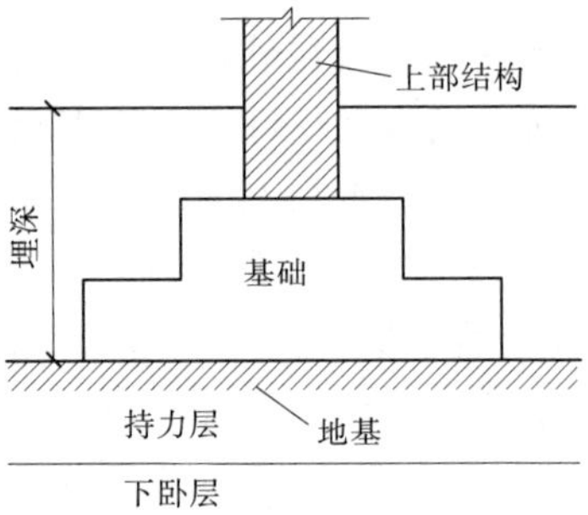

图 0-1　地基基础示意图

如图 0-1 所示,在建筑物荷载作用下,地基、基础和上部结构三部分是彼此联系、相互影响和共同作用的。设计时应根据场地的工程地质条件,综合考虑地基、基础和上部结构三部分的共同作用和施工条件,并通过经济、技术比较,选取安全可靠、经济合理、技术可行的处理方案,否则会发生与土有关的工程问题。

【案例 1】　加拿大特朗斯康谷仓破坏。

1. 概况

加拿大特朗斯康谷仓平面呈矩形,长 59.44 m,宽 23.47 m,高 31.0 m,容积 36 368 m^3。谷仓为圆筒仓,每排 13 个圆筒仓,共 5 排,由 65 个圆筒仓组成。谷仓的基础为钢筋混凝土筏基,厚 61 cm,基础埋深 3.66 m。谷仓于 1911 年开始施工,1913 年秋完工。谷仓自重 20 000 t,相当于装满谷物后满载总重量的 42.5%。1913 年 9 月起往谷仓装谷物,仔细地装载,使谷物均匀分布。10 月当谷仓装了 31 822 m^3 谷物时,发现 1 h 内垂直沉降达 30.5 cm。结构物向西倾斜,并在 24 h 内谷仓倾倒,倾斜度离垂线达 26°53′。谷仓西端下沉 7.32 m,东端上抬 1.52 m。1913 年 10 月 18 日谷仓倾倒后,上部钢筋混凝土筒仓坚如磐石,仅有极少的表面裂缝,如图 0-2 所示。

码 0-1　典型案例 1-加拿大特朗斯康谷仓倾斜

2. 事故原因

加拿大特朗斯康谷仓发生地基滑动强度破坏的主要原因:对谷仓地基土层事先未做勘察、试验与研究,采用的设计荷载超过地基土的抗剪强度,导致这一严重事故。由于谷仓整体刚度较高,地基破坏后,筒仓仍保持完整,无明显裂缝,因而地基发生强度破坏而整体失稳。

图 0-2 加拿大特朗斯康谷仓破坏情况

3. 处理方法

为修复筒仓，在基础下设置了 70 多个支承于深 16 m 基岩上的混凝土墩，使用了 388 个千斤顶，逐渐将倾斜的筒仓纠正。补救工作是在倾斜谷仓底部水平巷道中进行的，新的基础在地表下深 10. 36 m。经过纠倾处理后，谷仓于 1916 年起恢复使用。修复后位置比原来降低了 4 m。

【案例 2】 美国 Teton 坝溃决。

1. 概况

Teton 坝位于美国爱达荷州的 Teton 河上，是一座防洪、发电、旅游、灌溉等综合利用的土坝。高 90 m，长 1 000 m，建于 1972~1975 年，1976 年 6 月失事。直接损失 8 000 万美元，死亡 14 人，2. 5 万人、60 万亩❶土地及 32 km 铁路受灾。

2. 溃坝过程

1976 年 6 月 5 日上午 10:30 左右，下游坝面有水渗出并带出泥土，如图 0-3 所示；11:00 左右洞口不断扩大并向坝顶靠近，泥水流量增加；11:30 左右洞口继续向上扩大，泥水冲蚀了坝基，主洞的上方又出现一渗水洞，流出的泥水开始冲击坝趾处的设施；11:50 左右洞口扩大加速，泥水对坝基的冲蚀更加剧烈，如图 0-4 所示；12:00 过后坍塌口加宽，洪水扫过下游谷底，附近所有设施被彻底摧毁，如图 0-5 所示。

图 0-3 美国 Teton 坝溃决 1

❶ 1 亩 = 1/15 hm^2。

图 0-4 美国 Teton 坝溃决 2

图 0-5 美国 Teton 坝溃决 3

3. 溃坝原因

由于岸坡坝段齿槽边坡较陡,岩体刚度较大,心墙土体在齿槽内形成支撑拱,拱下土体的自重应力减小。有限元分析表明,由于拱的作用,槽内土体应力仅为土柱压力的60%,在土拱的下部,贴近槽底有一层较松的土层。因此,当库水由岩石裂缝流至齿槽时,高压水就会对齿槽土体产生劈裂而通向齿槽下游岩石裂隙,造成土体管涌或直接造成槽底松土产生管涌。

【案例3】 上海大楼倾倒。

1. 概况

2009 年 6 月 27 日 5 时 30 分,上海市闵行区莲花南路一在建楼盘工地发生楼体倒覆事件(见图 0-6),致 1 名工人死亡。事故调查组认定其为重大责任事故,6 名事故责任人被依法判刑 3~5 年。该楼房倒塌是房改以来发生的第一起,引起了社会的广泛关注,从而上榜 2009 年房地产十大新闻。

2. 事故原因

上海市政府组织勘察设计、水文地质、施工工况、检测 4 个专家小组,对事故发生的工程技术原因进行了深入分析和复核。专家组提出了事故原因调查和技术分析的结论意见,主要有:

(1)房屋倾倒的主要原因是,紧贴倒塌的 7 号楼北侧,在短期内堆土过高,最高处达 10

图 0-6 上海大楼的倾倒

m 左右；与此同时，紧邻大楼南侧的地下车库基坑正在开挖，开挖深度 4.6 m，大楼两侧的压力差使土体产生水平位移，过大的水平力超过了桩基的抗侧能力，导致房屋倾倒。

(2) 倾倒事故发生后，对其他房屋周边的堆土及时采取了卸土、填坑等措施，地基和房屋变形稳定，房屋倾倒的隐患已经排除。

(3) 经现场补充勘察和复核，原岩土工程勘察报告符合规范要求；原结构设计，经复核符合规范要求；大楼所用 PHC（预应力高强度混凝土）管桩，经检测质量符合规范要求。

0.2 土工技术发展历史

生产的发展和生活的需要，使人类早就懂得了利用土进行建设。西安半坡村新石器时代的遗址就发现了土台和石础；公元前 2 世纪修建的万里长城及随后修建的京杭大运河、黄河大堤等都有坚固的地基与基础。这些都说明我国人民在长期的生产实践中积累了许多土方面的知识。

18 世纪产业革命以后，随着城市建设、水利工程及道路工程的兴建，推动了土工技术的发展。1776 年，法国的库仑（Coulomb）根据试验提出了砂土的抗剪强度公式和库仑土压力理论；19 世纪中叶，大规模的桥梁、铁路和公路的建设，促进了桩基础理论和施工方法的发展；1857 年，英国学者朗肯（Rankine）根据不同假设提出了土压力理论；1885 年，法国学者布辛奈斯克（Boussinesq）求出了半无限弹性体在垂直集中力作用下应力和变形的理论解答；1922 年，瑞典的费伦纽斯（Fellenius）为解决铁路塌方问题，研究并提出了土坡稳定分析法；1923 年，美国太沙基（Terzaghi）提出了土体一维固结理论，接着又在另一文献中提出了著名的有效应力原理，从而使土力学成为一门独立的学科。此后，随着大量引用弹性力学的研究成果，土体变形和破坏问题的研究得到了迅速发展。

我国学者对土力学的研究始于 1945 年黄文熙在中央水利实验处创立的第一个土工实验室，70 多年来，各方面都得到了长足的进展，取得了许多重要研究成果，为土工技术的发展和完善做出了积极的贡献。

时至今日，伴随着工程建设事业突飞猛进的发展，土工技术围绕从宏观到微观结构，在本构关系与强度理论、物理模拟与数值模拟、测试与监测技术、土质改良等方面取得了快速的进展。电子技术的应用也为这门学科注入了新的活力，实现了测试技术的自动化和理论分析的准确性,标志着本学科进入一个新的发展时期。

0.3 主要内容与学习方法

土工技术需研究和解决工程中的两大问题:一是土体稳定问题,这就要研究土体中的应力和强度,例如地基的稳定、土坝的稳定等;二是土体变形问题,即土体不仅要具有足够的强度能保证自身稳定,还要保证土体的变形不超过建筑物的允许值。此外,对于土工建筑物、水工建筑物地基,或其他挡土挡水结构,除在荷载作用下土体要满足前述的稳定和变形要求外,还要研究渗流对土体变形和稳定的影响。本教材将土工技术这门课程分为土的物理性质与工程分类、土的压缩性与地基变形、土的渗透性、土的抗剪强度、挡土墙与土压力、软弱地基处理及土工试验等 7 个学习项目。

土工技术是一门实践性很强的学科,在学习本课程时,要掌握土工技术的基本理论,学会解决实际问题的基本方法和培养基本技能。在学完土工技术课程之后应掌握土的物理性质研究方法;会计算土体应力,了解应力分布规律,掌握土的渗流理论、压缩理论、固结理论及有效应力原理等概念,能进行地基沉降和固结计算;掌握土的强度理论及其应用,会进行土压力计算、土坡稳定验算、软弱地基处理。结合理论学习,培养自己进行各种物理力学试验的技能,通过试验深化理论学习,理解和掌握确定计算参数的方法。根据土工技术的研究内容,学习中力求掌握以下几点:

(1)要有工程的观点,不仅要掌握本课程的基本原理,还应掌握工程的检测方法、实用工艺、设计施工方法等。

(2)要有遵守规范的观点,规范是工程经验的总结,规范是技术应用的依据,规范是法规,应该遵守。由于本教材涉及的规范较多,且各部门的规范又不完全统一,应用时应加以区分。

(3)要培养分析问题、解决问题的能力,理论是实践的基础,没有正确的理论,就没有正确的实践。通过对基本概念、基本理论和基本技能的培养,结合工程实践,培养学生分析和解决问题的能力。

码 0-2　土工技术课程标准

码 0-3　课程思政案例 1-地质“三光荣”精神

项目1　土的物理性质与工程分类

【知识要点】

土的概念与生成;土的结构与构造;土粒的矿物成分;土的粒组划分;土的颗粒级配;土的物理性质指标;土的物理性质指标换算;无黏性土的密实度;黏性土的稠度;土的击实性;土的建筑规范分类法;土的国家标准分类法。

【技能要求】

通过颗粒分析试验绘制颗粒级配曲线,用颗粒级配曲线判别土的级配,根据工程要求选择料场。

测定土的物理性质指标,并进行指标换算。

测定土的物理状态指标,并根据土的物理状态指标判断无黏性土的密实度和黏性土的稠度。

根据击实试验求出土的最优含水率和最大干密度,进行填土压实质量检查。

按照《建筑地基基础设计规范》(GB 50007—2011)和《土工试验方法标准》(GB/T 50123—2019)对土进行分类命名。

【思政导引】

生态奇迹——毛乌素沙漠变绿洲

一、毛乌素沙漠的由来

一千多年前,在鄂尔多斯高原与黄土高原之间曾有一片水草肥沃之地。西晋时期,五胡乱华,匈奴人赫连勃勃趁乱而起,建立大夏国,并将都城定于此地,起名统万城,取统治千秋万代之意。在这块肥沃土地的养育下,赫连勃勃厉兵秣马,曾一度将疆域扩展到秦岭地域,甚至攻占了长安。然而如今,赫连勃勃的野心仿佛还在眼前,统万城却早已沦为茫茫黄沙,昔日鼎盛的国度再也寻不见踪迹,只留下一片萧条荒凉的毛乌素沙漠。

毛乌素沙漠是中国四大沙地之一,海拔多为1 100~1 300 m,处于几个自然地带的交接地段,植被和土壤反映出过渡性特点。总面积4.22万平方千米,位于陕西和内蒙古两省交界处、陕西省榆林市长城一线以北,因此榆林市也被称为驼城,意为沙漠之城。

毛乌素沙漠并不是天然形成的沙漠。此地原本生态优美,是以“水草肥美,群羊塞道”著称的塞外明珠,风景宜人。据考证,随着人类对土地不加节制的开垦及战乱,当地生态逐渐被破坏。自唐代起至明清,经过成千上百年的演变,再加上气候变迁,毛乌素地区逐渐变成茫茫大漠。

二、毛乌素沙漠的地质背景

毛乌素沙漠位于鄂尔多斯盆地的北部,其北部为伊盟隆起,西部为鄂尔多斯天环古向斜和西缘断褶带,南抵鄂尔多斯中央古隆起,东部为伊陕斜坡的北部。毛乌素沙漠地处华北陆台之上,经历了晚三迭世、早侏罗世内陆湖盆沉积、中晚侏罗世、白垩世,第三世和第四世,地表出露的岩层主要有：石英岩、砂岩、花岗岩、片麻岩、灰泥岩、黏土、砂土等。

毛乌素沙区主要位于鄂尔多斯高原与黄土高原之间的湖积冲积平原凹地上。其地貌组合为沙地、梁地、滩地、黄土丘陵相互交错分布，并有大小不等的湖泊、河流分布其间。

风沙地貌广泛分布于整个沙地，西北部以固定沙地和半固定沙地为主，东南部以流动沙地为主。主要类型有覆盖在湖泊河流沉积冲积物上的流动新月形沙丘链、格状沙丘和分布在流沙边缘及流沙与草垫之间的起伏平缓的固定沙地。

梁地主要由白垩纪红色砂岩、侏罗纪灰绿色砂岩构成的基岩梁地和由第三纪沉积物构成的沉积梁地，这两种梁地的构成物质固结程度都很差，极易风化，梁地风化物质是本地流沙的主要来源。

滩地在毛乌素沙地分布较广，与风沙地貌、梁地等相间分布，地形平坦，地势较低。

黄土丘陵分布于沙地东南部，属于黄土高原的北缘，主要由马兰黄土和砂土，地形破碎，表象为梁、峁、源等地貌类型。

三、毛乌素沙漠的现状

1959 年以来，我国大力兴建防风林带，引水拉沙，引洪淤地，开展了改造沙漠的巨大工程。

到了 21 世纪初，已经有 600 多万亩沙地被治理，止沙生绿。80%的毛乌素沙漠得到治理，水土也不再流失，黄河的年输沙量足足减少了四亿吨。由于有良好的降水，许多沙地，如今成了林地、草地和良田。在沙漠腹地，榆林市还累计新辟农田 160 万亩，榆林这座“沙漠之都”变成了“大漠绿洲”。

70 多年来，榆林的林木覆盖率从上世纪 50 年代的 0.9%提高到 34.8%，沙化土地治理率达 93.24%，年入黄泥沙由 5.13 亿吨减少到 2.9 亿吨。“榆林的治沙经验，对全世界具有重要意义与价值!”曾任联合国防治荒漠化公约执行秘书的哈马·阿尔巴·迪亚洛曾高度评价。

沙海巨变，举世瞩目。茫茫塞上，一片片的樟子松苍翠挺拔，而这一片片郁郁葱葱的绿色，也早已流进了陕北父老乡亲的心田。

新中国 70 多年的治沙探索为世界防治荒漠化开出了“中国药方”，为实现土地退化零增长这个世界目标提供了“中国方案”，为推进人类可持续发展贡献了“中国经验”。

1.1　土的组成

1.1.1　土的生成与特性

1.1.1.1　土的生成

土是由岩石经物理化学风化、剥蚀、搬运、沉积形成的松散颗粒集合体。土的形成过程、形成条件影响着土的物理力学性质。不同风化作用形成不同类型的土，风化作用主要有以下三种。

1. 物理风化

岩石经风、霜、雨、雪的侵蚀，温度和湿度的变化，不均匀膨胀和收缩，使岩石产生裂隙，崩解为碎块，或者运动过程中因碰撞和摩擦破碎。这种风化作用，只改变颗粒的大小和形状，不改变矿物成分，只经过物理风化形成的土是无黏性土，一般也称为原生矿物，如图 1-1 所示。

码 1-1　动画 1-物理风化

图 1-1　物理风化岩石

2. 化学风化

岩石碎屑与水、氧气、二氧化碳等物质接触，使岩石碎屑发生化学变化，改变了原来矿物的成分，产生一种新的成分——次生矿物，土的颗粒变得很细，具有黏结性。如地衣及藓类植物在光秃秃的岩石表面生长，形成一个更为潮湿的化学微环境，岩石被这些生物附上后会加强在岩石上表面微表层进行的物理与化学分解。

3. 生物风化

生物风化由动物、植物和人类活动对岩体的破坏（其矿物成分没有变化）、剥蚀、搬运、沉积。不同的生物风化作用，形成不同性质的土。如大范围的幼苗发芽及植物的根部除对岩石裂隙施加物理压力外，亦提供一个水及化学物的渗透渠道。

码 1-2　动画 2-生物风化

三种风化作用对比如图 1-2 所示。

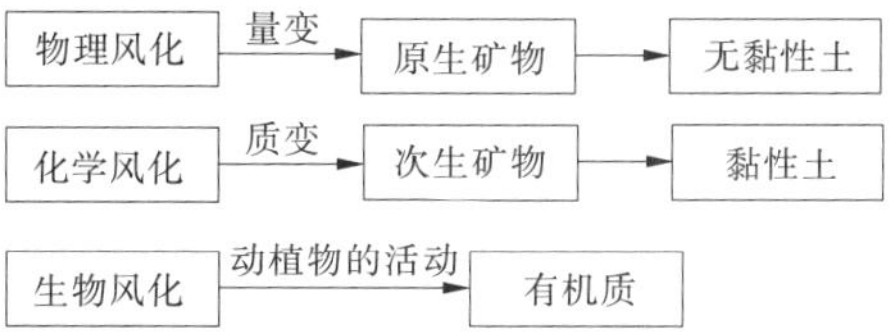

图 1-2　三种风化作用对比

1.1.1.2　土的结构与构造

1. 土的结构

（1）定义。土颗粒之间的相互排列和连接形式称为土的结构。

（2）种类。土的结构一般有三种基本类型：单粒结构、蜂窝结构和絮状结构，如图 1-3 所示。

单粒结构：是无黏性土的基本组成形式，由较粗的砾石、砂粒在重力作用下沉积形成，如图 1-3(a)所示。

蜂窝结构：当土粒较细在水中单独下沉，碰到已沉积的土粒时，由于土粒之间的分子引力大于颗粒自重，下沉土粒被吸引不再下沉，形成具有很大孔隙的蜂窝结构，如图 1-3(b)所示。

絮状结构：粒径小于 0.005 mm 的黏土颗粒，在水中长期悬浮并在水中运动时，形成小链环状的土集粒而下沉。这种小链环碰到另一小链环被吸引，形成大链环状的絮状结构，如图 1-3(c)所示。

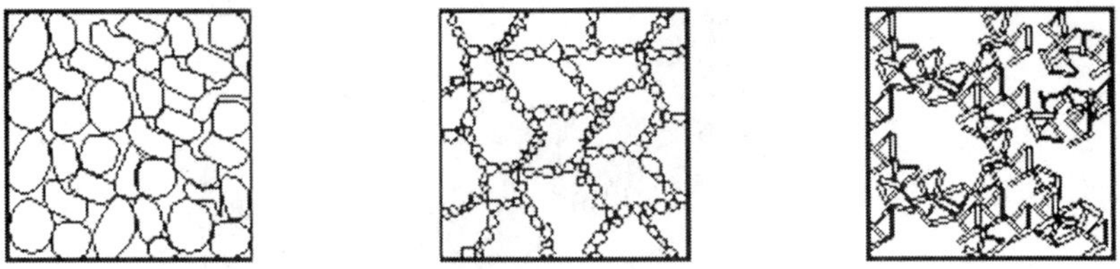

图 1-3 土的结构

(3) 工程特性。上述三种结构中,密实的单粒结构工程性质最好,蜂窝结构和絮状结构被扰动则破坏了天然结构,其强度低、压缩性高,一般不可作天然地基。

2. 土的构造

(1) 定义。土的构造是指在同一土层中,其结构不同部分相互排列的特征。

(2) 种类。土的构造主要有 4 种类型:层状构造、分散构造、结核状构造和裂隙状构造。

层状构造:土层由不同的颜色或不同的粒径组成,层与层相互平行。这种层状构造反映不同年代不同搬运条件形成的土层,为细粒土的一个重要特征。

分散构造:土层中土粒分布均匀,性质相近,如砂与卵石层为分散构造。

结核状构造:在细粒土中混有粗颗粒或各种结核,如含砾石的冰碛黏土。

裂隙状构造:土体中有许多不连续的小裂隙,某些硬塑或坚硬状态的黏土为此种构造。

(3) 工程性质。通常分散构造的工程性质最好。结核状构造工程性质的好坏取决于细粒土部分。裂隙状构造中,因裂隙强度降低、渗透性大,工程性质差。

1.1.1.3 土的工程特性

土与其他连续介质的建筑材料相比,具有下列三个显著的工程特性。

1. 压缩性高

反映材料压缩性高低的指标弹性模量 E(土的称为变形模量),随着材料性质不同而有着极大的差别,如钢筋的弹性模量为 2.1×10^5 MPa,C20 混凝土的弹性模量为 2.6×10^4 MPa,卵石的弹性模量为 40~50 MPa,饱和细砂弹性模量的为 8~16 MPa。

以上数据表明,当应力数值相同,材料厚度一样,卵石的压缩性是钢筋的压缩性的数千倍;饱和细砂的压缩性是 C20 混凝土的压缩性的数千倍,这足以证明土的压缩性极高。软塑或流塑状态的黏性土的压缩性往往更高。

2. 强度低

土的强度特指抗剪强度,而非拉压强度。无黏性土的强度来源于土粒表面粗糙不平产生的摩擦力;黏性土的强度除摩擦力,还有黏聚力。无论是摩擦力还是黏聚力都远小于建筑材料本身的强度,土的强度比其他建筑材料(如钢材、混凝土)都低得多。

3. 透水性大

土体中固体矿物颗粒之间具有无数的孔隙,这些孔隙是透水的。土的透水性比木材、混凝土都大,尤其是粗颗粒的卵石或砂土,其透水性更大。

1.1.2 土的三相

天然土体是由固体颗粒、水和气体三部分组成的,如图 1-4 所示,通常称为土的三相组成。随着三相物质的质量和体积的比例不同,土的性质也就不同。若土中的孔隙全部由气体填充,称为干土;若土中的孔隙全部由水填充,称为饱和土;若土中的孔隙中同时存在水和气体,称为湿土。

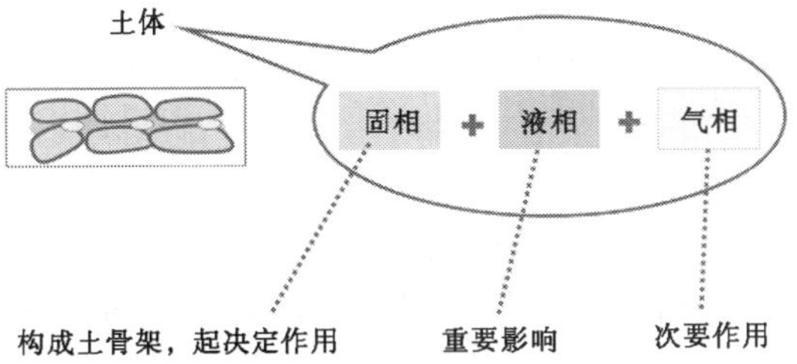

图 1-4　土的三相组成

三相的成分,它们之间在体积和质量上的比例关系,决定了土的物理性质,如干湿、轻重、松紧和软硬等;而土的物理性质在很大程度上又决定着土的力学性质,如土的抗剪强度、地基土的承载力等。

1.1.2.1　土的固相

土的固体颗粒是土的三相组成的主体,是决定土的工程性质的主要成分。分析研究土的状态,就要研究固体颗粒的矿物成分、颗粒形状、颗粒级配。

1. 土粒的矿物成分

土中的矿物成分可以分为原生矿物和次生矿物两大类。

原生矿物是指岩浆在冷凝过程中形成的矿物,如石英、长石、云母等。

次生矿物是由原生矿物经过风化作用后形成的新矿物,如三氧化二铝、三氧化二铁、次生二氧化硅、黏土矿物和碳酸盐等。次生矿物按其与水的作用可分为易溶的、难溶的和不溶的,次生矿物的水溶性对土的性质有重要影响。黏土矿物的主要代表性矿物为高岭石、伊利石和蒙脱石,由于其亲水性不同,当其含量不同时土的工程性质也就各异。

2. 土的粒组划分

土中固体颗粒的大小及其含量,决定了土的物理力学性质。颗粒的大小通常用粒径表示。实际工程中常按粒径大小分组,粒径在某一范围之内的分为一组,称为粒组。每个粒组之内的土的工程性质相似。

目前,土的粒组划分方法有很多种,现介绍国家发布的《土工试验方法标准》(GB/T 50123—2019)(简称国标)和交通运输部发布的《公路土工试验规程》(JTG 3420—2020)(简称公路标准)。其分类方法见表 1-1。

表 1-1　土的粒组的划分

粒组统称	粗组粒径范围(mm)	粒组名称		
		国标		公路标准
巨粒	$d>200$	漂石(块石)		相同
	$200\geqslant d>60$	卵石(碎石)		名称碎石变为小块石
粗粒	$60\geqslant d>20$	砾粒	粗砾	相同
	$20\geqslant d>5$		中砾	
	$5\geqslant d>2$		细砾	
	$2\geqslant d>0.5$	砂粒	粗砂	
	$0.5\geqslant d>0.25$		中砂	
	$0.25\geqslant d>0.075$		细砂	
细粒	$0.075\geqslant d>0.005$	粉粒		粉粒和黏粒的界限变为 0.002 mm
	$d\leqslant 0.005$	黏粒		

我们常说的无黏性土指的是粗粒土，以砾石和砂砾为主要物质的土；黏性土指的是细粒土，以粉粒、黏粒和胶粒为主要组成物质的土。

思考：土的颗粒越粗，是否压缩性越高、强度越低？

实际情况恰好相反，通常粗粒土的压缩性低、强度高、渗透性大。

3. 土的颗粒级配

天然土体，往往由多个粒组混合而成，土的颗粒有粗有细，这类土如何表示它的组成呢？

工程中常用各粒组的相对含量，即各粒组占总质量的百分数来表示，称为土的颗粒级配。这是无黏性土的重要指标，是粗粒土分类定名的标准。

1）确定方法

要确定各粒组的相对含量，需要将各粒组分离开，再分别称重。这就是工程中常用的颗粒分析方法，实验室常用的有筛分法和密度计法。

（1）筛分法适用于粒径大于 0.075 mm 的土。筛分法就是用一套标准筛（见图 1-5），如孔直径（mm）：60、40、20、10、5.0、2.0、1.0、0.5、0.25、0.1、0.075，将有代表性的试样倒入标准筛内摇振，然后分别称出留在各筛子上的土重，并计算出各粒组的相对含量，即得土的颗粒级配。

图 1-5　标准筛

（2）密度计法适用于粒径小于 0.075 mm 的土。基本原理是颗粒在水中下沉速度与粒径的平方成正比，粗颗粒下沉速度快，细颗粒下沉速度慢。根据下沉速度就可以将颗粒按粒径大小分组（详见项目 7 土工试验）。

当土中含有颗粒粒径大于 0.075 mm 和小于 0.075 mm 的土粒时，可以联合使用筛分法和密度计法。

2）表述方法

工程中常用粒径级配曲线直接了解土的级配情况。曲线的横坐标为土颗粒粒径，单位为 mm；纵坐标为小于某粒径的土质量百分数，用百分数（%）表示，如图 1-6 所示。因为土中的粒径通常相差悬殊，横坐标用对数尺寸可以把细粒部分的粒径间距放大，而将粗粒部分的粒径间距缩小，把粒径相差悬殊的粗粒、细粒的含量都表示出来，尤其是能把占总质量比例小但对土的性质影响较大的微小土粒部分的含量清楚地表示出来。

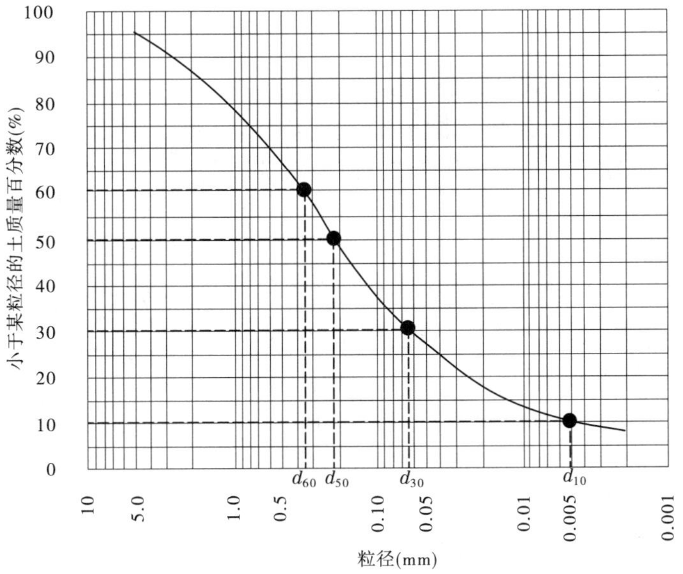

图 1-6 土的级配曲线

从土的颗粒级配曲线中可直接求得各粒组的颗粒含量及粒径分布的均匀程度，进而估测土的工程性质。其中一些特征粒径，可作为选择建筑材料的依据，并评价土的级配优劣。特征粒径有：

d_{10}——土中小于此粒径的土的质量占总土质量的 10%，也称有效粒径。

d_{30}——土中小于此粒径的土的质量占总土质量的 30%。

d_{50}——土中小于此粒径的土的质量和大于此粒径的土的质量各占 50%，也称平均粒径，用来表示土的粗细。

d_{60}——土中此粒径土的质量占总土质量的 60%，也称限制粒径。

3）评价依据

粒径分布的均匀程度由不均匀系数 C_u 表示：

$$C_u = \frac{d_{60}}{d_{10}} \tag{1-1}$$

不均匀系数 C_u 反映粒径曲线坡度的陡缓，表明土粒大小的不均匀程度，是反映土粒组成不均匀程度的参数。工程上常把 $C_u<5$ 的土称为匀粒土；反之，$C_u \geqslant 5$ 的土则称为非匀粒土。

土的粒径级配曲线的形状，尤其是确定其是否连续，可用曲率系数 C_c 反映：

$$C_c = \frac{d_{30}^2}{d_{60} \times d_{10}} \tag{1-2}$$

研究表明，当级配连续时，C_c 的范围在 1～3。因此，当 $C_c<1$ 或 $C_c>3$ 时，均表示级配曲线不连续。

由上可知，土的级配优劣可由土中土粒的不均匀系数 C_u 和粒径分布曲线的形状曲率系数 C_c 衡量。我国《土的工程分类标准》（GB/T 50145—2007）规定：对于纯净的砂、砾石，当实际工程中 $C_u \geqslant 5$，且 $C_c = 1～3$ 时，它的级配是良好的；不能同时满足上述条件时，它的级配是不良的。

1.1.2.2 **土的液相**

土中液体含量不同,土的性质就不同。土中的液体一部分以结晶水的形式存在于固体颗粒的内部,形成结合水;另一部分存在于土颗粒的孔隙中,形成自由水。

1. 结合水

在电场作用力范围内,水中的阳离子和极性分子被吸引在土颗粒周围,距离土颗粒越近,作用力越大;距离越远,作用力越小,直至不受电场力作用。通常称这一部分水为结合水。结合水特点是包围在土颗粒四周,不传递静水压力,具有固态水和液态水的双重性质:即自身重力作用下不能运动,在外力作用下能够移动(运动)及变形。结合水可分为强结合水和弱结合水,如图 1-7 所示。

强结合水的特点:排列致密、定向性强;密度大于 1 g/cm^3;冰点处于零下几十摄氏度;具有固体的特性;温度达 150 ℃时可蒸发。

弱结合水的特点:位于强结合水之外,电场引力作用范围之内;电场引力作用下可移动;不因重力而移动,有黏滞性。

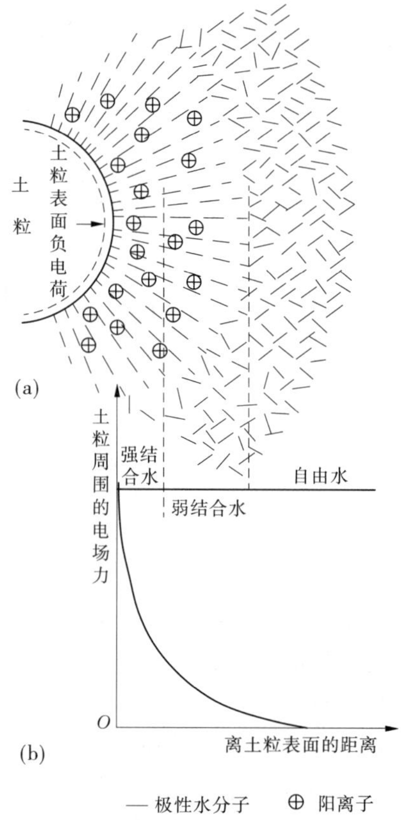

图 1-7 黏土矿物和水相互作用

2. 自由水

不受电场引力作用的水称为自由水。自由水又可分为毛细水和重力水,如图 1-8 所示。

(1)毛细水。在液体表面张力作用下,毛细管中水位上升一定高度的现象称为毛细现象。毛细空隙是岩土中的细小空隙,一般指直径小于 1 mm 的空隙或宽度小于 0.25 mm 的裂隙。由于水分子与土颗粒之间的附着力和水、气界面上的表面张力,地下水将沿着这些毛细空隙被吸引上来,而在地下水位以上形成一定高度的毛细管水带。它与土中孔隙的大小、形状、土颗粒的矿物成分以及水的性质有关。在地下水面以上的包气带中广泛存在毛细水。

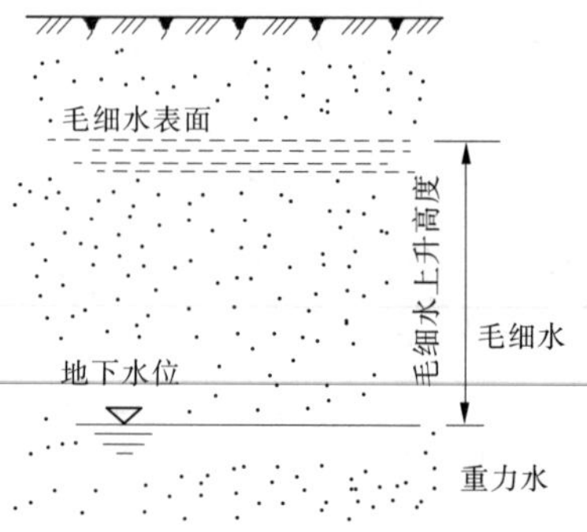

图 1-8 毛细水和重力水

毛细水类型分为以下三种:

支持毛细水:下部有水面的支持。图 1-9 中井的左侧表示高水位时砂层中的支持毛细水。

悬挂毛细水:下部没有水面的支持。图 1-9 中井的右侧表示水位降低后砂层中的悬挂毛细水。砾石层中孔隙直径已超过毛细管,故不存在支持毛细水。

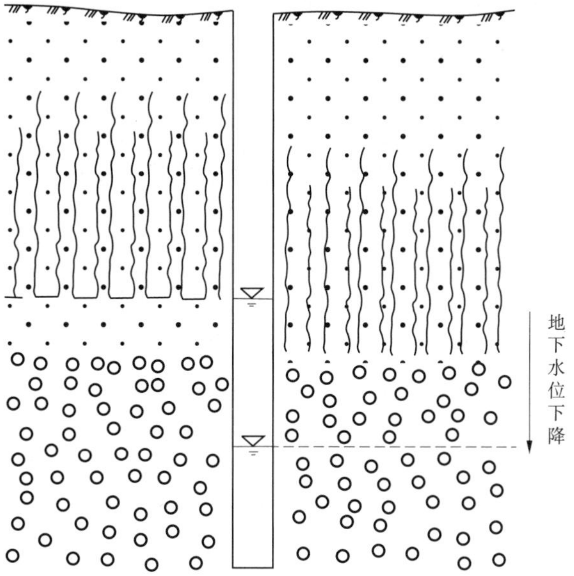

图 1-9　支持毛细水与悬挂毛细水

孔角毛细水:包气带中颗粒接触点上的毛细水。由于粗细交替的地质条件和水位的变化而形成将水滞留在孔角上。

(2)重力水。远离固相表面,水分子受固相表面吸引力的影响极其微弱,主要受重力影响。在自身重力影响下可以自由运动的水称为重力水。重力水具有溶解能力,能传递水压力。地层内岩石空隙中如果存在一定的重力水,就可以通过泉或井流出(抽出)。重力水是工程研究的主要对象。

码 1-3　典型案例 2-南水北调中线工程(地下水对工程的影响)

1.1.2.3　土的气相

在非饱和土中,土颗粒间的孔隙由液体和气体充满。土中气体一般以两种形式存在于土中:一种是四周被颗粒和水封闭的封闭气体;另一种是与大气相通的自由气体。

当土的饱和度较低,土中气体与大气相通时,土体在外力作用下,气体很快从孔隙中排出,土的强度和稳定性提高。当土的饱和度较高,土中出现封闭气体时,土体在外力作用下,体积缩小;外力减小,体积增大。因此,土中封闭气体增加了土的弹性。同时,土中封闭气体的存在还能阻塞土中水的渗流通道,减小土的渗透性。

练习题

一、判断题

1. 土的矿物成分可分为原生矿物和次生矿物。(　　)
2. 土的三相是土的固相、液相和气相。(　　)
3. 颗粒级配曲线的纵坐标表示土粒的粒径。(　　)
4. 颗粒级配是否良好常用不均匀系数和曲率系数两个判别指标。(　　)
5. 某土料的不均匀系数为 6,曲率系数为 1.6,则该土颗粒级配良好。(　　)
6. 土中的水以固、液、气三种形态存在。(　　)

7. 土中的封闭气体对土的工程性质有很大影响。(　　)

8. 土的颗粒大小分析法有筛分法和密度计法。(　　)

9. 结合水是液态水的一种,故能传递静水压力。(　　)

10. 土的结构和构造是一样的。(　　)

11. 颗粒分析试验是为了测得土中不同粒组的相对百分比含量。(　　)

12. 砂土的结构是蜂窝结构。(　　)

13. 土粒大小不均匀,级配良好。(　　)

二、选择题

1. 液态水对土的性能影响很大,可分为结合水和(　　)。

A. 重力水　　B. 毛细水　　C. 毛管水　　D. 自由水

2. 我们在做颗粒分析试验时最常用的方法是(　　)。

A. 筛分法　　B. 目测法　　C. 容量瓶法　　D. 比对法

3. 若甲、乙两种土的不均匀系数相同,则两种土(　　)。

A. 颗粒级配累计曲线相同　　B. 有效粒径相同

C. 限定粒径相同　　D. 限定粒径与有效粒径之比相同

4. 土的颗粒级配,可用不均匀系数 C_u 来表示,不均匀系数 C_u 是用小于某粒径的土粒质量累计百分数的两个限定粒径之比来表示的,即(　　)。

A. $C_u=d_{60}/d_{10}$　　B. $C_u=d_{50}/d_{10}$　　C. $C_u=d_{65}/d_{15}$　　D. $C_u=d_{10}/d_{60}$

5. 在土的颗粒大小分析试验中,对于粒径大于 0.075 mm 和粒径小于 0.075 mm 的土,采用的颗粒级配试验方法分别为(　　)。

A. 均为筛分法　　B. 前者为筛分法,后者为密度计法

C. 均为比重计法　　D. 前者为比重计法,后者为筛分法

6. 不能传递静水压力的土中水是(　　)。

A. 毛细水　　B. 自由水　　C. 重力水　　D. 结合水

7. 土中所含不能传递静水压力,但水膜可缓慢转移从而使土具有一定的可塑性的水,称为(　　)。

A. 结合水　　B. 自由水　　C. 强结合水　　D. 弱结合水

8. 由某土颗粒级配曲线获得 $d_{60}=12.5$ mm,$d_{10}=0.03$ mm,则该土的不均匀系数 C_u 为(　　)。

A. 416.7　　B. 4 167　　C. 2.4×10^{-3}　　D. 12.53

1.2　土的物理性质指标

码 1-4　典型案例 3-某工程地质勘察报告

由于土是由固体颗粒、液体和气体三部分组成,各部分含量的比例关系直接影响土的物理性质和土的状态。例如,同样一种土,松散时强度较低,经过外力压密后,强度会提高。对于黏性土,含水率不同,其性质也有明显差别,含水率大,则软;含水率小,则硬。

在土力学中,为进一步描述土的物理力学性质,将土的三相成分比例关系量化,用一些具体的物理量表示,这些物理量就是土的物理性质指标。如含水率、密度、

土粒比重、孔隙比、孔隙率和饱和度等。为了形象、直观地表示土的三相组成比例关系，常用三相图来表示土的三相组成，如图1-10所示。三相图左侧表示三相组成的质量或重量，三相图的右侧表示三相组成的体积。

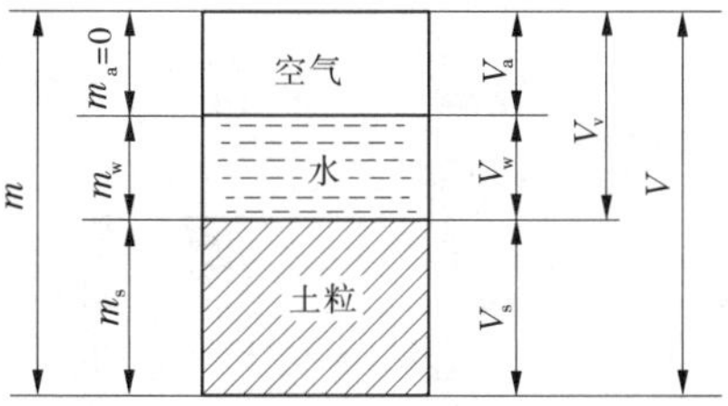

m_a—气体的质量，g；m_w—水的质量，g；m_s—土粒的质量，g；m—总质量，g；
V_a—气体的体积，cm^3；V_w—水的体积，cm^3；V_s—土粒的体积，cm^3；
V_v—孔隙的体积，cm^3；V—总体积，cm^3

图1-10　土的三相图

1.2.1　实测指标

1.2.1.1　土的密度(ρ)和重度(γ)

1. 意义

土的密度ρ是指单位体积土的质量，通常称为天然密度或湿密度，g/cm^3；

土的重度γ是指单位体积土所受的重力，$\gamma=\rho g$，kN/m^3。

码1-5　动画3-密度试验

2. 表达式

密度是总质量与总体积之比。单位用g/cm^3或kg/m^3计。公式如下：

$$\rho=\frac{m}{V}=\frac{m_s+m_w}{V_s+V_w+V_a} \tag{1-3}$$

3. 常见值

$\rho=1.6\sim2.20\ g/cm^3$，$\gamma=\rho g=16\sim22\ kN/m^3$。

4. 测定方法

对黏性土，土的密度常用环刀法测得。即用一定容积V的环刀切取试样(见图1-11)，称得质量m，即可求得密度ρ。

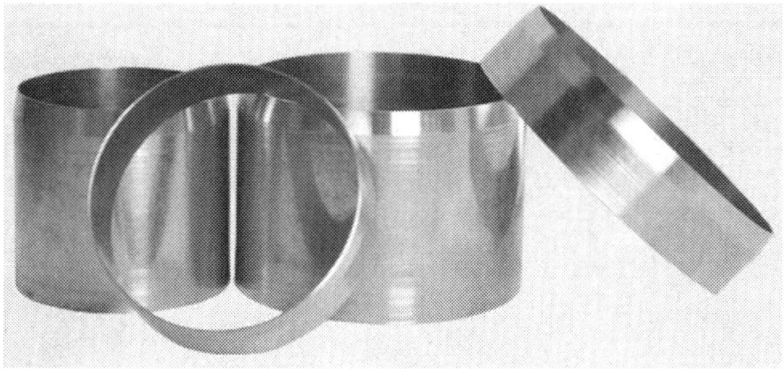

图1-11　环刀

对于卵石、砾石与原状砂常用灌水法或灌砂法测得密度。灌水法即现场挖试坑，将挖出的试样装入容器,称其质量,再用塑料薄膜袋平铺于试坑内,注水入薄膜袋,直至袋内水面与坑口齐平,注入的水量即为试坑的体积,进而求得土的密度,如图 1-12 所示。

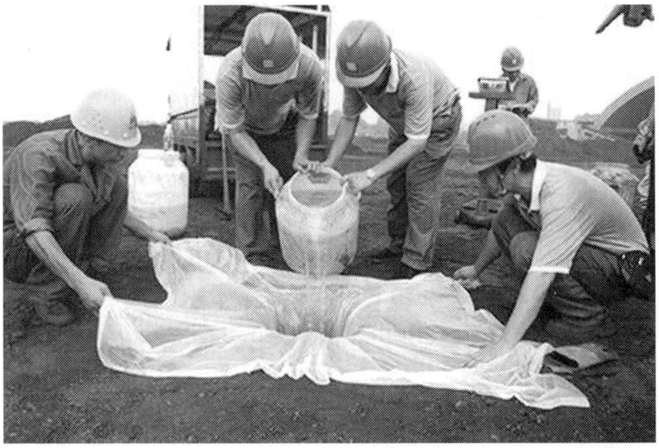

图 1-12　灌水法

1.2.1.2　土的含水率 (ω)

1. 意义

土的含水率 ω 是指土中液体的质量(m_w) 和土颗粒质量(m_s) 之比,用百分数表示。

码 1-6　动画 4-含水率试验

2. 表达式

$$\omega = \frac{m_w}{m_s} \times 100\% = \frac{m - m_s}{m_s} \times 100\% \tag{1-4}$$

3. 常见值

砂土:$\omega = 0 \sim 40\%$;黏性土:$\omega = 20\% \sim 60\%$。

4. 测定方法

土的含水率常用烘干法测定。取代表性试样,黏性土为 15~30 g,砂性土与有机质土为 50 g(有机质土中有机质含量不超过总质量的 10%时,烘干时温度大概六七十摄氏度),土装入称量盒内称其质量后,放入烘箱内,烘箱和称量铝盒见图 1-13,在 105~110 ℃的恒温下烘干,取出烘干后的土样,冷却后再称重,从而计算得到土的含水率。

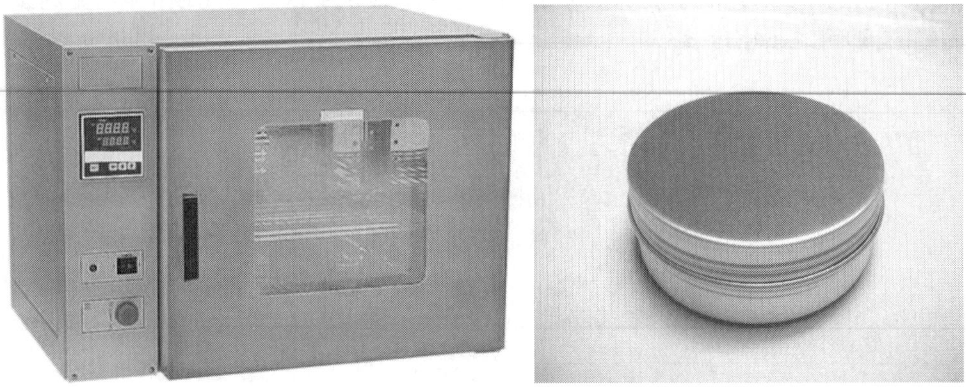

图 1-13　烘箱和称量铝盒

1.2.1.3 土粒比重(G_s)

1. 意义

土粒比重(G_s)是土粒的质量与同体积纯蒸馏水在4 ℃时的质量之比,也称为土的相对密度。

2. 表达式

$$G_s = \frac{m_s}{V_s\rho_w^{4\,℃}} = \frac{\rho_s}{\rho_w} \tag{1-5}$$

式中 ρ_s——土粒的密度,即单位体积土粒的质量;

$\rho_w^{4\,℃}$——4 ℃时纯蒸馏水的密度,即1 g/cm³。

3. 常见值

砂土:$G_s = 2.65 \sim 2.69$;粉土:$G_s = 2.70 \sim 2.71$;黏性土:$G_s = 2.72 \sim 2.75$。

4. 测定方法

常用比重瓶法测土的比重。

码1-7 动画5-比重试验(比重瓶法-试验原理)

码1-8 动画6-比重试验(比重瓶法-试验方法)

码1-9 动画7-土粒比重试验(虹吸筒法)

1.2.2 换算指标

1.2.2.1 干密度(ρ_d)和干重度(γ_d)

1. 意义

土的干密度ρ_d是指土被完全烘干时的密度,若忽略气体的质量,干密度在数值上等于单位体积中土粒的质量,g/cm³。在堤坝、路基等填方工程中,常把干密度作为填土设计和施工质量控制的指标。

干重度$\gamma_d = \rho_d g$。

2. 表达式

$$\rho_d = \frac{m_s}{V} \tag{1-6}$$

3. 常见值

$\rho_d = 1.5 \sim 1.7$ g/cm³,$\gamma_d = 15 \sim 17$ kN/m³。

1.2.2.2 饱和密度(ρ_{sat})和饱和重度(γ_{sat})

1. 意义

饱和密度ρ_{sat}是指孔隙完全被水充满时土的密度。此时,土中的孔隙完全被水充满,土体处于二相状态。

饱和重度$\gamma_{sat} = \rho_{sat} g$。

2. 表达式

$$\rho_{sat} = \frac{m_s + V_v\rho_w}{V} \tag{1-7}$$

3. 常见值

$\rho_{sat} = 1.8 \sim 2.3$ g/cm³;$\gamma_{sat} = 18 \sim 23$ kN/m³。

1.2.2.3　**浮重度(γ')**

1. 意义

土的浮重度γ'是指地下水位以下的土受到水的浮力作用,扣除水浮力后单位体积土所受到的重力,也称为土的有效重度。

2. 表达式

$$\gamma' = \frac{m_s - \rho_w V_s}{V} g \tag{1-8}$$

或

$$\gamma' = \gamma_{sat} - \gamma_w \tag{1-9}$$

3. 常见值

$\gamma' = 8 \sim 13\ kN/m^3$。

1.2.2.4　**孔隙比(e)**

1. 意义

孔隙比e是指孔隙体积与固体颗粒实体的体积之比,用小数表示。

2. 表达式

$$e = \frac{V_v}{V_s} \tag{1-10}$$

3. 常见值

砂土:$e=0.5 \sim 1.0$;黏性土:$e=0.5 \sim 1.2$。

1.2.2.5　**孔隙率(n)**

1. 意义

孔隙率n是指孔隙体积与土的总体积之比,用百分数表示。

2. 表达式

$$n = \frac{V_v}{V} \times 100\% \tag{1-11}$$

孔隙率n与孔隙比e之间有如下关系:

$$n = \frac{e}{1 + e} \tag{1-12}$$

或

$$e = \frac{n}{1 - n} \tag{1-13}$$

3. 常见值

$n = 30\% \sim 50\%$。

1.2.2.6　**饱和度(S_r)**

1. 意义

饱和度S_r是指土中水的体积与孔隙体积之比,用百分数表示。

2. 表达式

$$S_r = \frac{V_w}{V_v} \times 100\% \tag{1-14}$$

3. 常见值

$S_r = 0 \sim 100\%$。

1.2.2.7 指标换算

土的物理性质指标之间的关系可用三相图来换算,也可参考表 1-2 所列公式换算。

表 1-2 土的三相组成指标换算公式

名称	符号	三相比例表达式	常用换算式	常见的数值范围
含水率(%)	ω	$\omega=\frac{m_w}{m_s}\times100\%$	$\omega=\frac{S_r e}{G_s}=\frac{\rho}{\rho_d}-1$	0~60%
土粒比重	G_s	$G_s=\frac{m_s}{V_s}\cdot\frac{1}{\rho_w^{4℃}}=\frac{\rho_s}{\rho_w}$	$G_s=\frac{S_r e}{\omega}$	2.65~2.75
密度 (g/cm³)	ρ	$\rho=\frac{m}{V}$	$\rho=\rho_d(1+\omega)$ $\rho=\frac{G_s(1+\omega)}{1+e}\rho_w$	1.6~2.2
干密度 (g/cm³)	ρ_d	$\rho_d=\frac{m_s}{V}$	$\rho_d=\frac{\rho}{1+\omega}=\frac{G_s\rho_w}{1+e}$	1.5~1.7
饱和密度 (g/cm³)	ρ_{sat}	$\rho_{sat}=\frac{m_s+V_v\rho_w}{V}$	$\rho_{sat}=\frac{(G_s+e)\rho_w}{1+e}$	1.8~2.3
有效密度 (g/cm³)	ρ'	$\rho'=\frac{m_s-V_s\rho_w}{V}$	$\rho'=\rho_{sat}-\rho_w$ $\rho'=\frac{(G_s-1)\rho_w}{1+e}$	0.8~1.3
孔隙比	e	$e=\frac{V_v}{V_s}$	$e=\frac{G_s\rho_w}{\rho_d}-1$ $e=\frac{G_s(1+\omega)\rho_w}{\rho}-1$	0.5~1.2
孔隙率(%)	n	$n=\frac{V_v}{V}\times100\%$	$n=\frac{e}{1+e}=1-\frac{\rho_d}{G_s\rho_w}$	30%~50%
饱和度(%)	S_r	$S_r=\frac{V_w}{V_v}\times100\%$	$S_r=\frac{\omega G_s}{e}=\frac{\omega\rho_d}{n\rho_w}$	0~100%

【例 1-1】 某原状土样,试验测得土的天然密度 $\rho=1.7\ t/m^3$,含水率 $\omega=22.2\%$,土粒比重 $G_s=2.72$。试求土的孔隙比 e、孔隙率 n 和饱和度 S_r。

解

$$e=\frac{G_s(1+\omega)\rho_w}{\rho}-1=\frac{2.72\times(1+0.222)\times1}{1.7}-1=0.9552$$

$$n=\frac{e}{1+e}=\frac{0.9552}{1+0.9552}=0.489=48.9\%$$

$$S_r=\frac{\omega G_s}{e}=\frac{0.222\times2.72}{0.9552}=0.632=63.2\%$$

【例 1-2】 用环刀切取一土样,测得该土样体积为 60 cm³,质量为 114 g。土样烘干后测得其质量为 100 g。若土粒比重 $G_s=2.70$,试求土的密度、含水率和孔隙比。

解

$$\rho = \frac{m}{V} = \frac{114}{60} = 1.9(\mathrm{g/cm^3}) = 1.9\ \mathrm{t/m^3}$$

$$\omega = \frac{m_w}{m_s} \times 100\% = \frac{114 - 100}{100} \times 100\% = 14\%$$

$$e = \frac{G_s(1 + \omega)\rho_w}{\rho} - 1 = \frac{2.70 \times (1 + 0.14) \times 1}{1.9} - 1 = 0.62$$

练习题

一、判断题

1. 土的孔隙比增大，土的体积随之减小，土的结构越紧密。(　　)
2. 测定土的含水率就是测土中自由水的百分含量。(　　)
3. 土的物理性质指标是衡量土的工程性质的关键。(　　)
4. 土中的空气体积为零时，土的密度最大。(　　)
5. 地下水位上升时，在浸湿的土层中，其颗粒相对密度和孔隙比将增大。(　　)
6. 土的固体颗粒构成土的骨架，骨架之间存在大量孔隙，孔隙中填充着液态水和气体。(　　)
7. 土的饱和度为95.6%，含水率为25.7%，比重为2.73，则孔隙比为0.734。(　　)
8. 土的物理指标中只要知道了三个实测指标，其他的指标都可以利用公式进行计算。(　　)
9. 两个土样的含水率相同，说明它们的饱和度也相同。(　　)
10. 土松而湿则强度低且压缩性大。(　　)

二、选择题

1. 土的物理性指标包括实测指标和(　　)指标。

A. 计算　　B. 换算　　C. 物理　　D. 化学

2. 土的三相比例指标中，可以直接通过试验测定的有(　　)。

A. 含水率、孔隙比、饱和度

B. 重度、含水率、孔隙比

C. 土粒比重、孔隙率、重度

D. 土粒比重、含水率、重度

3. 绘制土的颗粒级配曲线时，其纵坐标为(　　)。

A. 界限粒径　　B. 各粒组的相对含量

C. 小于某粒径的累计百分含量　　D. 有效粒径

4. 同一土样的饱和重度γ_{sat}、干重度γ_d、天然重度γ、有效重度γ'大小存在的关系是(　　)。

A. $\gamma_{sat}>\gamma_d>\gamma>\gamma'$　　B. $\gamma_{sat}>\gamma>\gamma_d>\gamma'$

C. $\gamma_{sat}>\gamma>\gamma'>\gamma_d$　　D. $\gamma_{sat}>\gamma'>\gamma>\gamma_d$

5. 土的三相比例指标中需通过试验直接测定的指标为(　　)。

A. 含水率、孔隙比、饱和度　　B. 密度、含水率、孔隙率

C. 土粒比重、含水率、密度　　D. 密度、含水率、孔隙比

6. 下列指标中,(　　)数值越大,密实度越小。

A. 孔隙比　　B. 相对密实度　　C. 轻便贯入锤击数　　D. 标准贯入锤击数

7. 土的含水率是指(　　)。

A. 土中水的质量与土的质量之比

B. 土中水的质量与土粒质量之比

C. 土中水的体积与土粒体积之比

D. 土中水的体积与土的体积之比

8. 土的饱和度 S_r 是指(　　)。

A. 土中水的体积与土粒体积之比

B. 土中水的体积与土的体积之比

C. 土中水的体积与气体体积之比

D. 土中水的体积与孔隙体积之比

9. 某土样的天然重度 $\gamma=18\ kN/m^3$,含水率 $\omega=20\%$,土粒比重 $G_s=2.70$,则土的干密度 ρ_d 为(　　)。

A. 15 kN/m^3　　B. 1.5 g/m^3　　C. 1.5 g/cm^3　　D. 1.5 t/cm^3

10. 对一般黏性土,实验室内常用的密度试验方法是(　　)。

A. 环刀法　　B. 烘干法　　C. 灌砂法　　D. 灌水法

11. 工程上控制填土的施工质量和评价土的密实程度常用的指标是(　　)。

A. 有效重度　　B. 土粒相对密度　　C. 饱和密度　　D. 干密度

12. 一块 1 kg 的土样,置放一段时间后,含水率由 25% 下降到 20%,则土中的水减少了(　　)kg。

A. 0.06　　B. 0.05　　C. 0.03　　D. 0.04

13. 原状土的干密度等于(　　)。

A. 湿密度/含水率　　B. 湿密度/(1-含水率)

C. 湿密度/(1+含水率)　　D. 湿密度×(1+含水率)

14. 经试验测得某土的密度为 1.84 g/cm^3,含水率为 25%,则其干密度为(　　)。

A. 1.38 g/cm^3　　B. 1.47 g/cm^3　　C. 2.16 g/cm^3　　D. 2.45 g/cm^3

15. 下述土的换算指标中排序正确的是(　　)。

A. 饱和密度>天然密度>干密度

B. 天然密度>干密度>饱和密度

C. 饱和密度>浮密度>干密度

D. 天然密度>饱和密度>干密度

16. 一试样在天然状态下体积为 230 cm^3,质量为 400 g,则该土粒的天然密度为(　　)。

A. 1.74 g/cm^3　　B. 1.84 g/cm^3　　C. 1.54 g/cm^3　　D. 1.64 g/cm^3

17. 土粒比重的单位是(　　)。

A. kN/m^3　　B. kg/m^3　　C. 无　　D. kPa

18. 土的孔隙率是土中孔隙体积与(　　)体积之比。

A. 水　　B. 气体　　C. 固体颗粒加孔隙　　D. 固体颗粒

19. 土的饱和度是孔隙中水的体积与(　　)体积之比的百分数。

A. 固体颗粒　　B. 孔隙　　C. 气体　　D. 固体颗粒加孔隙

20. 对同一种土,孔隙比越大,则孔隙率(　　)。

A. 不变　　B. 不一定　　C. 越大　　D. 越小

1.3　土的物理状态指标

在天然状态下,土所表现出的干湿、软硬、松密等特征,通称为土的物理状态。

1.3.1　无黏性土的密实度

码 1-10　典型案例 4-南水北调中线工程(砂土液化对工程的影响)

砂土的密实度对其工程性质有重要的影响。当其处于密实状态时,结构较稳定,压缩性较小,强度较大,可作为建筑物的良好地基;而处于疏松状态时,稳定性差,压缩性大,强度偏低,属于软弱土。砂土的这些特性是由于它所具有的单粒结构所决定的。在对砂土进行评价时,必须说明它所处的密实程度。工程中以什么作为划分密实度的标准呢?

1.3.1.1　孔隙比判别

孔隙比 e 可以用来表示砂土的密实度。对于同一种土,当孔隙比小于某一限度时,处于密实状态。孔隙比愈大,土愈松散。一般 $e<0.6$ 的土是密实的低压缩性土;$e>1.0$ 的土是疏松的高压缩性土。

但仅用一个指标 e 无法反映土的粒级级配及形状的影响。如级配不同的两种砂,一种颗粒均匀的密实砂,孔隙比为 e_1,另一种级配良好的松散砂,孔隙比为 e_2,结果 $e_1>e_2$,即密实砂孔隙比反而大于松散砂孔隙比。为了避免一个指标的缺陷,实际工程常用相对密实度来判别砂土的密实状态。

1.3.1.2　相对密实度判别

1. 表达式

$$D_r = \frac{e_{max} - e_0}{e_{max} - e_{min}} \tag{1-15}$$

式中　e_0——砂土的天然孔隙比;

e_{max}——砂土的最大孔隙比,通常将松散的风干土样通过长颈漏斗轻轻地倒入容器,避免重力冲击,求得土的最小干密度再经换算得到最大孔隙比;

e_{min}——砂土的最小孔隙比,将松散的风干土样装入金属容器内,按规定方法振动和锤击,直至密度不再提高,求得土的最大干密度再经换算得到最小孔隙比。

2. 判别标准

从式(1-15)可以看出,当砂土的天然孔隙比接近于最小孔隙比时,相对密实度接近于1,表明砂土处于最密实的状态;而当天然孔隙比接近于最大孔隙比时,表明砂土处于最松散的状态,其相对密实度接近于0。根据砂土的相对密实度可以将砂土按表 1-3 划分为密实、中密、松散三种。

表 1-3 砂土密实度划分标准

密实度	密实	中密	松散
相对密实度	$0.67<D_r\leq 1$	$0.33<D_r\leq 0.67$	$0<D_r\leq 0.33$

3. 工程应用

相对密实度 D_r 在工程上常应用于：

(1)评价砂土地基的承载力。

(2)评价地震区砂土液化。

(3)评价砂土的强度稳定性。

1.3.1.3 标准贯入判别

从理论上讲，用相对密实度划分砂土的密实度是比较合理的。但由于测定砂土的最大孔隙比和最小孔隙比试验方法的缺陷，试验结果常有较大的出入；同时也由于很难在地下水位以下的砂层中取得原状砂样，砂土的天然孔隙比很难准确测定，这就使相对密实度的应用受到限制。因此，在工程实践中通常用标准贯入锤击数来划分砂土的密实度。

标准贯入试验(见图 1-14)是用规定的锤重(63.5 kg)和落距(76 cm)把标准贯入器(带有刃口的对开管，外径 50 mm，内径 35 mm)打入土中，记录贯入一定深度(30 cm)所需的锤击数 N 值的原位测试方法。标准贯入试验的贯入锤击数反映了土层的松密和软硬程度。具体划分标准见表 1-4。

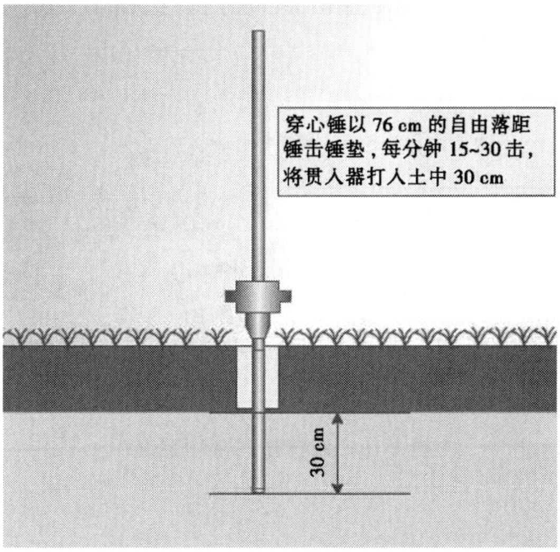

图 1-14 标准贯入试验

表 1-4 按标准贯入锤击数 N 值确定砂土密实度

密实度	松散	稍密	中密	密实
N 值	$N\leq 10$	$10<N\leq 15$	$15<N\leq 30$	$N>30$

1.3.2 黏性土的稠度

黏性土最主要的特征是它的稠度,稠度是指黏性土在某一含水率下的软硬程度和土体对外力引起的变形或破坏的抵抗能力。

1.3.2.1 界限含水率

黏性土含水率很大时土就会成为泥浆,是一种黏滞流动的液体,称为流动状态。含水率逐渐减少时,黏滞流动的特点渐渐消失而显示出塑性。所谓塑性,就是指可以塑成任何形状而不发生裂缝,并在外力解除以后能保持已有的形状而不恢复原状的性质。当含水率继续减少时,发现土的可塑性逐渐消失,从可塑状态变为半固体状态。如果同时测定含水率减少过程中的体积变化,则可发现土的体积随着含水率的减少而减少,但当含水率很小时,土的体积却不再随含水率减少而减少了,这种状态称为固体状态。

从一种状态变到另一种状态的分界点含水率称为分界含水率或界限含水率,流动状态与可塑状态间的分界含水率称为液限 ω_L;可塑状态与半固体状态间的分界含水率称为塑限 ω_P;半固体状态与固体状态的分界含水率称为缩限 ω_S,如图 1-15 所示。工程上常用的稠度界限有液限和塑限。

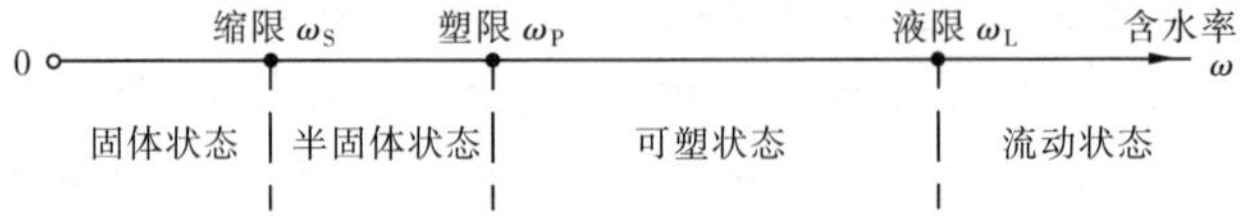

图 1-15 黏性土的稠度

塑限可用搓条法直接测定,或用液塑限联合测定仪(见图 1-16)测得。液限可用液限仪等方法测定,详见项目 7 土工试验。

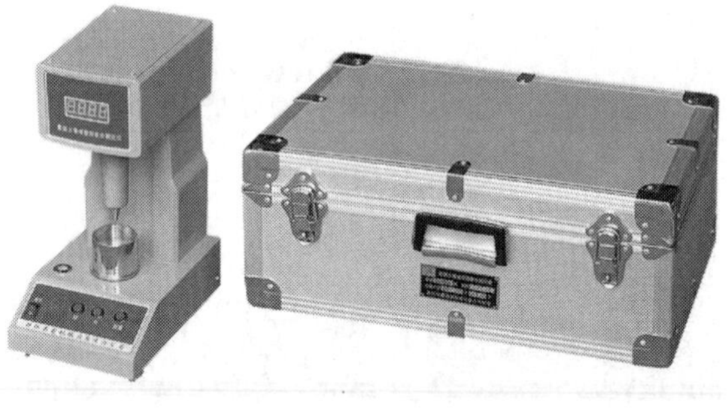

图 1-16 液塑限联合测定仪

1.3.2.2 塑性指数

1. 定义

液限与塑限的差值,去掉百分号,称为塑性指数,记为 I_P。

$$I_P = \omega_L - \omega_P \tag{1-16}$$

2. 意义

可塑性是黏性土区别于砂土的重要特征。可塑性的大小用土处在塑性状态的含水率变化范围来衡量,从液限到塑限,含水率的变化范围愈大,土的可塑性愈好。

3. 工程应用

塑性指数越大,土性越黏,故工程上常按塑性指数对黏性土进行分类。

1.3.2.3　液性指数

1. 定义

天然含水率与塑限的差值和液限与塑限的差值之比，称为液性指数，记为 I_L。

$$I_L = \frac{\omega - \omega_P}{\omega_L - \omega_P} \tag{1-17}$$

2. 意义

土的天然含水率是反映土中水含量多少的指标，在一定程度上说明了土的软硬与干湿状况。但仅有含水率的绝对数值却不能确切地说明土处在什么状态。因此，提出用液性指数来描述土的状态。

3. 工程应用

根据液性指数，可将黏性土划分为坚硬、硬塑、可塑、软塑及流塑五种状态，其划分标准见表1-5。

表1-5　黏性土状态的划分

状态	坚硬	硬塑	可塑	软塑	流塑
液性指数	$I_L \leqslant 0$	$0<I_L \leqslant 0.25$	$0.25<I_L \leqslant 0.75$	$0.75<I_L \leqslant 1.0$	$I_L>1.0$

【例1-3】　从某地基取原状土样，测得土的液限为37.4%，塑限为23.0%，天然含水率为26.0%，问地基土处于何种状态？

解　已知 $\omega_L=37.4\%$，$\omega_P=23.0\%$，$\omega=26.0\%$

$$I_P = \omega_L - \omega_P = 37.4 - 23.0 = 14.4$$

$$I_L = \frac{\omega - \omega_P}{\omega_L - \omega_P} = \frac{0.26 - 0.23}{0.374 - 0.23} = 0.21$$

因为 $0<I_L \leqslant 0.25$，所以该地基土处于硬塑状态。

1.3.3　土的击实性

码1-11　动画8-土的击实试验

在工程建设中，常用土料填筑土堤、土坝、路基和地基等，土料是由固体颗粒和孔隙及存在于孔隙中的水和气体组成的松散集合体，其自身的稳定性主要取决于土粒的内摩擦力和黏聚力。而土料的内摩擦力、黏聚力和抗渗性都与土的密实性有关。土的击实性就是指土体在一定的击实功能作用下，土颗粒克服粒间阻力产生位移，颗粒重新排列，使土的孔隙比减小、密实度增大，提高强度，减小压实性和渗透性，但在击实过程中，即使采用相同的击实功能，对于不同种类、不同含水率的土，击实效果也不完全相同。因此，为了技术上可靠和经济上的合理，必须对填土的击实性进行研究。

1.3.3.1　击实试验

在工程实践中常常在模拟现场施工条件（包括施工机械和施工方法）下，找出压实密度与填土含水率之间的关系，从而获得压实填土的最佳密度（最大干密度）和相应的最优含水率。击实试验就是为了这种目的采用标准的击实方法，得到土的最大干密度与击实方法（包括土的含水率和击实功能等）的关系，据以在现场控制施工质量，保证在一定的施工条件下压实填土达到设计的密实度标准。所以，击实试验是填土工程如路堤、土坝、机场跑道及房屋填土地基设计施工中不可缺少的重要试验项目,详见项目 7 土工试验。

国内常用的击实试验仪器如图 1-17 所示,主要包括击实筒和击锤两部分,仪器型号和试验方法不同,其尺寸参数各异。

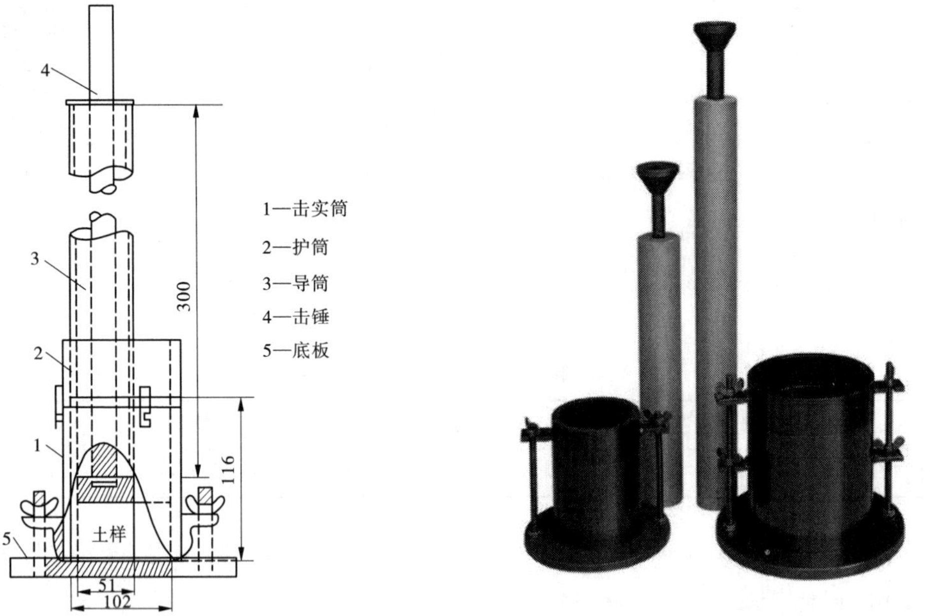

图 1-17　击实试验仪器

1.3.3.2　击实曲线

室内击实试验,一般是备用同一土质、不同含水率的数个土样,通常 5~6 个,分别拌和均匀,分层装入击实筒中,按一定功能进行击实,并测定土样的湿密度和含水率,按式(1-18)计算土样的干密度为

$$\rho_d = \frac{\rho}{1+\omega} \tag{1-18}$$

式中　ρ_d——击实后土样的干密度,g/cm³;

ρ——击实后土样的湿密度,g/cm³;

ω——击实后土样的含水率(%)。

如此按照上述方法对第二个、第三个等试样进行试验,即可得到各试样相应的湿密度和相应的含水率,并计算其干密度,然后在以干密度为纵坐标、含水率为横坐标的直角坐标系中绘制 ω—ρ_d 曲线,如图 1-18 所示,该曲线称为击实曲线。

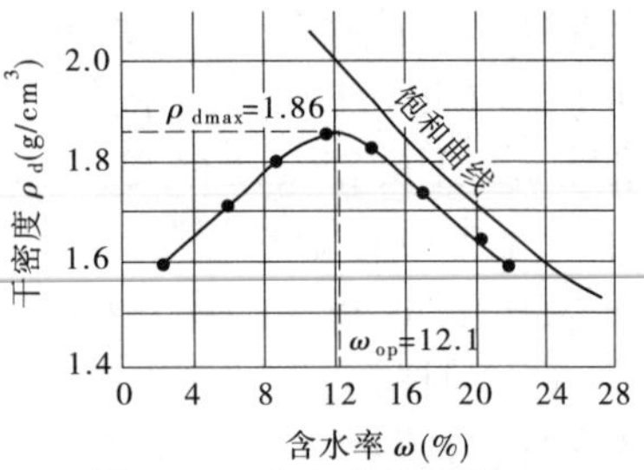

图 1-18　土的击实曲线

1.3.3.3　最大干密度和最优含水率

击实曲线表明,对于某一填筑土料,在同一击实功能作用下,填土的干密度随含水率的变化而变化,具体表现为,当含水率较小时,土的干密度随着含水率的增加而增大,而当含水率的增加达到某一值后,含水率继续增加反而使干密度减少。所以,击实曲线的形态呈具

码 1-12　典型案例 5-黄河大堤土方填筑

有峰值的上凸形,其峰点对应的干密度即为土的最大干密度,用 ρ_{dmax} 表示,与其相对应的含水率即为土的最优含水率,常用 ω_{op} 表示,如图 1-18 所示。

土的最优含水率一般在塑限附近[$\omega_p \pm (2\% \sim 3\%)$],为液限的 55%~65%。

1.3.3.4 压实度

工程实践中用压实度来控制黏性土的压实标准,压实度的定义是现场填土的干密度与室内标准击实功能击实的最大干密度之比,用百分数表示。

$$P = \frac{\text{填筑土干密度}}{\text{标准击实试验的最大干密度}} \times 100\% \tag{1-19}$$

码 1-13 工程图片 1-现场压实检测

压实度又称夯实度,压实度是填土工程的质量控制指标,一般用 P 来表示,用此数与标准规定的压实度比较,即可确定土的压实程度是否达到了质量标准。

影响压实度的主要因素包括:填料(填料的粒径)、含水率、每层压实厚度、压实机具、碾压遍数等。

《碾压式土石坝设计规范》(SL 274—2020)中规定,Ⅰ级坝、Ⅱ级坝、Ⅲ级以下高坝的压实不应低于 98%,Ⅲ级中坝、低坝及Ⅲ级以下中坝的压实度不应低于 96%。填土地基的压实度标准在《建筑地基基础设计规范》(GB 50007—2011)中也有明确规定。

练习题

一、判断题

1. 饱和的松散砂土,容易发生流砂等工程问题。( )
2. 密实状态的无黏性土,具有较高的强度和较大的压缩性。( )
3. 采用天然孔隙比判别砂土的密实度时,没有考虑土的级配情况影响。( )
4. 砂土处于最松散状态时的孔隙比,称为最大孔隙比。( )
5. 砂土处于最密实状态时,其相对密实度接近于 1.0。( )
6. 砂土的相对密实度越大,表明砂土越密实。( )
7. 黏性土的塑性指数与天然含水率无关。( )
8. 黏性土的液性指数可通过试验直接测定。( )
9. 黏性土的塑性指数表明了土处于可塑状态的含水率的变化范围。( )
10. 黏性土的塑性指数越大,表明土中黏粒含量越高。( )
11. 黏性土的液性指数是表示土的天然含水率与界限含水率相对关系的指标。( )
12. 工程上常用塑性指数对黏性土进行分类。( )
13. 土在最优含水率时,压实密度最大,同一种土的压实能量越大,最优含水率越大。( )

二、选择题

1. 下列指标中,不可能大于 1 的指标是( )。

A. 含水率　　B. 孔隙比　　C. 液性指数　　D. 饱和度

2. 黏性土由可塑状态转入半固态的界限含水率被称为(　　)。

A. 缩限　　B. 塑限　　C. 液限　　D. 塑性指数

3. 某黏性土样的天然含水率 ω 为20%,液限 ω_L 为35%,塑限 ω_P 为15%,其液性指数 I_L 为(　　)。

A. 0.25　　B. 0.75　　C. 4　　D. 1.33

4. 判别黏性土软硬状态的指标是(　　)。

A. 液限　　B. 塑限　　C. 塑性指数　　D. 液性指数

5. 已知某砂土的最大、最小孔隙比分别为0.7、0.3,若天然孔隙比为0.5,该砂土的相对密实度 D_r 为(　　)。

A. 4　　B. 0.75　　C. 0.25　　D. 0.5

6. 受水浸湿后,土的结构迅速破坏,强度迅速降低的土是(　　)。

A. 冻土　　B. 膨胀土　　C. 红黏土　　D. 湿陷性黄土

7. 搓滚法可以确定的界限含水率为(　　)。

A. 液限　　B. 塑限　　C. 缩限　　D. 塑性指数

8. 某土样的塑性指数为18.6,液限为48.2%,塑限为(　　)。

A. 29.6%　　B. 29.5%　　C. 29.3%　　D. 29.7%

9. 某土样的塑性指数为13.9,塑限为21.8%,液限为(　　)。

A. 36.20%　　B. 35.90%　　C. 35.70%　　D. 35.80%

10. 无黏性土的物理状态一般用(　　)表示。

A. 密实度　　B. 密度　　C. 稠度　　D. 硬度

11. 塑性指数越大说明(　　)。

A. 土粒越粗　　B. 黏粒含量越少

C. 颗粒亲水能力愈强　　D. 土体处于坚硬状态

12. 某黏性土样,测得土的液限为56.0%,塑限为28.2%,液性指数为0,则该土的天然含水率为(　　)。

A. 56.00%　　B. 28.20%　　C. 20.50%　　D. 35.50%

13. 下列(　　)不是砂土密实度的类型。

A. 中密　　B. 硬塑　　C. 密实　　D. 松散

14. 下列(　　)是黏性土状态的类型。

A. 中密　　B. 软塑　　C. 密实　　D. 松散

15. 对黏性土状态划分起作用的指标是(　　)。

A. 含水率　　B. 密度　　C. 比重　　D. 缩限

16. 判别黏性土的状态的依据是(　　)。

A. 塑限　　B. 塑性指数　　C. 液限　　D. 液性指数

17. 某砂性土的相对密实度 $D_r=0.5$,其最大孔隙比为0.780,最小孔隙比为0.350,则其天然孔隙比为(　　)。

A. 0.39　　B. 0.565　　C. 0.215　　D. 0.258

1.4 土的工程分类

自然界中土的种类不同,其工程性质也必不相同。从直观上可以粗略地把土分成两大类:一类是土体中肉眼可见松散颗粒,颗粒间连接弱,这就是前面提到的无黏性土(粗粒土);另一类是颗粒非常细微,颗粒间连接力强,这就是前面提到的黏土。实际工程中,这种粗略的分类远远不能满足工程的要求,还必须用更能反映土的工程特性的指标来系统分类。前面已介绍过,影响土的工程性质的主要因素是土的三相组成和土的物理状态,其中最主要的因素是三相组成中土的固体颗粒,如颗粒的粗细、颗粒的级配等。目前,国际、国内土的工程分类法并不统一。即使同一国家的各个行业、各个部门,土的分类体系也都是结合专业的特点而制定的。本节主要介绍《建筑地基基础设计规范》(GB 50007—2011)(简称建筑规范)和《土工试验方法标准》(GB/T 50123—2019)(简称国家标准)的分类方法。

1.4.1 建筑规范分类法

建筑规范分类方法的体系比较简单,按照土颗粒的大小、粒组的土颗粒含量把地基土分成岩石、碎石土、砂土、粉土、黏性土和人工填土。

1.4.1.1 岩石

为颗粒间牢固连接,呈整体或具有节理裂隙的岩体称为岩石。岩石按坚固程度分为坚硬岩、较硬岩、较软岩、软岩和极软岩;岩石按风化程度可分为未风化、微风化、中风化、强风化和全风化;岩石按完整程度划分为完整、较完整、较破碎、破碎和极破碎,详见《建筑地基基础设计规范》(GB 50007—2011)。

1.4.1.2 碎石土

碎石土是指粒径大于2 mm的颗粒超过总质量50%的土。根据颗粒级配中各粒组的含量和颗粒形状的不同,可进一步分为漂石或块石、卵石或碎石、圆砾或角砾。分类标准见表1-6。

表1-6 碎石土的分类

土的名称	颗粒形状	粒组含量
漂石	圆形及亚圆形为主	粒径大于200 mm的颗粒超过总质量的50%
块石	棱角形为主	
卵石	圆形及亚圆形为主	粒径大于20 mm的颗粒超过总质量的50%
碎石	棱角形为主	
圆砾	圆形及亚圆形为主	粒径大于2 mm的颗粒超过总质量的50%
角砾	棱角形为主	

注:分类时应根据粒组含量栏从上到下以最先符合者确定。

1.4.1.3　砂土

砂土是指粒径大于 2 mm 的颗粒不超过总质量 50%，且粒径大于 0.075 mm 的颗粒超过总质量 50%的土。砂土可再分为砾砂、粗砂、中砂、细砂和粉砂。分类标准见表 1-7。

表 1-7　砂土的分类

土的名称	粒组含量
砾砂	粒径大于 2 mm 的颗粒含量占总质量的 25%~50%
粗砂	粒径大于 0.5 mm 的颗粒含量占总质量的 50%
中砂	粒径大于 0.25 mm 的颗粒含量占总质量的 50%
细砂	粒径大于 0.075 mm 的颗粒含量占总质量的 85%
粉砂	粒径大于 0.075 mm 的颗粒含量占总质量的 50%

注：分类时应根据粒组含量栏从上到下以最先符合者确定。

1.4.1.4　粉土

粉土是指粒径大于 0.075 mm 的颗粒含量小于 50%且塑性指数小于或等于 10 的土。该类土的工程性质较差，如抗剪强度低、防水性差、黏聚力小等。

1.4.1.5　黏性土

黏性土是指塑性指数大于 10 的土。这种土中含有相当数量的黏粒(粒径小于 0.005 mm 的颗粒)。黏性土的工程性质不仅与粒组含量和黏土矿物的亲水性等有关，而且与成因类型及沉积环境等因素有关。黏性土按塑性指数分为粉质黏土和黏土。分类标准见表 1-8。

表 1-8　黏性土的分类

土的名称	粉质黏土	黏土
塑性指数	$10<I_P\leqslant17$	$I_P>17$

1.4.1.6　人工填土

人工填土是指人类各种活动而堆填的土。如建筑垃圾、工业残渣废料和生活垃圾等。这种土堆积的年代比较短，成分复杂，工程性质比较差。按其组成物质及成因分为素填土、杂填土和冲填土。分类标准见表 1-9。

表 1-9　人工填土的分类

土的名称	组成物质及成因
素填土	由碎石、砂土、粉土和黏性土等组成的填土(经过压实或夯实的素填土称压实填土)
杂填土	含有建筑垃圾、工业废料、生活垃圾等杂物的土
冲填土	由水力冲填泥砂形成的土

1.4.2 国家标准分类法

按《土工试验方法标准》(GB/T 50123—2019)分类,土的分类体系如图1-19所示。

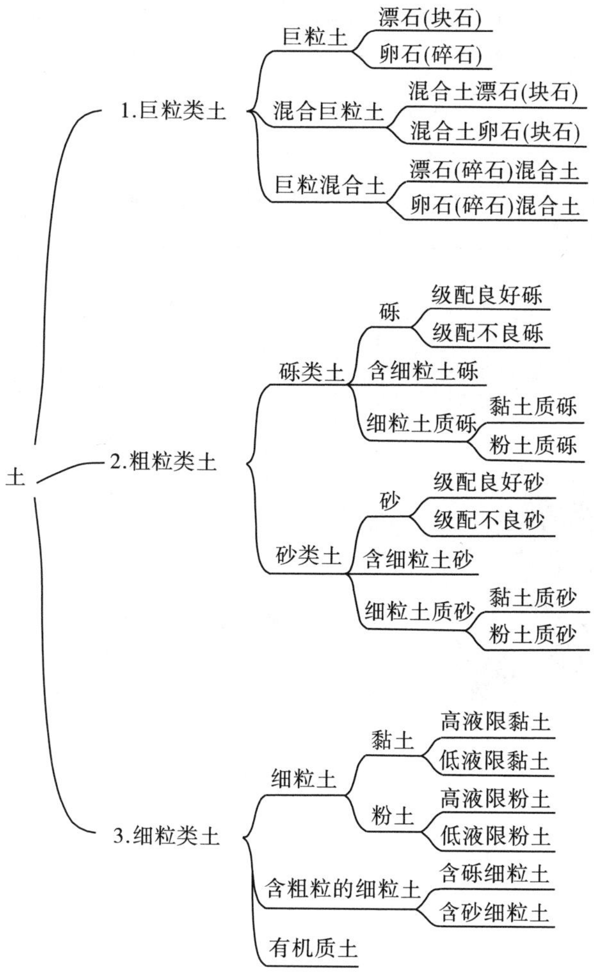

图1-19 土的分类体系

根据土中各粒组的相对含量把土分为:巨粒类土、粗砾类土和细粒类土。根据土的分类标准,各粒组还可进一步细分。下面分别说明。

1.4.2.1 巨粒类土

巨粒类土中的巨粒(粒径大于60 mm)含量在15%以上。若土中巨粒含量高于75%,该土属巨粒土;若土中巨粒含量在50%~75%,该土属混合巨粒土;若土中巨粒含量为15%~50%,该土属巨粒混合土。巨粒土、混合巨粒土和巨粒混合土依据其中所含漂石、卵石含量进一步划分如表1-10和图1-20所示。

表 1-10　巨粒类土和巨粒混合土的分类

名称	代号	类型	粒组含量	
漂石(块石)	B	巨粒土	巨粒含量>75%	漂石含量>50%
卵石(碎石)	Cb			漂石含量≤50%
混合土漂石(块石)	BSI	混合巨粒土	50%<巨粒含量≤75%	漂石含量>50%
混合土卵石(块石)	CbSI			漂石含量≤50%
漂石(碎石)混合土	SIB	巨粒混合土	15%<巨粒含量≤50%	漂石含量 > 卵石含量
卵石(碎石)混合土	SICb			漂石含量 ≤ 卵石含量

(a)漂石　　(b)卵石

图 1-20　漂石和卵石

1.4.2.2　粗粒类土

粗粒类土中的粗粒(粒径大于 0.075 mm 且小于或等于 60 mm)含量在 50%以上。粗粒类土分为砾类土和砂类土两类。若土中粒径大于 2 mm 的砾粒含量高于 50%,则该土属砾类土;若不足 50%,则属砂类土。

砾类土和砂类土再按细粒土(粒径小于 0.075 mm)的含量进一步细分。具体细粒含量和其他相关指标见表 1-11、表 1-12。

表 1-11　砾类土的分类

名称	代号	类别		细粒含量	级配或塑性图分类
级配良好砾	GW	砾类土	砾	细粒含量<5%	$C_u \geq 5, C_c = 1 \sim 3$
级配不良砾	GP				级配:不能同时满足上述条件
含细粒土砾	GF		含细粒土砾	5%≤细粒含量<15%	
黏土质砾	GC		细粒土质砾	15%≤细粒含量<50%	细粒组中粉粒含量不大于 50%
粉土质砾	GM				细粒组中粉粒含量大于 50%

表 1-12　砂类土的分类

名称	代号	类别		细粒含量	级配或塑性图分类
级配良好砂	SW	砂类土	砂	细粒含量<5%	$C_u \geqslant 5, C_c = 1 \sim 3$
级配不良砂	SP				级配:不能同时满足上述条件
含细粒土砂	SF		含细粒土砂	5%≤细粒含量<15%	
黏土质砂	SC		细粒土质砂	15%≤细粒含量<50%	细粒组中粉粒含量不大于 50%
粉土质砂	SM				细粒组中粉粒含量大于 50%

1.4.2.3　细粒类土

细粒类土中细粒(粒径小于或等于 0.075 mm)含量在 50%及以上。细粒类土中,粗粒组含量不大于 25%的土称为细粒土,粗粒组含量在大于 25%且不大于 50%的土称为含粗粒土的细粒土。有机质含量不小于 5%且小于 10%的土称为有机土。

细粒土按塑性图可进一步分类。塑性图以液限为横坐标,塑性指数为纵坐标,见图 1-21,塑性图中有两条界限线。土的具体分类和名称见表 1-13。

A 线:$I_P = 0.73(\omega_L - 20)$,则线上侧为黏土,下侧为粉土。

B 线:$\omega_L = 50\%$,则 $\omega_L \geqslant 50\%$ 为高液限,$\omega_L < 50\%$ 为低液限。

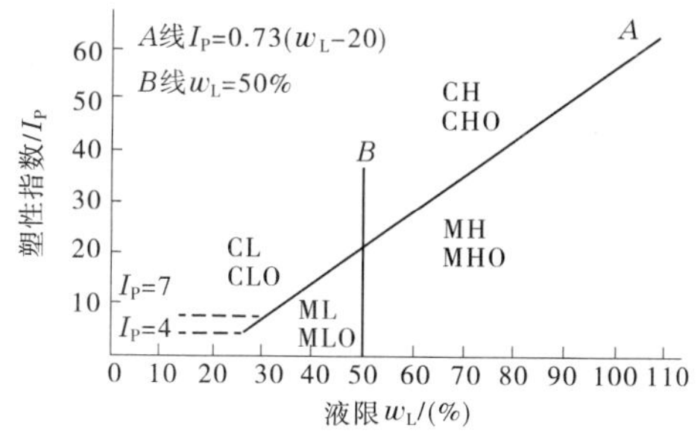

图 1-21　塑性图(76 g 锥入土 17 mm)

表 1-13　细粒土的分类

名称	代号	液限(ω_L)	塑性指数(I_P)
高液限黏土	CH	≥50%	$I_P \geqslant 0.73(\omega_L - 20)$ 且 $I_P \geqslant 7$
低液限黏土	CL	<50%	
高液限粉土	MH	≥50%	$I_P < 0.73(\omega_L - 20)$ 或 $I_P < 4$
低液限粉土	ML	<50%	

练习题

一、判断题

1. 根据《土工试验方法标准》(GB/T 50123—2019),试样中细粒组质量大于或等于总质量的 50%的土称为细粒类土。(　　)

2. 根据《土工试验方法标准》(GB/T 50123—2019)，试样中粗粒组质量小于总质量的50%的土称为粗粒类土。(　　)

3. 根据《土工试验方法标准》(GB/T 50123—2019)，粗粒类土中砾粒组含量大于砂粒组含量的土称为砂类土。(　　)

4. 根据《土工试验方法标准》(GB/T 50123—2019)，巨粒组(d>60 mm)的含量大于75%的土称为巨粒土。(　　)

5. 根据《土工试验方法标准》(GB/T 50123—2019)，土中细粒组(d≤0.075 mm)含量不小于50%的土称为细粒类土。(　　)

二、选择题

1. 根据《土工试验方法标准》(GB/T 50123—2019)，试样中巨粒组质量大于总质量的15%的土称为(　　)。

A. 巨粒类土　　B. 砾类土　　C. 砂类土　　D. 细粒类土

2. 根据《土工试验方法标准》(GB/T 50123—2019)，试样中巨粒组质量为总质量的15%~50%的土可称为(　　)。

A. 巨粒混合土　　B. 粗粒混合土　　C. 细粒混合土　　D. 巨粒土

3. 根据《土工试验方法标准》(GB/T 50123—2019)，试样中巨粒组质量小于总质量的15%，而粗粒组质量大于总质量的50%的土称为(　　)。

A. 巨粒类土　　B. 粗粒类土　　C. 细粒类土　　D. 粉土

4. 根据《土工试验方法标准》(GB/T 50123—2019)，属于巨粒土的是(　　)。

A. 黏土　　B. 粗砂　　C. 卵石　　D. 粗砾

5. 根据《建筑地基基础设计规范》(GB 50007—2011)进行土的工程分类，砂土为(　　)。

A. 粒径大于2 mm的颗粒含量>总质量的50%的土、粒径大于0.075 mm的颗粒含量≤总质量的50%的土

B. 粒径大于2 mm的颗粒含量≤总质量的50%、粒径大于0.075 mm的颗粒含量>总质量的50%的土

C. 粒径大于0.5 mm的颗粒含量≤总质量的50%、粒径大于0.075 mm的颗粒含量>总质量的50%的土

6. 根据《建筑地基基础设计规范》(GB 50007—2011)进行土的工程分类，黏土是指(　　)。

A. 粒径小于0.05 mm的土　　B. 粒径小于0.005 mm的土

C. 塑性指数大于10的土　　D. 塑性指数大于17的土

小　结

一、土的组成

(1)土是由岩石经物理化学风化、剥蚀、搬运、沉积形成的矿物颗粒松散集合体。

(2)土的风化形成作用：

物理风化→原生矿物→无黏性土；

化学风化→次生矿物→黏性土;

生物风化→有机质。

(3)土的三相。

①固相:

成土矿物:原生矿物(石英、云母)和次生矿物(高岭石、伊利石、蒙脱石)。

大小与级配:粒组是指工程性质相近的一定尺寸范围的土粒;级配是指土中各种大小的粒组中土粒的相对含量。

级配判别:工程中用粒径分布曲线来表示级配情况,指标有:不均匀系数 C_u 和曲率系数 C_c。

②液相:

结合水:吸附在土颗粒表面的水,分为强结合水和弱结合水。

自由水:电场引力作用范围之外的水,分为毛细水和重力水。

③气相:

自由气体:与大气相连,对土的性质影响不大。

封闭气体:可增加土的弹性,使土的渗透性减小。

二、土的物理性质指标

(1)实测指标:

密度:单位体积土的质量。

比重:土粒的质量与同体积纯蒸馏水在4 ℃时的质量之比。

含水率:土中液体的质量和土颗粒质量之比。

(2)换算指标:

干重度:土被完全烘干时的重度。

饱和重度:孔隙完全被水充满时土的重度。

土的浮重度:地下水位以下的土受到水的浮力作用,扣除水浮力后单位体积土所受到的重力,也称为土的有效重度。

孔隙比:孔隙的体积与固体颗粒实体的体积之比,用小数表示。

孔隙度:孔隙的体积与土的总体积之比,用百分数表示。

饱和度:土中水的体积与孔隙体积之比,用百分数表示。

三、土的物理状态指标

(1)无黏性土的密实度。

相对密实度:密实,$0.67<D_r\leq 1$;中密,$0.33<D_r\leq 0.67$;松散,$0<D_r\leq 0.33$。

(2)黏性土的稠度。

稠度状态:固态、半固态、可塑态、流态。

分界含水率:土从一种状态变到另一种状态的分界点含水率,有液限、塑限和缩限。

塑性指数:液限与塑限的差值,是黏性土区别于砂土的重要特征。

液性指数:天然含水率与塑限的差值和液限与塑限的差值之比,根据液性指数,可将黏性土划分为坚硬、硬塑、可塑、软塑及流塑五种状态。

(3)土的击实性。

土的击实:在一定的含水率下,以人工或机械的方法,使土能够压实到某种密实程度的性质。

击实试验：利用标准化的击实仪器，得到土的干密度与含水率的关系，据以在现场控制施工质量。

评价方法：工程实践中用压实度来控制黏性土的压实标准，压实度是现场填土的干密度与室内标准击实功能击实的最大干密度之比，用百分数表示。

四、土的工程分类

(1) 建筑规范分类法：按照土颗粒的大小、粒组的土颗粒含量把地基土分成岩石、碎石土、砂土、粉土、黏性土和人工填土。

(2) 国家标准分类法：根据土中各粒组的相对含量把土再分为：巨粒类土、粗粒类土和细粒类土。根据土的分类标准，各粒组再进一步细分。

思考练习题

1. 土的工程特性有哪些？试比较土与混凝土压缩性在工程上的区别。
2. 土的粒组如何划分？何谓黏粒？
3. 何谓土的级配？如何根据土的级配曲线判别土的级配好坏？
4. 土的物理性质指标有哪些？哪些可直接测定？常用的测定方法是什么？
5. 无黏性土的物理状态指标有哪些？根据相对密实度如何判别无黏性土的物理状态？
6. 何谓液性指数？如何利用液性指数判别黏性土的稠度状态？
7. 如何鉴别巨粒类土、粗粒类土和细粒类土？
8. 某工程地质勘察中取原状土做试验。用天平称 50 cm^3 的湿土质量为 95.15 g，烘干后质量为 75.05 g，土粒比重为 2.67。计算此土样的天然密度、干密度、饱和密度、含水率、孔隙比、孔隙率及饱和度。
9. 某工地在填土施工中所用土料的含水率为 5%，为便于夯实需在土料中加水，使其含水率增至 15%，试问每 1 000 kg 质量的土料应加多少水？
10. 一湿土试样质量 200 g，含水率为 15.0%。若要制备含水率为 20.0%的试验，需加水多少？
11. 某砂土的重度为 17 kN/m^3，含水率为 8.6%，土粒重度为 26.5 kN/m^3。其最大孔隙比和最小孔隙比分别为 0.842 和 0.562。求该砂土的孔隙比及相对密实度，并按规范确定其密实程度。

项目2 土的压缩性与地基变形

【知识要点】

自重应力的概念与计算;基底压力、基底附加压力的概念与计算;地基中附加应力的概念与计算;附加应力在土中的分布规律;有效应力原理;土的压缩性指标及其测定方法;分层总和法计算地基的变形量。

【技能要求】

能正确计算土体中的自重应力,并能分析地下水位的变化对土中自重应力的影响。

能正确计算地基中的附加应力,并会分析附加应力对土体变形的影响。

能用有效应力原理分析土工建筑物或建筑地基的应力和变形。

会测定土的压缩性指标,并对土体的压缩性进行判别。

会运用分层总和法计算一般建筑物基础的最终沉降量。

【思政导引】

一代宗师,青年楷模——我国土力学学科的奠基人黄文熙

黄文熙(1909~2001)中国土力学与岩土工程学科的主要奠基人之一。1929年毕业于中央大学。1935年获美国密执安大学硕士学位,1937年获博士学位。1955年选聘为中国科学院院士(学部委员)。黄文熙是水工结构和岩土工程专家,新中国水利水电科学研究事业的开拓者。在水利水电工程、结构工程和岩土工程几个领域中都取得了杰出的成就。致力于水利水电工程教育事业半个多世纪,培养了大批工程技术人才。

1925年,太沙基(Terzaghi)出版了《土力学》一书,土力学成为一门技术科学。早在美国留学期间,黄文熙就对当时尚属新兴学科的土力学敏感地给予高度的关注。归国后,他在国内第一个开设土力学课程,建立了国内大学中的第一个土工实验室。

他善于抓住生产实践中的关键性学术问题进行创造性的基本研究,十分注意引进和推广国内外先进技术。中华人民共和国成立后,在他担任南京水利实验处处长期间,他组织研制了不少土质勘探设备和土工试验仪器,组织编写了《土工试验手册》和现场标准贯入、触探、取样等讲义和资料,开办了四期土工试验学习班,为新中国的土工试验工作开拓了道路。他在北京任水利水电科学研究院副院长期间,还兼任土工研究所所长,对土工研究工作倾注了大量的心血。

黄文熙是中国土力学学科的奠基人。几十年来,他始终站在这一学科的最前沿,在不同的研究课题方面都做出了高水平的研究成果。

1942~1957年,他创建了地基沉降与地基中应力分布新的计算方法。通用的分层总和法计算地基沉降时,假设地基土不发生侧向变形,这显然不符合实际情况。而考虑地基土侧向变形的计算方法需要计算两个水平正应力和确定土的泊松比,使计算复杂而困难。他建

议用三个正应力之和来进行计算,这既考虑了地基土的侧向变形,也简化了计算和减少了编制计算图表的工作量。他还建议用三轴压缩仪进行试验,研究土的弹性模量及泊松比与土体的应力值及其比例间的函数关系,这是70年代国际上所流行的应力路线法的先驱。

20世纪70年代,他注意到电子计算机和有限元法的发展,必然要建立能较全面真实地反映土的应力应变关系的数学模型。针对当时已经建立的土的弹塑性模型对屈服面和硬化参数人为假设过多的缺点,他提出了从试验资料直接确定土的弹塑性模型的理论。他所领导的清华大学研究组经过10年艰苦工作,建立了"清华弹塑性模型",做了大量的验证工作,也用于实际工程的计算分析,受到国内外同行的推崇。这一科研成果获得了国家自然科学三等奖。

在他80岁以后,还发表了论文《土坝的弹塑性应力简捷法》,对饱和土体承载后发生的起始孔隙水压力、瞬时变形和最终变形的计算方法提出了新建议。

80年代以来,随着土的本构关系和土工计算的发展,各种模型试验开展,尤其是土工模型试验对于验证理论、计算及模拟实际工程的重要作用,看到中国与世界先进国家间在水工模型试验方面的巨大差距,于1984年亲自率团到西欧、日本、美国考察。归国后他又多方奔走呼吁,终于在中国建立了不同规模的土工离心模型试验装置,这对中国岩土工程的发展起到了巨大的推动作用。

他工作勤奋,效率极高。他常常每日工作14小时以上。他的广博精深的知识和解决困难问题的能力都是从勤奋而来。他治学严谨,对论文和报告审查极严,修改很细。要求对理论推导反复校核,试验结果必须有多次重复试验。他的研究生在论文工作中的试验常在百组以上。

黄文熙在美国获得博士学位,正值国内抗日战争爆发前夕。他不畏艰险,满怀爱国热情,毅然回国。在南京中央大学任教期间,他不满当时国民党的腐败,同情和掩护进步学生的爱国运动。南京解放前夕,作为南京水利实验处处长,他为保护实验处的设备、财产和资料,顺利移交给人民政府做了不少有益的工作。中华人民共和国成立后,他仍兼任南京实验处处长,作为党外人士,他与党员干部和中国共产党坦诚相待。他于1956年加入中国共产党,以后几十年和党风雨同舟,保持坚定的政治气节。他关心祖国,热爱人民,粉碎"四人帮"时,他已年近70岁,仍然焕发了极大的热情,为重建我国土力学学科作出了不可磨灭的贡献。

黄文熙是一名学术精湛的学者,一位杰出的工程师,一位卓越的教育家,也是一位优秀的共产党人。

2.1　地基中的应力

码2-1　课程思政案例2-我国的高铁沉降控制技术

2.1.1　地基中的应力形式

为了对建筑物地基进行稳定性分析和沉降(变形)计算,必须首先了解和计算建筑物修建前后土体中的应力。

在实际工程中,土中应力按引起的原因分为自重应力和附加应力两种;按土体中应力传递方式可分为有效应力和孔隙应力。本节主要介绍自重应力和附加应力的计算。

土中应力的计算通常采用经典的弹性力学方法求解，即假定地基是均匀、连续、各向同性的半无限空间线性变形体。这样的假定与土的实际情况不尽相符，实际地基土体往往是层状、非均质各向异性的弹塑性材料。但在通常情况下，尤其在中、小应力条件下，用弹性理论计算结果与实际较为接近，且计算方法比较简单，能够满足一般工程设计的要求。

2.1.2　地基中的自重应力

2.1.2.1　定义

在未修建建筑物之前，由土体本身自重引起的应力称为土的自重应力，记为 σ_{cz}。在地面水平、土层广阔分布的情况下，土体在自重作用下无侧向变形和剪切变形，只有竖向变形。

2.1.2.2　均质土中的自重应力

如图 2-1(a)所示，当地基是均质土时，在天然地面以下任意深度 z 处 a—a 水平面上的竖向自重应力 σ_{cz}，等于该处单位面积上土柱的重量。可按式(2-1)计算：

$$\sigma_{cz} = \frac{\gamma z A}{A} = \gamma z \tag{2-1}$$

式中　γ——土的天然重度，kN/m^3；

A——土柱体的截面面积，取 $A = 1$ m^2。

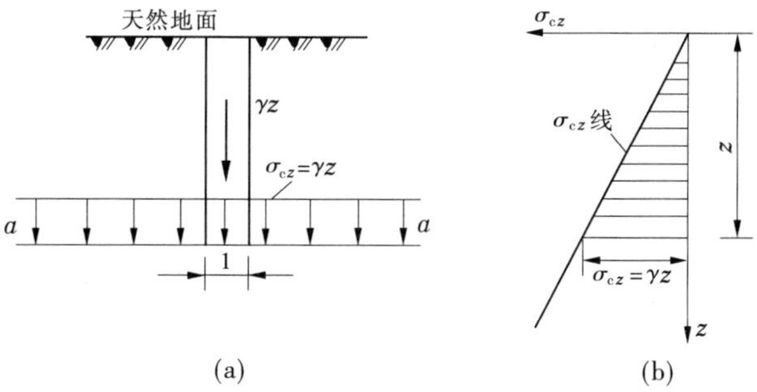

图 2-1　均质土中竖向自重应力

σ_{cz} 沿水平面均匀分布，且与 z 成正比，所以 σ_{cz} 随深度 z 线性增加，呈三角形分布，如图 2-1(b)所示。

2.1.2.3　成层土的自重应力

一般情况下，地基是成层的或有地下水存在的，各层土的重度各不相同。若天然地面下深度 z 范围各土层的厚度为 h_1、h_2、…、h_n，天然重度为 γ_1、γ_2、…、γ_n，则在深度 z 处土的自重应力也等于单位面积上土柱体中各层土重的总和。可按式(2-2)计算：

$$\sigma_{cz} = \sum_{i=1}^{n} \gamma_i h_i \tag{2-2}$$

式中　σ_{cz}——天然地面下任意深度 z 处的竖向自重应力，kPa；

n——深度 z 范围内的土层总数；

h_i——第 i 层土的厚度，m；

γ_i——第 i 层土的天然重度，kN/m^3，当土体处于地下水位以上时采用天然重度 γ_i，当土体处于地下水位以下时采用浮重度 γ'_i 计算。

同时，在地下水位以下的不透水层，例如岩层或密实黏土，由于不透水层不存在水的浮力，因此在其层面及层面以下的自重应力应按上覆土层中水和土的总重计算，如图 2-2 所示。

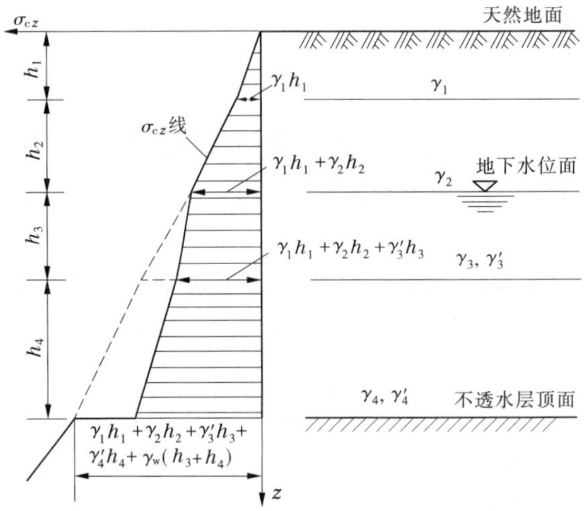

图 2-2　成层土中竖向自重应力沿深度的分布

由式(2-2)和图 2-2 可以看出，由于各层土的重度不同，所以成层土中自重应力沿深度呈折线分布，转折点位于土层分界面处。此外，由于地下水位上、下的重度不同，因此地下水面也是自重应力分布线的转折点。

通常土的自重应力不会引起地基变形，因为土体一般从形成至今已经经历了很长的地质年代，在自重应力作用下引起的压缩变形早已完成。但对于新近期沉积或堆积而成的土层，因为在自重作用下压缩变形还未完成，还将产生一定数值的变形。

2.1.2.4　地下水位升降对土中自重应力的影响

地下水位升降，使地基土中自重应力也相应发生变化。

图 2-3(a)为地下水位下降的情况，如因大量抽取地下水，以致地下水位长期大幅度下降，使地基中有效自重应力增加，从而引起地面大面积沉降。我国的地面沉降始于 20 世纪初的上海和天津市区，到 60 年代两市的地面沉降灾害已十分严重。据初步统计，到 2003 年，我国地面沉降面积已达 93 855 km^2，形成了长江三角洲、华北平原及汾渭断陷盆地等地面沉降灾害严重区，涉及 50 多个城市，其中沉降中心累计最大沉降量超过 2 m 的有上海、天津、太原、西安、无锡、沧州等城市。

图 2-3(b)为地下水位长期上升的情况，如在人工抬高蓄水水位地区(如筑坝蓄水)、工业废水大量渗入地下的地区及农业灌溉引起的地下水位上升。水位上升会引起地基承载力的减小，湿陷性土的湿陷现象等，应引起足够重视。

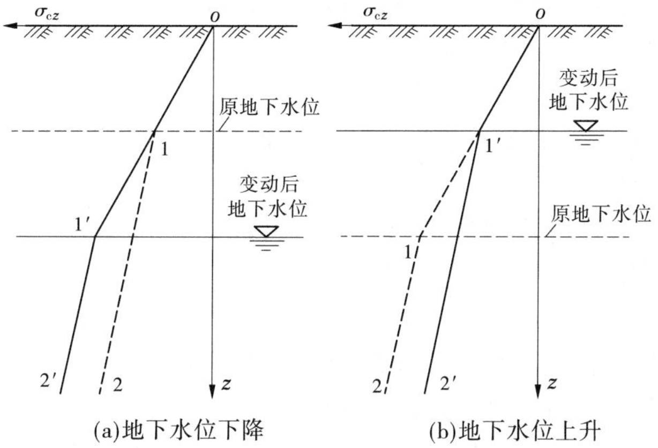

注:图中的虚线表示原地下水位下土中自重应力的分布。

图2-3　地下水位升降对土中自重应力的影响

【例2-1】　一地基由多层土组成,地质剖面如图2-4所示。黏土层的天然重度 $\gamma_1 = 19.0\ kN/m^3$,饱和重度为 $\gamma_{1sat} = 20.5\ kN/m^3$;砂土层的饱和重度为 $\gamma_{2sat} = 19.2\ kN/m^3$;硬黏土层的饱和重度为 $\gamma_{3sat} = 22.0\ kN/m^3$。

(1)试计算并绘制自重应力 σ_{cz} 沿深度 z 的分布图。

(2)当地下水位下降至黏土层的底部,土中的自重应力有何变化,并用图形表示之。

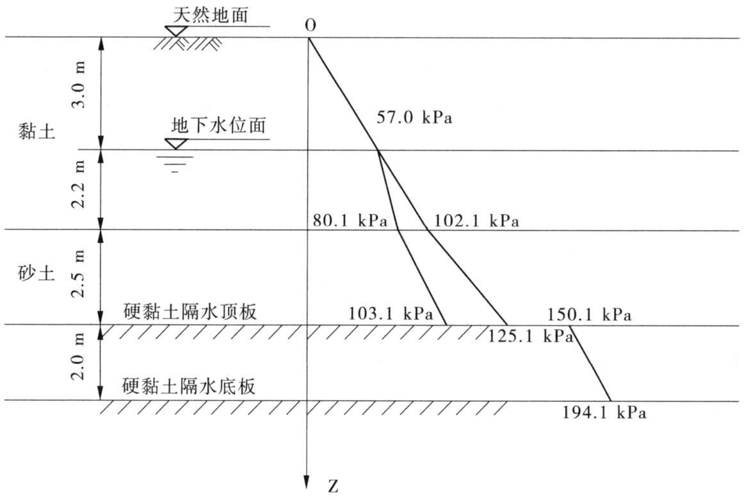

图2-4　例2-1图

解　(1)从地面往下作一竖直基准线 oz,各层面处的自重应力分别为:

①在地面处,$\sigma_{cz} = 0$;

②在 $z = 3.0$ m 处,$\sigma_{cz} = \gamma_1 h_1 = 19.0 \times 3.0 = 57.0$(kPa);

③在 $z = 5.2$ m 处,$\sigma_{cz} = \gamma_1 h_1 + \gamma_2' h_2 = 57.0 + (20.5 - 10) \times 2.2 = 80.1$(kPa);

④在 $z = 7.7$ m 处上,$\sigma_{cz} = \gamma_1 h_1 + \gamma_2' h_2 + \gamma_3' h_3 = 80.1 + (19.2 - 10) \times 2.5 = 103.1$(kPa);

⑤在 $z = 7.7$ m 处下,$\sigma_{cz} = 103.1 + 10 \times 4.7 = 150.1$(kPa);

⑥在 $z=9.7$ m 处，$\sigma_{cz}=150.1+22.0\times2.0=194.1$(kPa)。

在 oz 线的一侧按比例绘制各层面处的 σ_{cz} 值，并依次连接成折线，即自重应力沿着深度的分布图，如图 2-4 所示。

(2) 当地下水位下降至黏土层的底部，土中的自重应力为：

①在地面处，$\sigma_{cz}=0$

②在 $z=3.0$ m 处，$\sigma_{cz}=\gamma_1 h_1=19.0\times3.0=57.0$(kPa)；

③在 $z=5.2$ m 处，$\sigma_{cz}=\gamma_1 h_1+\gamma_{sat}h_2=57.0+20.5\times2.2=102.1$(kPa)；

④在 $z=7.7$ m 处上，$\sigma_{cz}=\gamma_1 h_1+\gamma_{sat}h_2+\gamma_3' h_3=102.1+(19.2-10)\times2.5=125.1$(kPa)；

⑤在 $z=7.7$ m 处下，$\sigma_{cz}=125.1+10\times2.5=150.1$(kPa)；

⑥在 $z=9.7$ m 处，$\sigma_{cz}=150.1+22.0\times2.0=194.1$(kPa)。

同上在 oz 线的一侧按比例绘制各层面处的 σ_{cz} 值，并依次连接成折线，即自重应力沿着深度的分布图，如图 2-4 所示，当地下水位下降时，原地下水位以下土体中的自重应力将增加。

练习题

一、判断题

1. 土体中的应力按其产生的原因主要有两种：由土体本身重量引起的自重应力和由外荷载引起的附加应力。(　　)

2. 地下水位的升降变化会引起自重应力的变化。(　　)

3. 在任何情况下，土体自重应力都不会引起地基沉降。(　　)

4. 地下水位下降会增加土层的自重应力，引起地基沉降。(　　)

5. 大量抽取地下水，地下水位大幅度下降，使地基中原水位以下土体的有效应力增加，会造成地面沉降。(　　)

二、选择题

1. 关于自重应力，下列说法错误的是(　　)。

A. 由土体自重引起　　B. 一般不引起地基沉降

C. 沿任一水平面上均匀地无限分布　　D. 大小仅与土的天然重度相关

2. 成层土中竖向自重应力沿深度的增大而发生的变化为(　　)。

A 折线减小　　B. 折线增大　　C. 斜线减小　　D. 斜线增大

3. 土中自重应力起算点位置为(　　)。

A. 基础底面　　B. 天然地面　　C. 室内设计地面　　D. 室外设计地面

4. 地下水位下降，土中自重应力发生的变化是(　　)。

A. 原水位以上不变，原水位以下增大

B. 原水位以上不变，原水位以下减小

C. 变动后水位以上不变，变动后水位以下减小

D. 变动后水位以上不变，变动后水位以下增大

5. 某砂土地基，天然重度 $\gamma=18$ kN/m^3，饱和重度 $\gamma_{sat}=20$ kN/m^3，地下水位距地表 2 m，地表下深度为 4 m 处的竖向自重应力为(　　)。

A. 56 kPa　　B. 76 kPa　　C. 72 kPa　　D. 80 kPa

6. 计算自重应力时，对地下水位以下的土层采用(　　)。

A. 湿重度　B. 浮重度　C. 饱和重度　D. 天然重度

7. 地基土如图2-5所示，图中层面 a—a 处的土的自重应力为(　　)。

A. 50.5 kPa　B. 68.7 kPa　C. 70.7 kPa　D. 50.7 kPa

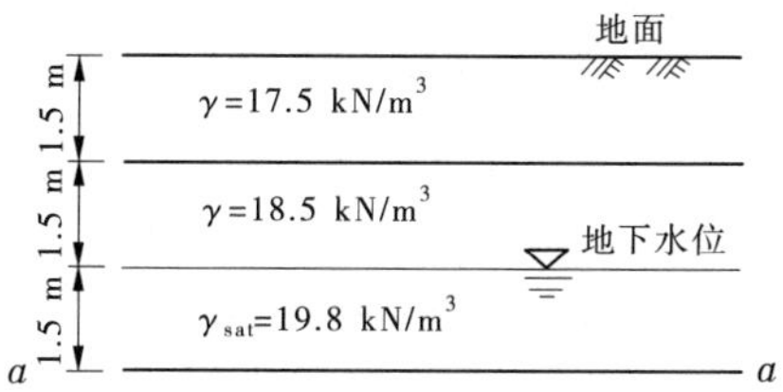

图2-5　选择题第7题附图

2.2　基底压力和基底附加压力

2.2.1　基底压力

基础底面处单位面积土体所受的压力，即基底压力，它是建筑物荷载通过基础传给地基的压力，作用在基础与地基的接触面上，因此又称为基础底面接触压力。基底压力的计算，是计算地基中的附加应力和进行基础结构设计所需要的。因为建筑物的荷载是通过基础传给地基的，为了计算上部荷载在地基土层中引起的附加应力，必须首先研究基底面处基底压力的大小与分布情况。

2.2.1.1　基底压力的分布规律

准确地确定基底压力的分布是相当复杂的问题。试验表明，基底压力既受基础刚度、尺寸、形状和埋深的影响，又受作用于基础上荷载的大小、分布、地基土性质的影响。

基础刚度的两种极端情况是柔性基础和刚性基础，实际工程中的基础刚度一般都处于上述两种极端情况之间，称为弹性基础。

1. 柔性基础

试验研究表明，实际工程中对于能较大适应地基变形的基础可以视为柔性基础。如土坝、路基、油罐、薄板一类基础称为柔性基础，本身刚度很小，在竖向荷载作用下几乎没有抵抗弯曲变形的能力，基础随着地基同步变形，因此柔性基础基底压力分布与上部荷载分布情况相同。在均布荷载作用下基底压力为均匀分布，如图2-6所示。

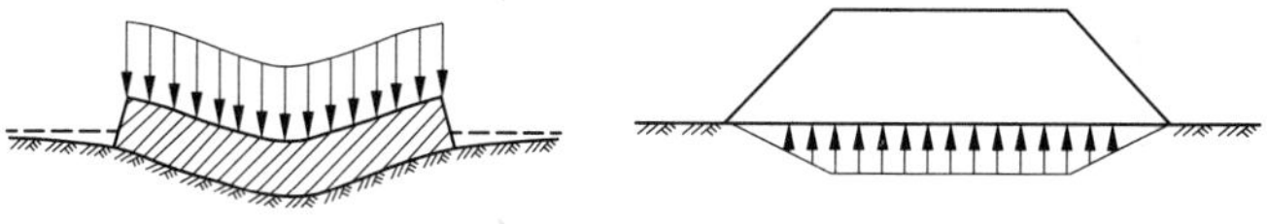

(a)柔性基础的基底压力　(b)土堤基底压力分布

图2-6　柔性基础的基底压力分布

2. 刚性基础

对于一些刚度很大不能适应地基变形的基础可视为刚性基础，这样的例子很多，建筑物的墩式基础、箱形基础，水利工程中的水闸基础、混凝土坝基础等。

大块整体基础本身刚度超过土的刚度，这类刚性基础底面的接触压力分布图形很复杂，要求地基与基础的变形必须协调一致。

(1)马鞍形分布：理论与试验证明，当荷载较小、中心受压时，刚性基础下基底压力呈马鞍形分布，如图 2-7(a)所示。

(2)抛物线分布：当上部荷载加大，基础边缘地基土中产生塑性变形区，即局部剪切后，边缘应力不再增大，应力向基础中心转移，基底压力变为抛物线形，如图 2-7(b)所示。

(3)钟形分布：当上部荷载很大，接近地基的极限荷载时，应力图形又变成钟形，如图 2-7(c)所示。

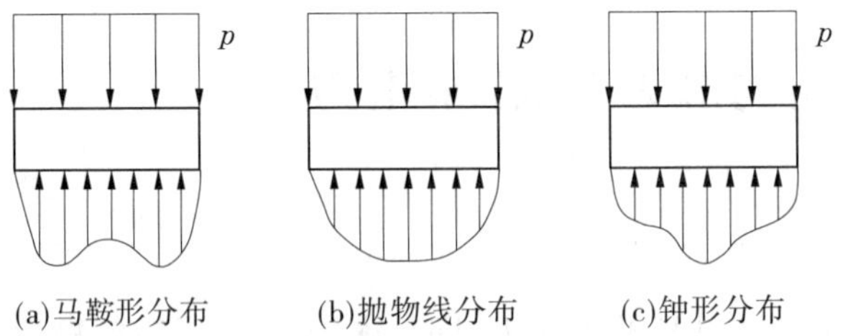

图 2-7　刚性基础基底压力分布图

上述基底压力呈各种曲线，应用不便。鉴于目前尚无既精确又简便的有关基底压力的计算方法，当基础尺寸不太大、荷载也较小时，基底压力的分布可近似地按直线变化假定，对沉降计算所引起的误差是允许的。在实用上通常采用下列简化计算方法。

2.2.1.2　工程简化计算

1. 竖直中心荷载下的基底压力

当基础受竖直中心荷载作用时，荷载的合力通过基础形心，基底压力呈均匀分布，如图 2-8 所示，此时基底压力可按式(2-3)计算：

$$p = \frac{F + G}{A} \tag{2-3}$$

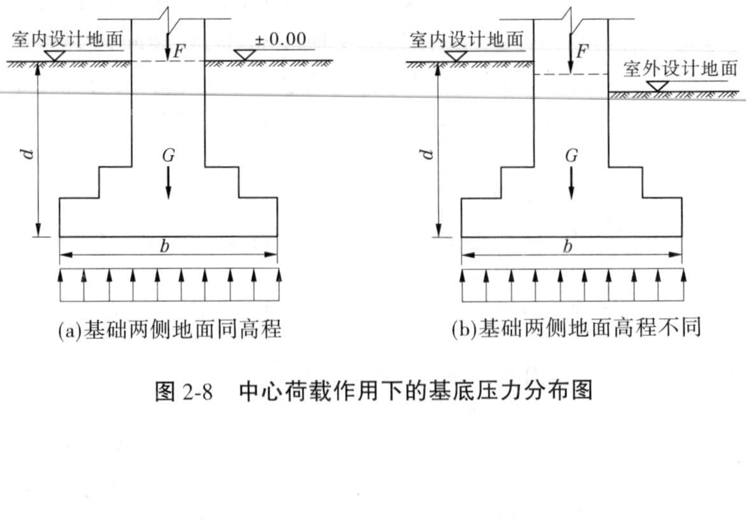

图 2-8　中心荷载作用下的基底压力分布图

式中　p——基底压力，kPa；

F——上部结构传至设计地面的荷载，kN；

G——基础自重和基础上回填土的总重，kN，$G=\gamma_G Ad$，其中 γ_G 为基础及回填土的平均重度，一般取 20 kN/m^3，在地下水位以下的部分取 $\gamma'_G=10$ kN/m^3，d 为基础平均埋深，必须从设计地面或室内外平均设计地面算起；

A——基础底面面积，m^2，对于矩形基础，$A=bl$，b 和 l 分别为基础的宽度和长度。

在实际计算中，如在工业与民用建筑中，当 $l/b\geqslant 10$ 时可视为条形基础；在水利工程中，当 $l/b\geqslant 5$ 时可视为条形基础。对于此类基础，通常沿基础长度方向取 1 m 来计算基底压力，此时式(2-3)中的 A 取基础宽度 b，而 F 和 G 则为单位长度基础内的相应值，单位为 kN/m。

2. 单向偏心荷载下的基底压力

在单向偏心荷载作用下，设计时通常将基础长边方向定为偏心方向，如图 2-9 所示，此时基础边缘压力可按式(2-4)计算：

$$p_{\min}^{\max}=\frac{F+G}{A}\pm\frac{M}{W}\qquad(2\text{-}4)$$

式中　$p_{\max}$、$p_{\min}$——基础底面边缘的最大、最小压力，kPa；

M——作用于基础底面的力矩值，kN·m，$M=(F+G)e$，e 为偏心距；

W——抵抗矩，矩形基础 $W=bl^2/6$，l 为力矩 M 作用方向的基础边长。

将偏心荷载的偏心距 $e=M/(F+G)$ 及 $W=bl^2/6$ 代入式(2-4)中，得：

$$p_{\min}^{\max}=\frac{F+G}{A}\left(1\pm\frac{6e}{l}\right)\qquad(2\text{-}5)$$

从式(2-5)可知，按偏心荷载的偏心距 e 的大小，基底压力的分布可能出现下述几种情况，见图 2-9。

当 $e<l/6$ 时，$p_{\min}>0$，基底压力分布呈梯形[见图 2-9(a)]；

当 $e=l/6$ 时，$p_{\min}=0$，基底压力分布呈三角形[见图 2-9(b)]；

当 $e>l/6$ 时，$p_{\min}<0$，表明基底出现拉力，此时基底与地基间局部脱离，而使基底压力重新分布[见图 2-9(c)]。

一般而言，工程上不允许基底出现拉力，因此在设计基础尺寸时，应使合力偏心距满足 $e<l/6$ 的条件，以保证安全。

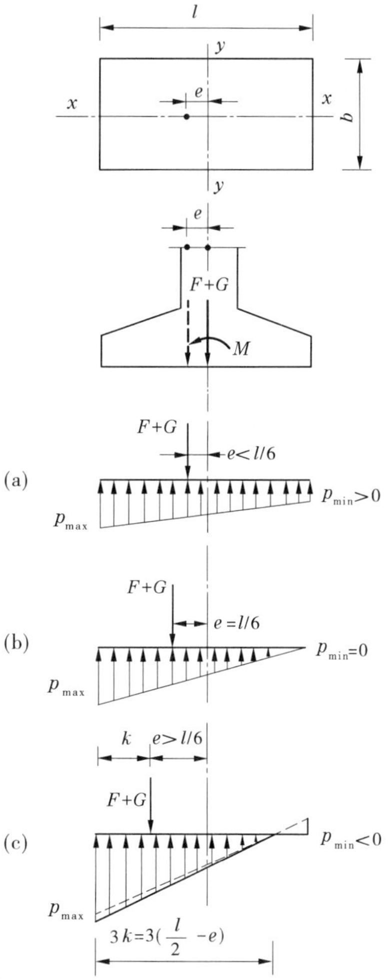

图 2-9　单同偏心荷载作用下的基底压力分布图

2.2.2 基底附加压力

基底附加压力是指超出原有地基竖向应力的那部分基底压力，即作用在基础底面的压力与基底处建造前土中自重应力之差。一般土层在自重作用下已经压缩稳定，因此只有新增加于基底平面处的外荷载才能引起地基变形。

在实际工程中，一般基础总是埋置在天然地基一定深度处，该深度处原有的自重应力在修造基础时由于基坑的开挖而卸除至零，即基底处在建造前曾有过自重应力的作用。当基坑回填及建筑物修建后，基础底面上的压力中自然含有数量上等于原先的那部分自重应力。因此，建筑物修建后的基底压力扣除修建前土中基底处的自重应力后，才是基底处额外增加于地基的基底附加压力。在基底压力相同时，基底埋深越大，其附加压力越小，越有利于减小基础的沉降，根据该原理可以对基础采用补偿性设计，以减小地基中的附加应力，减小基础沉降。

当基底压力为均布时，其基底附加压力为

$$p_0 = p - \sigma_{cz} = p - \gamma_0 d \tag{2-6}$$

当基底压力为梯形分布时，其基底附加压力为

$$p_{0\,\min}^{\,\max} = p_{\min}^{\max} - \sigma_{cz} = p_{\min}^{\max} - \gamma_0 d \tag{2-7}$$

式中 p_0——基底附加压力，kPa；

σ_{cz}——基底处土的初始自重应力，kPa；

γ_0——基底处标高以上天然土层的加权平均重度，其中地下水位下的重度取浮重度，

$$\gamma_0 = \frac{\gamma_1 h_1 + \gamma_2 h_2 + \cdots + \gamma_n h_n}{h_1 + h_2 + \cdots + h_n}, \text{kN/m}^3;$$

d——基础埋深，从天然地面算起，对于新近填土场地，则应从老天然地面算起，m。

【例 2-2】 某矩形基础长 $l = 2.0$ m，宽 $b = 1.6$ m，其上受中心荷载作用，如图 2-10 所示，$F = 350$ kN，基础埋深范围内，第一层土的重度 $\gamma_1 = 16.8$ kN/m^3，第二层土的重度 $\gamma_2 = 19.2$ kN/m^3，试计算基底压力和基底附加压力。

解 (1)基础及基础上回填土的总重：

$$G = \gamma_G A d = 20 \times 2.0 \times 1.6 \times 1.3 = 83.2(\text{kN})$$

(2)基底压力：

$$p = \frac{F + G}{A} = \frac{350 + 83.2}{2.0 \times 1.6} = 135.38(\text{kPa})$$

(3)基底附加压力：

$$p_0 = p - \sigma_{cz} = p - \gamma_0 d = 135.38 - \frac{16.8 \times 0.3 + 19.2 \times 1}{0.3 + 1} \times 1.3 = 111.14(\text{kPa})$$

【例 2-3】 某矩形基础长 $l = 2.0$ m，宽 $b = 1.6$ m，其上作用的荷载如图 2-11 所示，$F = 350$ kN，$Q = 60$ kN，$M' = 82$ kN · m，基础埋深范围内，第一层土的重度 $\gamma_1 = 16.8$ kN/m^3，第二层土的重度 $\gamma_2 = 19.2$ kN/m^3，试计算基底压力和基底附加压力。

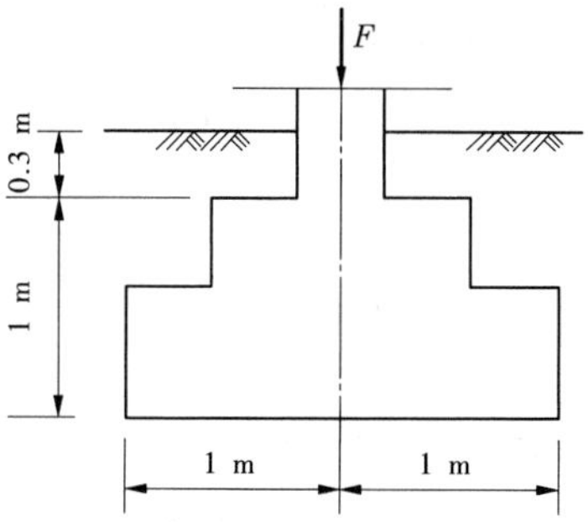

图2-10　例2-2图

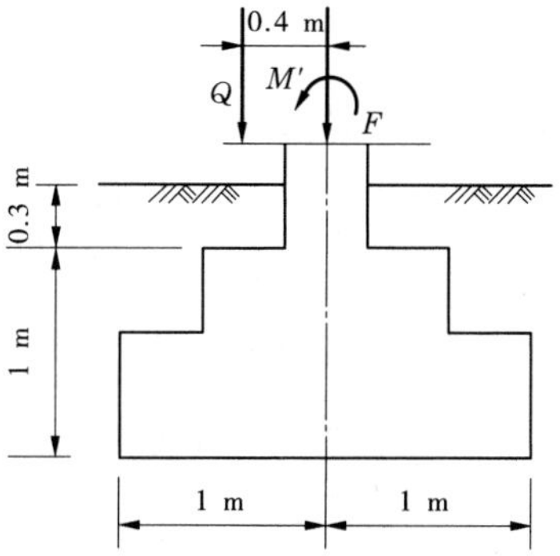

图2-11　例2-3图

解　(1)基础及基础上回填土的总重：

$$G=\gamma_G Ad=20\times2.0\times1.6\times1.3=83.2(\mathrm{kN})$$

(2)作用在基础底面以上竖直方向的合力：

$$P=F+Q+G=350+60+83.2=493.2(\mathrm{kN})$$

(3)以基础底面中心为矩心，计算作用于基础底面以上的合力矩为：

$$M=M'+0.4Q=82+0.4\times60=106(\mathrm{kN\cdot m})$$

(4)求偏心距 e：

$$e=\frac{M}{P}=\frac{106}{493.2}=0.2(\mathrm{m})<\frac{l}{6}=0.33(\mathrm{m})$$，所以基底压力呈梯形分布。

(5)求基底压力：

$$p_{\min}^{\max}=\frac{P}{A}\left(1\pm\frac{6e}{l}\right)=\frac{493.2}{2\times1.6}\times\left(1\pm\frac{6\times0.2}{2}\right)=\frac{246.6}{61.65}(\mathrm{kPa})$$

(6)求基底附加压力：

$$p_{0\min}^{\max}=p_{\min}^{\max}-\sigma_{cz}=p_{\min}^{\max}-\gamma_0 d=\frac{246.6}{61.65}-\frac{16.8\times0.3+19.2\times1}{0.3+1}\times1.3=\frac{222.36}{37.41}(\mathrm{kPa})$$

练习题

一、判断题

1. 建筑物荷载通过基础传给地基，基础底面传递到地基表面的压力称为基底压力，而地基支撑基础的反力称为地基反力。(　　)

2. 假设基底压力保持不变，若基础埋深减小，则基底附加应力将增加。(　　)

3. 基底附加压力是基底压力的一部分。(　　)

4. 地基附加应力是引起地基变形与破坏的主要因素。(　　)

二、选择题

1. 基底附加应力 p_0 作用下，地基中附加应力随深度 z 的增大而减小，z 的起算点为(　　)。

A. 基础底面　　B. 天然地面　　C. 室内设计地面　　D. 室外设计地面

2. 单向偏心的矩形基础，当偏心距 $e<l/6$(l 为偏心一侧基底边长)时，基底压力分布图

可简化为(　　)。

A. 矩形　　B. 梯形　　C. 三角形　　D. 抛物线形

3. 埋深为 d 的浅基础,基底压力 p 与基底附加压力 p_0 大小存在的关系为(　　)。

A. $p<p_0$　　B. $p=p_0$　　C. $p=2p_0$　　D. $p>p_0$

4. 基底附加压力计算式为 $p_0=\frac{F+G}{A}-\gamma_0 d$,式中 d 表示(　　)。

A. 室外基底埋深　　B. 室内基底埋深

C. 天然地面下的基底埋深　　D. 室内外埋深平均值

5. 矩形基础在偏心受压条件下,基底反力呈三角形分布,则偏心距(　　)。

A. $e<l/6$　　B. $e\leqslant l/6$　　C. $e=l/6$　　D. $e\geqslant l/6$

6. 由建筑物的荷载或外荷载在地基内产生的应力称为(　　)。

A. 自重应力　　B. 附加应力　　C. 有效应力　　D. 总应力

7. 一墙下条形基础底宽 1.5 m,埋深 1.5 m,承重墙传来的中心竖向荷载为 195 kN/m,地基土天然重度为 18.0 kN/m^3,基础及回填土平均重度为 20 kN/m^3,则基底附加应力为(　　)。

A. 130.0 kPa　　B. 140.0 kPa　　C. 136.0 kPa　　D. 133.0 kPa

2.3　地基中的附加应力

在外荷载作用下,地基中各点均会产生应力,称为附加应力。

为说明应力在土中的传递情况,假定地基土粒是由无数等直径、水平放置的刚性光滑小圆柱组成,按平面问题考虑。设地表受一个竖向集中力 $P=1$ kN 作用,如图 2-12 所示。

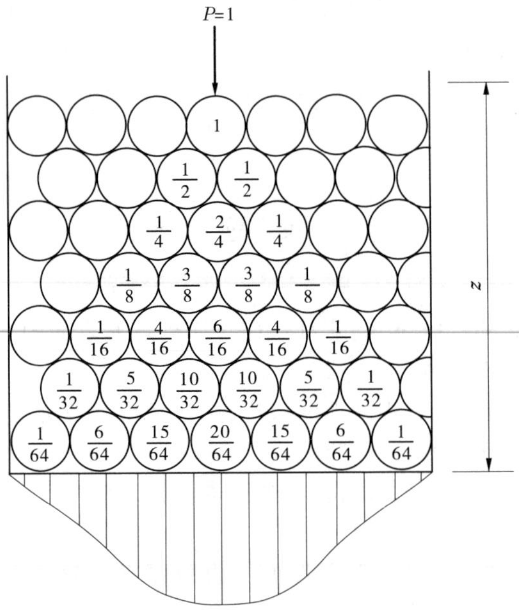

图 2-12　地基中附加应力扩散示意图

图 2-12 中第一层由一个小圆柱受力,$P=1$ kN;第二层两个小圆柱同时受力,各为 1/2

kN;第三层三个小圆柱受力,两侧小圆柱各受力 1/4 kN,中间小圆柱受 2/4 kN……依次类推。从图中还可以看出附加应力的分布规律:

(1)在荷载轴线上,离荷载越远,附加应力越小;

(2)在地基中任一深度处的水平面上,沿荷载轴线上的附加应力最大,向两边逐渐减小,该现象称为应力扩散。

地基中附加应力计算比较复杂。目前采用的地基中附加应力计算方法是根据弹性理论推导出来的。因此,对地基做下列几点假定:

(1)地基是半无限弹性体。

(2)地基土是连续均匀的。

(3)地基土是等向的,即各点同性的。

严格来说,地基并不是连续均匀、各向同性的弹性体。实际上,地基土通常是分层的,例如一层黏土、一层砂土、一层卵石,并不均匀,而且各层之间性质差别很大(如黏土与卵石之间)。地基的应力—应变特性,一般也不符合线性变化,尤其在应力较大时,更是明显偏离线性变化的假定。地基是弹塑性体和各向异性体。

试验证明,当地基上作用的荷载不大、土中的塑性变形区很小时,荷载与变形之间可近似为线性关系,用弹性理论计算的应力值与实测的地基中应力相差并不很大,所以工程上仍常常采用弹性理论计算。

下面介绍不同面积上各种分布荷载作用下附加应力计算的方法。

2.3.1 竖直集中荷载作用下的附加应力

在弹性半空间表面上作用一个竖向集中力时,半空间内任意点处的应力和位移的弹性力学解答是由法国布辛奈斯克(Boussinesq,1885)提出的。如图 2-13 所示,在半空间(相当于地基)中任意点 $M(x,y,z)$ 处有 6 个应力分量和三个位移分量,其中竖直方向的附加应力 σ_z 对计算地基变形最有意义,其计算公式为

$$\sigma_z = \frac{3P}{2\pi}\frac{z^3}{R^5} \tag{2-8}$$

式中 R——M 点至坐标原点 O 的距离,$R=\sqrt{x^2+y^2+z^2}=\sqrt{r^2+z^2}=z/\cos\theta$,m;

r——M 点与集中力作用点的水平距离,m。

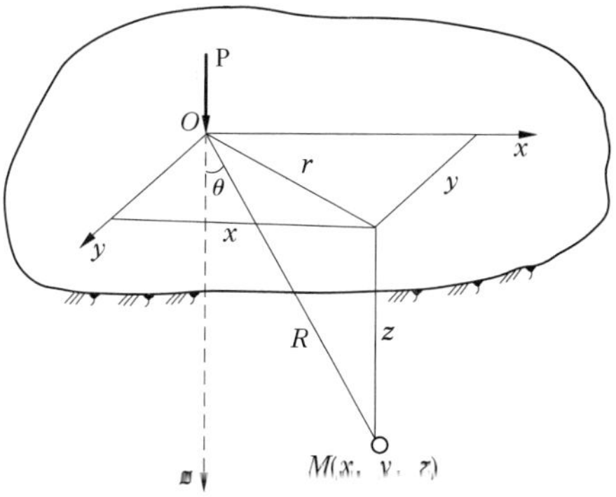

图 2-13 竖直集中力所引起的附加应力

为了应用方便,式(2-8)的 σ_z 表达式可以写成如下形式:

$$\sigma_z = \frac{3P}{2\pi}\frac{z^3}{R^5} = \frac{3P}{2\pi z^2}\frac{1}{\left[1+\left(\frac{r}{z}\right)^2\right]^{5/2}} = \alpha\frac{P}{z^2} \tag{2-9}$$

式中 α——集中力作用下的地基竖向附加应力系数,简称集中应力系数,$\alpha=\frac{3}{2\pi}\frac{1}{[(r/z)^2+1]^{5/2}}$,

它是 r/z 的函数,可按表 2-1 查取。

在工程实践中,荷载很少是以集中力的形式作用在土体上,而往往是通过基础分布在一定面积上。若基础底面的形状或基底下的荷载分布是不规则的,则可以把荷载面(或基础底面)分成若干个形状规则的单元面积(见图 2-14),每个单元面积上的分布荷载近似地以作用在单元面积形心上的集中力来代替,这样就可以利用布辛奈斯克公式和叠加原理计算地基中某点 M 的附加应力。这种近似方法的计算精度取决于单元面积的大小。一般当矩形单元面积的长边小于单元面积形心到计算点的距离的 1/2、1/3 或 1/4 时,所算得的附加应力的误差分别不大于 6%、3%或 2%。

表 2-1 集中力作用下的附加应力系数 α 值

r/z	α	r/z	α	r/z	α	r/z	α	r/z	α
0.00	0.477 5	0.50	0.273 3	1.00	0.084 4	1.50	0.025 1	2.00	0.008 5
0.05	0.474 5	0.55	0.246 6	1.05	0.074 5	1.55	0.022 4	2.20	0.005 8
0.10	0.465 7	0.60	0.221 4	1.10	0.065 8	1.60	0.020 0	2.40	0.004 0
0.15	0.451 6	0.65	0.197 8	1.15	0.058 1	1.65	0.017 9	2.60	0.002 8
0.20	0.432 9	0.70	0.176 2	1.20	0.051 3	1.70	0.016 0	2.80	0.002 1
0.25	0.410 3	0.75	0.156 5	1.25	0.045 4	1.75	0.014 4	3.00	0.001 5
0.30	0.384 9	0.80	0.138 6	1.30	0.040 2	1.80	0.012 9	3.50	0.000 7
0.35	0.357 7	0.85	0.122 6	1.35	0.035 7	1.85	0.011 6	4.00	0.000 4
0.40	0.329 5	0.90	0.108 3	1.40	0.031 7	1.90	0.010 5	4.50	0.000 2
0.45	0.301 1	0.95	0.095 6	1.45	0.028 2	1.95	0.009 4	5.00	0.000 1

对于图 2-14 所示的任一单元 i,可用集中力 P_i 来代替单元面积上局部荷载。在 P_i 这个集中力作用下地基中 M 点的附加应力为

$$\sigma_{z,i} = \alpha_i\frac{P_i}{z^2} \tag{2-10}$$

式中 α_i——第 i 个集中应力系数。

图 2-14 中的 r_i 是第 i 个集中荷载作用点到 M 点的水平距离。

若干个竖向集中力 $P_i(i=1,2,\cdots,n)$ 作用在地基表面上,按叠加原理,则地面下深度 z 处某点 M 的附加应力 σ_z 应为各集中力单独作用时在 M 点所引起的附加应力之和,即

$$\sigma_z = \sum_{i=1}^{n}\alpha_i\frac{P_i}{z^2} = \frac{1}{z^2}\sum_{i=1}^{n}\alpha_i P_i \tag{2-11}$$

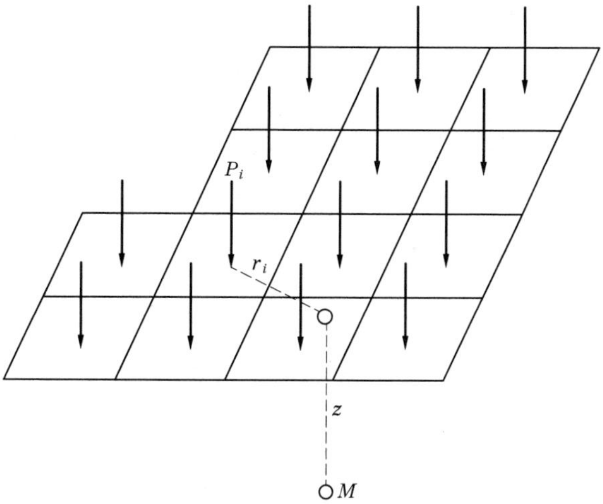

图 2-14　等代荷载法计算附加应力

2.3.2　矩形基础竖直荷载作用下地基中的附加应力

建筑物下基础通常是矩形底面,在中心荷载作用下,基底的压力为均布荷载,这是工程中常常遇到的,这时地基中附加应力可从式(2-8)出发求得。

2.3.2.1　矩形基础竖直均布荷载作用角点下的附加应力

矩形(指基础底面)基础,边长分别为 b、l,基底附加应力均匀分布,计算基础四个角点下地基中的附加应力。因 4 个角点下应力相同,只计算一个即可。

将坐标原点选在基底角点处,如图 2-15 所示,在矩形面积内取一微面积 $dxdy$,距离原点 o 为 x、y,微面积上的局部荷载用集中力 p_0dxdy 代替,则角点下任意深度处的 M 点由集中力引起的竖直向附加应力 $d\sigma_z$ 为

$$d\sigma_z = \frac{3p_0z^3}{2\pi(x^2 + y^2 + z^2)^{\frac{5}{2}}}dxdy \tag{2-12}$$

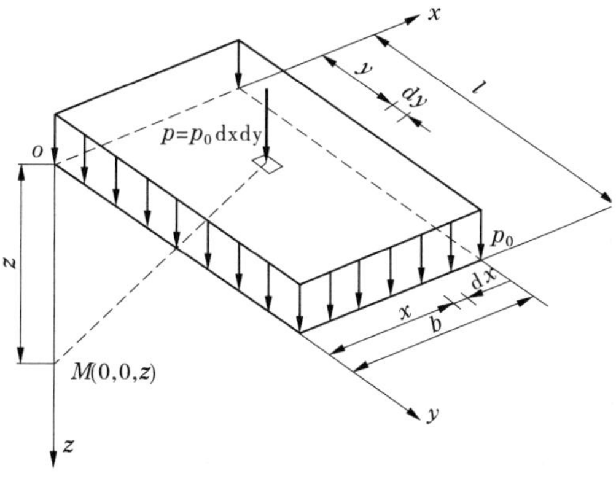

图 2-15　矩形基底竖直均布荷载作用角点下的附加应力

整个矩形面积上的均布荷载在地基中 M 点处所引起的附加应力 σ_z,可对式(2-12)在整个矩形荷载面积上进行重积分求得:

$$\sigma_z = \frac{3p_0z^3}{2\pi}\int_0^l\int_0^b \frac{\mathrm{d}x\mathrm{d}y}{(x^2+y^2+z^2)^{\frac{5}{2}}}$$

$$= \frac{p_0}{2\pi}\left[\arctan\frac{m}{n\sqrt{1+m^2+n^2}} + \frac{mn}{\sqrt{1+m^2+n^2}}\times\left(\frac{1}{m^2+n^2}+\frac{1}{1+n^2}\right)\right] \tag{2-13}$$

其中，$m=\frac{l}{b}$，$n=\frac{z}{b}$。

为计算方便，可令：

$$\alpha_c = \frac{1}{2\pi}\left[\arctan\frac{m}{n\sqrt{1+m^2+n^2}} + \frac{mn}{\sqrt{1+m^2+n^2}}\times\left(\frac{1}{m^2+n^2}+\frac{1}{1+n^2}\right)\right]$$

则

$$\sigma_z = \alpha_c p_0 \tag{2-14}$$

式中 α_c——矩形基础竖直均布荷载作用角点下的附加应力分布系数，$\alpha_c=f(m,n)=f\left(\frac{l}{b},\frac{z}{b}\right)$可由表 2-2 查得，必须注意，$l$ 恒为矩形基础的长边，b 为矩形基础的短边。

表 2-2 矩形基础竖直均布荷载作用角点下的附加应力分布系数 α_c 值

$n=z/b$	$m=l/b$											
	1.0	1.2	1.4	1.6	1.8	2.0	3.0	4.0	5.0	6.0	10.0	条形
0.0	0.250	0.250	0.250	0.250	0.250	0.250	0.250	0.250	0.250	0.250	0.250	0.250
0.2	0.249	0.249	0.249	0.249	0.249	0.249	0.249	0.249	0.249	0.249	0.249	0.249
0.4	0.240	0.242	0.243	0.243	0.244	0.244	0.244	0.244	0.244	0.244	0.244	0.240
0.6	0.223	0.228	0.230	0.232	0.232	0.233	0.234	0.234	0.234	0.234	0.234	0.223
0.8	0.200	0.207	0.212	0.215	0.216	0.218	0.220	0.220	0.220	0.220	0.220	0.200
1.0	0.175	0.185	0.191	0.195	0.198	0.200	0.203	0.204	0.204	0.204	0.205	0.175
1.2	0.152	0.163	0.171	0.176	0.179	0.182	0.187	0.188	0.189	0.189	0.189	0.152
1.4	0.131	0.142	0.151	0.157	0.161	0.164	0.171	0.173	0.174	0.174	0.174	0.131
1.6	0.112	0.124	0.133	0.140	0.145	0.148	0.157	0.159	0.160	0.160	0.160	0.112
1.8	0.097	0.108	0.117	0.124	0.129	0.133	0.143	0.146	0.147	0.148	0.148	0.097
2.0	0.084	0.095	0.103	0.110	0.116	0.120	0.131	0.135	0.136	0.137	0.137	0.084
2.2	0.073	0.083	0.092	0.098	0.104	0.108	0.121	0.125	0.126	0.127	0.128	0.073
2.4	0.064	0.073	0.081	0.088	0.093	0.098	0.111	0.116	0.118	0.118	0.119	0.064
2.6	0.057	0.065	0.072	0.079	0.084	0.089	0.102	0.107	0.110	0.111	0.112	0.057
2.8	0.050	0.058	0.065	0.071	0.076	0.080	0.094	0.100	0.102	0.104	0.105	0.050
3.0	0.045	0.052	0.058	0.064	0.069	0.073	0.087	0.093	0.096	0.097	0.099	0.045
3.2	0.040	0.047	0.053	0.058	0.063	0.067	0.081	0.087	0.090	0.092	0.093	0.040
3.4	0.036	0.042	0.048	0.053	0.057	0.061	0.075	0.081	0.085	0.086	0.088	0.036
3.6	0.033	0.038	0.043	0.048	0.052	0.056	0.069	0.076	0.080	0.082	0.084	0.033
3.8	0.030	0.035	0.040	0.044	0.048	0.052	0.065	0.072	0.075	0.077	0.080	0.030
4.0	0.027	0.032	0.036	0.040	0.044	0.048	0.060	0.067	0.071	0.073	0.076	0.027

续表 2-2

$n=z/b$	$m=l/b$											
	1.0	1.2	1.4	1.6	1.8	2.0	3.0	4.0	5.0	6.0	10.0	条形
4.2	0.025	0.029	0.033	0.037	0.041	0.044	0.056	0.063	0.067	0.070	0.072	0.025
4.4	0.023	0.027	0.031	0.034	0.038	0.041	0.053	0.060	0.064	0.066	0.069	0.023
4.6	0.021	0.025	0.028	0.032	0.035	0.038	0.049	0.056	0.061	0.063	0.066	0.021
4.8	0.019	0.023	0.026	0.029	0.032	0.035	0.046	0.053	0.058	0.060	0.064	0.019
5.0	0.018	0.021	0.024	0.027	0.030	0.033	0.043	0.050	0.055	0.057	0.061	0.018
6.0	0.013	0.015	0.017	0.020	0.022	0.024	0.033	0.039	0.043	0.046	0.051	0.013
7.0	0.009	0.011	0.013	0.015	0.016	0.018	0.025	0.031	0.035	0.038	0.043	0.009
8.0	0.007	0.009	0.010	0.011	0.013	0.014	0.020	0.025	0.028	0.031	0.037	0.007
9.0	0.006	0.007	0.008	0.009	0.010	0.011	0.016	0.020	0.024	0.026	0.032	0.006
10.0	0.005	0.006	0.007	0.007	0.008	0.009	0.013	0.017	0.020	0.022	0.028	0.005
12.0	0.003	0.004	0.005	0.005	0.006	0.006	0.009	0.012	0.014	0.017	0.022	0.003
14.0	0.002	0.003	0.003	0.004	0.004	0.005	0.007	0.009	0.011	0.013	0.018	0.002
16.0	0.002	0.002	0.003	0.003	0.003	0.004	0.005	0.007	0.009	0.010	0.014	0.002
18.0	0.001	0.002	0.002	0.002	0.003	0.003	0.004	0.006	0.007	0.008	0.012	0.001
20.0	0.001	0.001	0.002	0.002	0.002	0.002	0.004	0.005	0.006	0.007	0.010	0.001
25.0	0.001	0.001	0.001	0.001	0.001	0.002	0.002	0.003	0.004	0.004	0.007	0.001
30.0	0.001	0.001	0.001	0.001	0.001	0.001	0.002	0.002	0.003	0.003	0.005	0.001
35.0	0.000	0.000	0.001	0.001	0.001	0.001	0.001	0.002	0.002	0.002	0.004	0.000
40.0	0.000	0.000	0.000	0.000	0.001	0.001	0.001	0.001	0.001	0.002	0.003	0.000

2.3.2.2 矩形基础竖直均布荷载作用任意点下的附加应力

实际工程中，常需计算地基中任意点下的附加应力。此时，可以加几条通过计算点的辅助线，将矩形面积划分为 n 个矩形，用式(2-14)分别计算矩形面积上荷载产生的附加应力，进行叠加而得，此法称为角点法。

应用角点法，可计算下列4种情况下地基中的附加应力。

(1)边点：矩形受荷面积边上，任意点 o 下的附加应力(见图2-16(a))：

$$\sigma_z=(\alpha_{c\,\mathrm{I}}+\alpha_{c\,\mathrm{II}})p_0$$

式中 $\alpha_{c\,\mathrm{I}}$、$\alpha_{c\,\mathrm{II}}$——相应面积Ⅰ和Ⅱ的角点下的附加应力系数。必须指出，查表或用公式计算时所取用边长 l 应为任一矩形荷载面的长边，而 b 则为短边，以下同。

(2)内点：矩形受荷面积内，任意点 o 下的附加应力(见图2-16(b))：

$$\sigma_z=(\alpha_{c\,\mathrm{I}}+\alpha_{c\,\mathrm{II}}+\alpha_{c\,\mathrm{III}}+\alpha_{c\,\mathrm{IV}})p_0$$

如果点 o 位于荷载面中心，则 $\alpha_{c\,\mathrm{I}}=\alpha_{c\,\mathrm{II}}=\alpha_{c\,\mathrm{III}}=\alpha_{c\,\mathrm{IV}}$，$\sigma_z=4\alpha_{c\,\mathrm{I}}p_0$。

(3)计算点在基底边缘外侧：此类外点位于荷载范围的延长区域内，因此可按图2-16(c)方式划分角点。此时，荷载面 $abcd$ 可看成是由于Ⅰ($ofbg$)与Ⅱ($ofah$)之差和Ⅲ($oecg$)

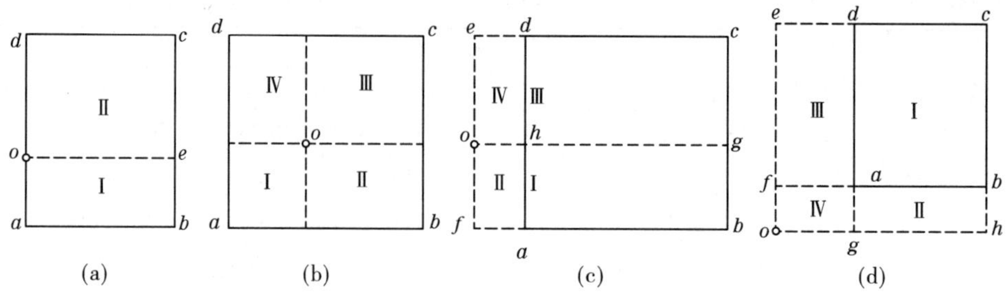

图 2-16　角点法计算任意点下的附加应力示意图

与Ⅳ(*oedh*)之差的合成,附加应力可按下式计算:

$$\sigma_z = (\alpha_{c\,\mathrm{I}} - \alpha_{c\,\mathrm{II}} + \alpha_{c\,\mathrm{III}} - \alpha_{c\,\mathrm{IV}})p_0$$

(4)计算点在基底角点外侧:此类外点位于荷载范围的延长区域内,按图 2-16(d)方式划分。此时,把荷载面看成Ⅰ(*ohce*)、Ⅳ(*ogaf*)两个面积中扣除Ⅱ(*ohbf*)和Ⅲ(*ogde*)而成的,附加应力可按下式计算:

$$\sigma_z = (\alpha_{c\,\mathrm{I}} - \alpha_{c\,\mathrm{II}} - \alpha_{c\,\mathrm{III}} + \alpha_{c\,\mathrm{IV}})p_0$$

【例 2-4】 荷载分布情况如图 2-17 所示。求荷载面积上点 *A*、*E*、*O* 及 *F* 和 *G* 点下 $z=1$ m 深度处的附加应力,并利用计算结果说明附加应力的扩散规律。

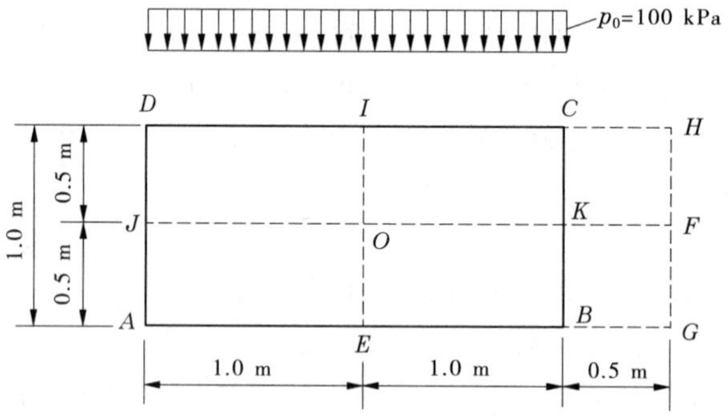

图 2-17　例 2-4 图

解　(1)*A* 是矩形 *ABCD* 的角点,且 $m=\frac{l}{b}=2, n=\frac{z}{b}=1$,查表 2-2 可得:

$$\alpha_{c-ABCD} = \alpha_{c-ABCD}(m,n) = \alpha_{c-ABCD}\left(\frac{l}{b},\frac{n}{b}\right) = 0.200$$

$$\sigma_{zA} = \alpha_{c-ABCD} \times p_0 = 0.200 \times 100 = 20(\text{kPa})$$

(2)*E* 点是矩形 *EIDA* 和矩形 *EBCI* 的角点,且 $m=\frac{l}{b}=1, n=\frac{z}{b}=1$,查表 2-2 可得:

$$\alpha_{c-EIDA} = \alpha_{c-EBCI} = \alpha_{c-EIDA}(m,n) = \alpha_{c-EIDA}\left(\frac{l}{b},\frac{n}{b}\right) = 0.175$$

$$\sigma_{zE} = (\alpha_{c-EIDA} + \alpha_{c-EBCI})p_0 = (0.175 + 0.175) \times 100 = 35(\text{kPa})$$

(3)同上,$\sigma_{zO} = (\alpha_{c-OJAE} + \alpha_{c-OIDJ} + \alpha_{c-OKCI} + \alpha_{c-OEBK})p_0 = (0.120+0.120+0.120+0.120) \times 100 = 48.0(\text{kPa})$。

(4) $\sigma_{zF}=(\alpha_{c-FHDJ}+\alpha_{c-FJAG}-\alpha_{c-FHCK}-\alpha_{c-FKBG})p_0=(0.136+0.136-0.084-0.084)\times100=10.4$ (kPa)。

(5) $\sigma_{zG}=(\alpha_{c-GHDA}-\alpha_{c-GHCB})p_0=8.1$(kPa)。

(6)附加应力的分布规律,如图 2-18 所示。

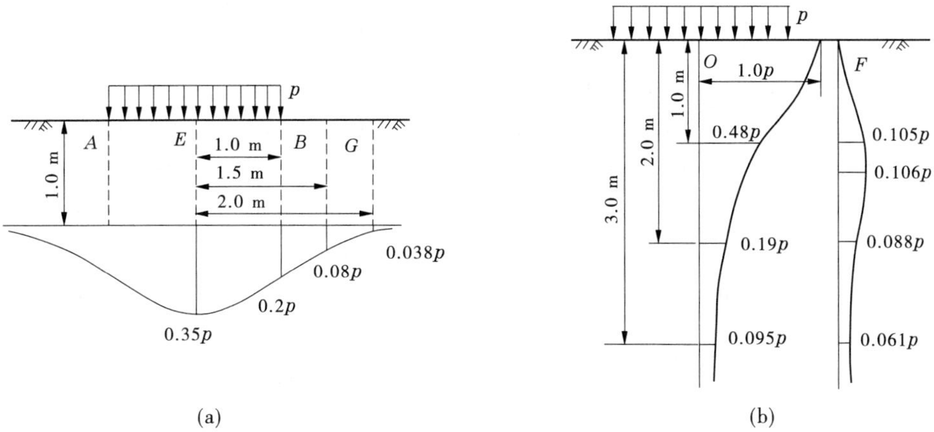

图 2-18 附加应力的分布规律

2.3.2.3 矩形基础竖直三角形分布荷载作用角点下的附加应力

这种荷载分布通常出现在基础受偏心荷载作用时。此时基底压力通常为梯形,运用叠加原理将梯形分布荷载分解成均布荷载和三角形荷载,矩形基础均布荷载下的附加应力计算前面已介绍,现在讨论矩形基础三角形荷载下的附加应力计算。

如图 2-19 所示,设竖向荷载沿矩形面积一边 b 方向上呈三角形分布(沿另一边 l 的荷载分布不变),荷载的最大值为 p_0,取荷载零值边的角点 1 为坐标原点,则可将荷载面内某点(x,y)处所取微单元面积 dxdy 上的分布荷载以集中力 $\frac{x}{b}p_0\mathrm{d}x\mathrm{d}y$ 代替。角点 1 下深度 z 处的 M 点由该集中力引起的附加应力 $\mathrm{d}\sigma_z$ 为

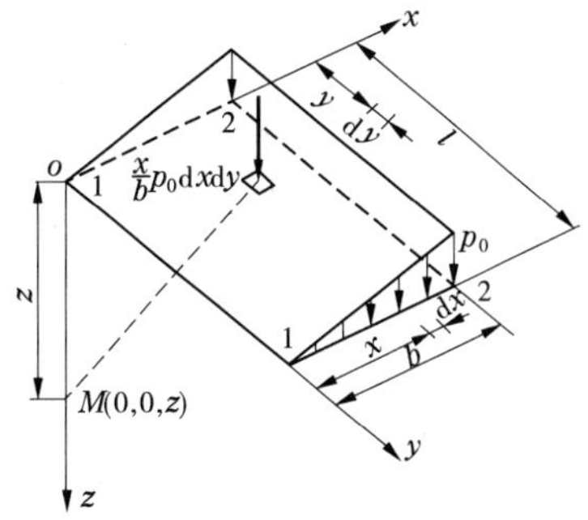

图 2-19 矩形基础竖直三角形分布荷载作用角点下的附加应力

$$\mathrm{d}\sigma_z=\frac{3}{2\pi}\frac{p_0xz^3}{b(x^2+y^2+z^2)^{5/2}}\mathrm{d}x\mathrm{d}y \tag{2-15}$$

对整个矩形荷载面积进行积分后,得角点 1 下任意深度 z 处竖向附加应力 σ_z 为

$$\sigma_z=\alpha_{t1}p_0 \tag{2-16}$$

其中:$\alpha_{t1}=\frac{mn}{2\pi}\left[\frac{1}{\sqrt{m^2+n^2}}-\frac{n^2}{(1+n^2)\sqrt{m^2+n^2+1}}\right]$,$\alpha_{t1}$ 为 $m=\frac{l}{b}$ 和 $n=\frac{z}{b}$ 的函数,可由表 2-3 查得。必须注意,b 始终是沿三角形分布荷载变化方向的矩形基底的长度,l 是另一边。

表 2-3　矩形基础竖直三角形分布荷载作用角点下的附加应力系数 α_t

z/b \ l/b	0.2		0.4		0.6		0.8		1.0	
	点 1	点 2	点 1	点 2	点 1	点 2	点 1	点 2	点 1	点 2
0.0	0.0000	0.2500	0.0000	0.2500	0.0000	0.2500	0.0000	0.2500	0.0000	0.2500
0.2	0.0223	0.1821	0.0280	0.2115	0.0296	0.2165	0.0301	0.2178	0.0304	0.2182
0.4	0.0269	0.1094	0.0420	0.1604	0.0487	0.1781	0.0517	0.1844	0.0531	0.1894
0.6	0.0259	0.0700	0.0448	0.1165	0.0560	0.1405	0.0621	0.1520	0.0654	0.1640
0.8	0.0232	0.0480	0.0421	0.0853	0.0553	0.1093	0.0637	0.1232	0.0688	0.1426
1.0	0.0201	0.0346	0.0375	0.0638	0.0508	0.0852	0.0602	0.0996	0.0666	0.1250
1.2	0.0171	0.0260	0.0324	0.0491	0.0450	0.0673	0.0546	0.0807	0.0615	0.1105
1.4	0.0145	0.0202	0.0278	0.0386	0.0392	0.0540	0.0483	0.0661	0.0554	0.0987
1.6	0.0123	0.0160	0.0238	0.0310	0.0339	0.0440	0.0424	0.0547	0.0492	0.0889
1.8	0.0105	0.0130	0.0204	0.0254	0.0294	0.0363	0.0371	0.0457	0.0435	0.0808
2.0	0.0090	0.0108	0.0176	0.0211	0.0255	0.0304	0.0324	0.0387	0.0384	0.0738
2.5	0.0063	0.0072	0.0125	0.0140	0.0183	0.0205	0.0236	0.0265	0.0284	0.0605
3.0	0.0046	0.0051	0.0092	0.0100	0.0135	0.0148	0.0176	0.0192	0.0214	0.0511
5.0	0.0018	0.0019	0.0036	0.0038	0.0054	0.0056	0.0071	0.0074	0.0088	0.0309
7.0	0.0009	0.0010	0.0019	0.0019	0.0028	0.0029	0.0038	0.0038	0.0047	0.0216
10.0	0.0005	0.0004	0.0009	0.0010	0.0014	0.0014	0.0019	0.0019	0.0023	0.0141

z/b \ l/b	2.0		3.0		4.0		6.0		10.0	
	点 1	点 2	点 1	点 2	点 1	点 2	点 1	点 2	点 1	点 2
0.0	0.0000	0.2500	0.0000	0.2500	0.0000	0.2500	0.0000	0.2500	0.0000	0.2500
0.2	0.0306	0.2185	0.0306	0.2196	0.0306	0.2186	0.0306	0.2186	0.0306	0.2186
0.4	0.0547	0.1892	0.0548	0.1894	0.0549	0.1894	0.0549	0.1894	0.0549	0.1894
0.6	0.0696	0.1633	0.0701	0.1638	0.0702	0.1639	0.0702	0.1640	0.0702	0.1640
0.8	0.0764	0.1412	0.0773	0.1423	0.0775	0.1424	0.0776	0.1426	0.0776	0.1426
1.0	0.0774	0.1225	0.0790	0.1244	0.0794	0.1248	0.0795	0.1250	0.0796	0.1250
1.2	0.0749	0.1069	0.0774	0.1096	0.0779	0.1103	0.0782	0.1105	0.0783	0.1105
1.4	0.0707	0.0937	0.0739	0.0973	0.0748	0.0982	0.0752	0.0986	0.0753	0.0987
1.6	0.0656	0.0826	0.0697	0.0870	0.0708	0.0882	0.0714	0.0887	0.0715	0.0889
1.8	0.0604	0.0730	0.0652	0.0782	0.0666	0.0797	0.0673	0.0805	0.0675	0.0808
2.0	0.0553	0.0649	0.0607	0.0707	0.0624	0.0726	0.0634	0.0734	0.0636	0.0738
2.5	0.0440	0.0491	0.0504	0.0559	0.0529	0.0585	0.0543	0.0601	0.0548	0.0605
3.0	0.0352	0.0380	0.0419	0.0451	0.0449	0.0482	0.0469	0.0504	0.0476	0.0511
5.0	0.0161	0.0167	0.0214	0.0221	0.0248	0.0256	0.0283	0.0290	0.0301	0.0309
7.0	0.0089	0.0091	0.0124	0.0126	0.0152	0.0154	0.0186	0.0190	0.0212	0.0216
10.0	0.0046	0.0046	0.0066	0.0066	0.0084	0.0083	0.0111	0.0111	0.0139	0.0141

根据相同的方法,可求得图2-19中荷载最大值边的角点2下任意深度 z 处的竖向附加应力,具体计算公式为

$$\sigma_z = \alpha_{t2} p_0 \tag{2-17}$$

也可利用应力叠加原理来计算,如图2-20所示。显然,已知的三角形分布荷载等于一个均布荷载与一个倒三角形荷载之差。则荷载最大值边的角点2下任意深度 z 处的竖向附加应力 σ_z 为

$$\sigma_z = \alpha_{t2} p_0 = (\alpha_c - \alpha_{t1}) p_0 \tag{2-18}$$

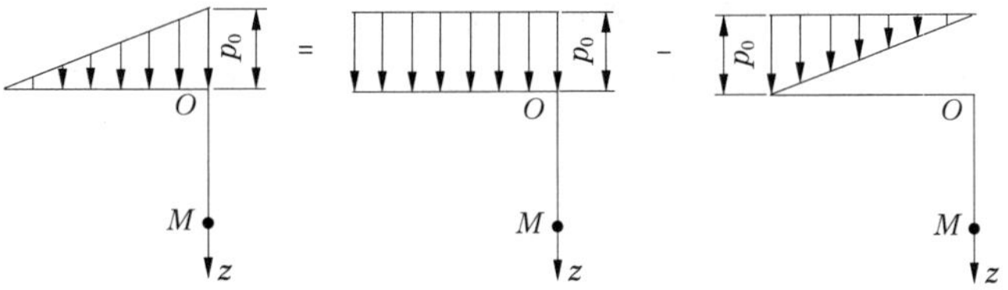

图2-20　三角形分布荷载分解图

【例2-5】　如图2-21所示,矩形基底长 $l=4$ m,宽 $b=2$ m,$p_0=100$ kPa。求角点1下1 m深度处的附加应力,角点2下2 m处的附加应力。

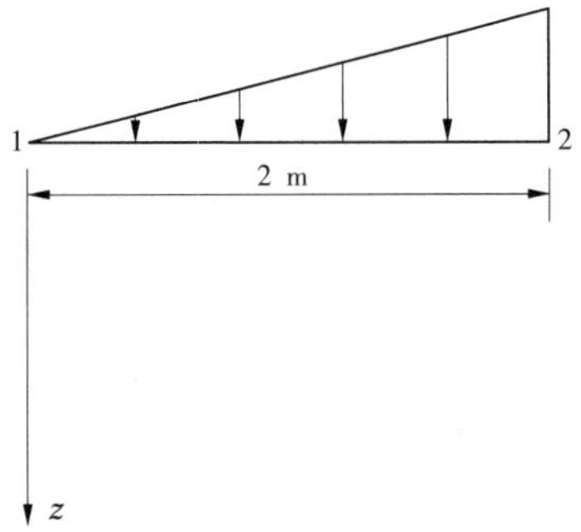

图2-21　例2-5图

解　(1)角点1下1 m处的附加应力系数由表2-3查得:

$$\alpha_{t1} = \alpha_{t1}(m,n) = \alpha_{t1}\left(\frac{l}{b},\frac{z}{b}\right) = \alpha_{t1}(2,0.5) = 0.062\ 15$$

$$\sigma_z = \alpha_{t1} p_0 = 0.062\ 15 \times 100 = 6.215(\text{kPa})$$

(2)角点2下2 m处的附加应力系数由表2-3查得:

$$\alpha_{t2} = \alpha_{t2}(m,n) = \alpha_{t2}\left(\frac{l}{b},\frac{z}{b}\right) = \alpha_{t2}(2,1) = 0.122\ 5$$

$$\sigma_z = \alpha_{t2} p_0 = 0.122\ 5 \times 100 = 12.25(\text{kPa})$$

2.3.2.4　矩形基础水平均布荷载作用角点下的附加应力

如图2-22所示,当矩形基础上作用水平均布荷载时,角点下任意深度 z 处的竖向附加应力 σ_z 为

$$\sigma_z = \pm \alpha_h p_h \tag{2-19}$$

其中:$\alpha_h = \frac{m}{2\pi}\left[\frac{1}{\sqrt{m^2+n^2}} - \frac{n^2}{(1+n^2)\sqrt{1+m^2+n^2}}\right]$,$\alpha_h$ 为矩形基础水平均布荷载作用角点下的竖向附加应力系数,可根据 $m=\frac{l}{b}$、$n=\frac{z}{b}$ 查表2-4得出,b 为平行于水平荷载方向的矩形基底的长度,l 为基底的另一组边长。

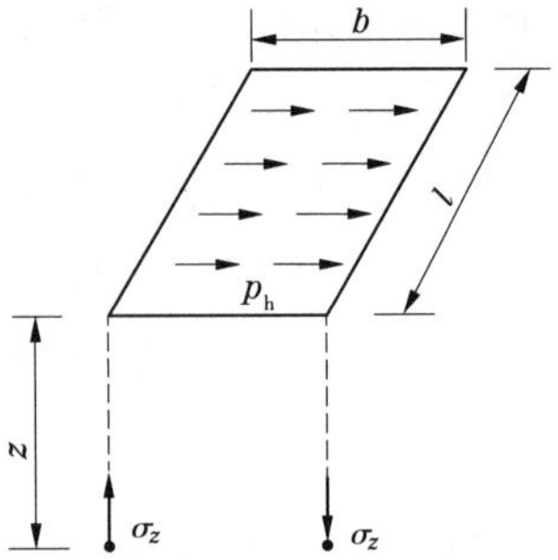

图 2-22　矩形基础水平均布荷载作用角点下的附加应力

表 2-4　矩形基础水平均布荷载作用角点下的竖向附加应力系数 α_h

z/b	l/b										
	1.0	1.2	1.4	1.6	1.8	2.0	3.0	4.0	6.0	8.0	10.0
0	0.1592	0.1592	0.1592	0.1592	0.1592	0.1592	0.1592	0.1592	0.1592	0.1592	0.1592
0.2	0.1518	0.1523	0.1526	0.1528	0.1529	0.1529	0.1530	0.1530	0.1530	0.1530	0.1530
0.4	0.1328	0.1347	0.1356	0.1362	0.1365	0.1367	0.1371	0.1372	0.1372	0.1372	0.1372
0.6	0.1091	0.1121	0.1139	0.1150	0.1156	0.1160	0.1168	0.1169	0.1170	0.1170	0.1170
0.8	0.0861	0.0900	0.0924	0.0939	0.0948	0.0955	0.0967	0.0969	0.0970	0.0970	0.0970
1.0	0.0666	0.0708	0.0735	0.0753	0.0766	0.0744	0.0790	0.0794	0.0795	0.0796	0.0796
1.2	0.0512	0.0553	0.0582	0.0601	0.0615	0.0624	0.0645	0.0650	0.0652	0.0652	0.0652
1.4	0.0395	0.0433	0.0460	0.0480	0.0494	0.0505	0.0528	0.0534	0.0537	0.0537	0.0538
1.6	0.0308	0.0341	0.0366	0.0385	0.0400	0.0410	0.0436	0.0443	0.0446	0.0447	0.0447
1.8	0.0242	0.0270	0.0293	0.0311	0.0325	0.0336	0.0362	0.0370	0.0374	0.0375	0.0375
2.0	0.0192	0.0217	0.0237	0.0253	0.0266	0.0277	0.0303	0.0312	0.0317	0.0318	0.0318
2.5	0.0113	0.0130	0.0154	0.0157	0.0167	0.0176	0.0202	0.0211	0.0217	0.0219	0.0219
3.0	0.0070	0.0083	0.0094	0.0102	0.0110	0.0117	0.0140	0.0150	0.0156	0.0158	0.0159
5.0	0.0018	0.0021	0.0024	0.0027	0.0030	0.0030	0.0043	0.0050	0.0157	0.0059	0.0060
7.0	0.0007	0.0008	0.0009	0.0010	0.0012	0.0013	0.0018	0.0022	0.0027	0.0029	0.0030
10.0	0.0002	0.0003	0.0003	0.0004	0.0004	0.0005	0.0007	0.0008	0.0011	0.0013	0.0014

同理，可利用角点法计算矩形基底内、外一点任意深度 z 处的竖向附加应力 σ_z。但必须注意，b 始终为矩形基底平行于水平荷载作用方向的长度。

上述各种附加应力的组合情况也是水利工程中经常遇到的一种荷载组合。如土石坝蓄水以后坝体受水压力作用，就相当于在坝体上作用一个偏心斜向荷载作用，此时荷载可分为竖直均布荷载、三角形荷载和水平均布荷载，按前述三种情况角点下的附加应力公式分别计算，然后叠加，即可得出地基内任意点的附加应力。

练习题

一、判断题

1. 引起地基变形与破坏的主要原因是附加应力。(　　)

2. 当地基表面作用多个集中力时，地基中的附加应力会出现积聚现象。(　　)

3. 附加应力大小只与计算点深度有关，而与基础尺寸无关。(　　)

二、选择题

1. 矩形面积上作用均布荷载时，地基中竖向附加应力系数 α_t 是 l/b、z/b 的函数，b 指的是(　　)。

A. 矩形的长边　　B. 矩形的短边与长边的平均值

C. 矩形的短边　　D. 三角形分布荷载方向基础底面的边长

2. 当 $l/b=1$、$z/b=1$ 时，矩形基础均布荷载作用角点下的竖向附加应力系数 $\alpha_c=0.175$；当 $l/b=1$、$z/b=2$ 时，$\alpha_c=0.084$。若基底附加应力 $p_0=100$ kPa，基底边长 $l=b=2$ m，基底中心点下 $z=2$ m 处的竖向附加应力为(　　)。

A. 8.4 kPa　　B. 17.52 kPa　　C. 33.6 kPa　　D. 70.08 kPa

3. 只有(　　)才能引起地基的附加应力和变形。

A. 基底压力　　B. 基底附加压力　　C. 有效应力　　D. 有效自重应力

4. 对于中心受压的矩形基础，地基土中竖向附加应力最小的是(　　)。

A. 基础角点下深为 1 倍基础宽度处

B. 矩形基础角点基底处

C. 基础中心点下深为 1 倍基础宽度处

D. 矩形基础中心点基底处

5. 某基础底面基底附加应力分布如图 2-23 所示，若求均布荷载 p_0 在 A 点下 2 m 处产生的竖向附加应力，则根据角点法，用于查表的 m，n 分别是(　　)。

A. 8/3，4/3　　B. 4/3，2/3　　C. 2/3，4/3　　D. 8/3，2/3

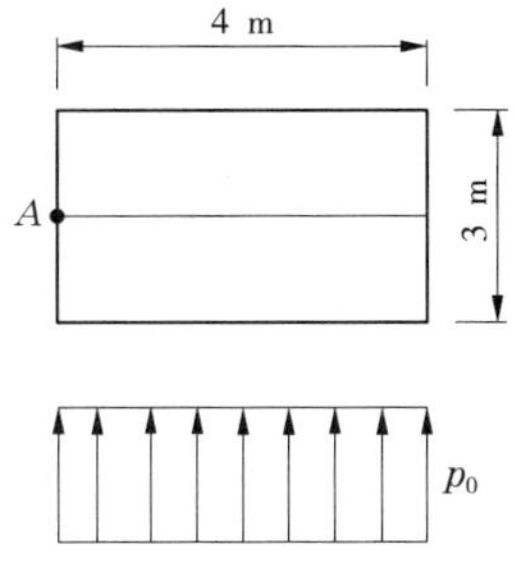

图 2-23　选择题第 5 题图

2.4　有效应力原理

码 2-2　人物简介 1-现代土力学的创始人—太沙基

计算土中应力是为了研究土体受力后的变形和强度问题，但是土变形和强度大小并不是直接决定于土体所受的全部应力（总应力），这是因为土是一种三相物质构成的散粒体，受力后存在着外力如何由三种成分（固、液、气）分担、各分担应力如何传递与相互转化，以及它们与材料的变形和强度有哪些关系等问题。太沙基早在 1923 年发现并研究了这些问题，提出了土力学中最重要的有效应力原理。有效应力原理的提出和应用阐明了散粒状材料与连续固体材料在应力—应变关系上的重大区别。

2.4.1　概述

准备甲、乙两个直径与高度完全相同的量筒，在这两个量筒底部放置一层松散砂土，其质量与密度完全一样，如图 2-24 所示。

在甲量筒松砂顶面加若干钢球，使松砂承受 σ 的压力，此时可见松砂顶面下降，表明砂土已发生压缩，即砂土的孔隙比 e 减小。

但是，乙量筒松砂顶面不加钢球，而是小心缓慢地注入与钢球同质量的水，结果发现砂层顶面并不下降，表明砂土未发生压缩，即砂土的孔隙比 e 不变。这一类情况类似在量筒内放一块饱水的海绵，不论向量筒内倒多少水也不能使海绵发生压缩一样。

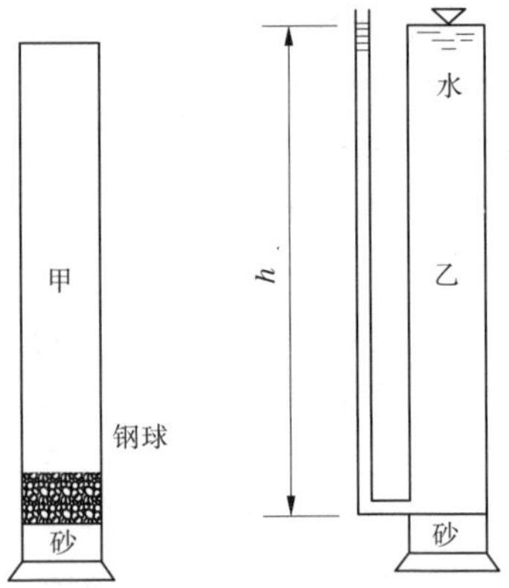

图 2-24　土中两种应力试验

上述甲、乙两个量筒底部松砂顶面都作用了 σ 的压力，但产生了两种不同的效果，反映土体中存在两种不同性质的应力：

（1）由钢球施加的应力，通过砂土的颗粒骨架传递的部分，称为有效应力，用 σ' 表示。这种有效应力能使土层发生压缩变形，并使土的强度发生变化。

（2）由水施加的应力通过孔隙中的水来传递，称为孔隙水压力，用 u 表示。这种孔隙水压力不能使土层发生压缩变形。

由此可见，饱和土体所承受的总应力 σ 为有效应力 σ' 与孔隙水压力 u 之和，即

$$\sigma' + u = \sigma \quad 或 \quad \sigma' = \sigma - u \tag{2-20}$$

式（2-20）称为有效应力原理，公式的形式很简单，却具有工程实际应用价值。当已知土体某一点所受的总应力为 σ，并测得该点的孔隙水压力为 u 时，就可用式（2-20）计算出该点的有效应力 σ'。如上所述，土的变形和强度只随有效应力而变化，因此通过有效应力分析土工建筑物或建筑地基的应力和变形是一个重要的手段。

2.4.2　有效应力原理应用举例

如图 2-25 所示，地面以上水深为 h_1，地面以下深度为 h_2。现分析 $a—a$ 平面所受的应力情况：

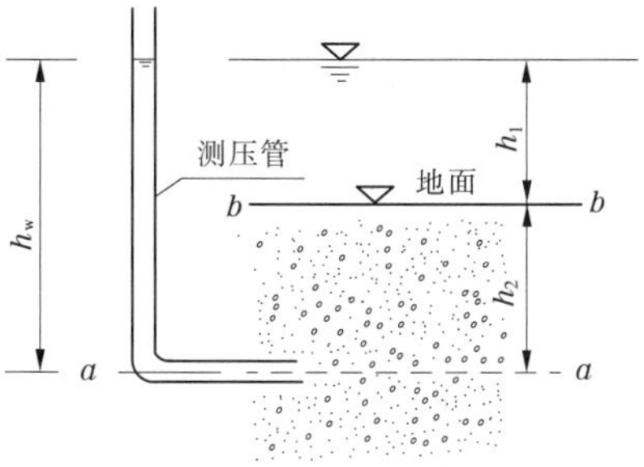

图 2-25　有效应力原理说明

作用在 a—a 平面的竖向总应力为

$$\sigma = \gamma_w h_1 + \gamma_{sat} h_2 \tag{2-21}$$

a—a 平面的孔隙水压力由测压管量得水位高为 h_w，可得

$$u = \gamma_w h_w = \gamma_w (h_1 + h_2) \tag{2-22}$$

根据式(2-20)可得 A 点的有效应力 σ' 为

$$\sigma' = \sigma - u = \gamma_w h_1 + \gamma_{sat} h_2 - \gamma_w (h_1 + h_2) = \gamma_{sat} h_2 - \gamma_w h_2 = (\gamma_{sat} - \gamma_w) h_2 = \gamma' h_2 \tag{2-23}$$

由式(2-23)可知，a—a 平面处土骨架所受的有效应力为 $\gamma' h_2$。可见地面以上水深 h_1 发生升降变化时，可以引起土体中总应力 σ 的变化。但有效应力 σ' 与 h_1 无关，不会随 h_1 的升降而发生变化，同时土的骨架也不会发生压缩或膨胀。

由于有效应力 σ' 作用在土骨架的颗粒之间，很难直接测定，通常都是在已知总应力 σ 和测定孔隙水压力 u 之后，利用有效应力原理公式(2-20)，计算出相应的有效应力数值 σ'。

2.5　土的压缩性

码 2-3　典型案例 6-某电站汇合渠 3 号渡槽进口槽台—地基承载力不足导致地基沉降严重

2.5.1　概述

建筑物下的地基土在附加应力作用下，会产生附加变形，这种变形通常表现为土体积的缩小，我们把这种在外力作用下土体积缩小的特性称为土的压缩性。土作为地质作用的产物，同其他材料一样，在附加应力的作用下，地基土要产生附加的变形。同时，地基土是多相体系，其变形又与其他土木工程材料的变形有着本质的差别，土的压缩通常由三部分组成：①固体颗粒被压缩；②土中水及封闭气体被压缩；③水和气体从孔隙中排出，孔隙被压缩。试验研究表明，在一般压力(100~600 kPa)作用下，固体颗粒和水的压缩量与土体的压缩总量之比是微不足道的，可以忽略不计。所以，土的压缩是指土中水和气体从孔隙中排出，土中孔隙体积缩小，与此同时，土颗粒相应调整位置，重新排列，土体变得更紧密。

对于饱和土来说，土体的压缩变形主要是孔隙水的排出。而孔隙水排出的快慢受到土体渗透特性的影响，从而决定了土体压缩变形的快慢。在荷载作用下，透水性大的饱和无黏性土，孔隙水排出很快，其压缩过程短，而透水性小的饱和黏性土，因为土中水沿着孔隙排出的速度很慢，其压缩过程所需时间较长，几年、十几年、甚至几十年，压缩变形才稳定。由附加应力产生的超静孔隙水压力逐渐消散，所对应的孔隙水逐渐排出、土体压缩随时间增长的过程称为土的固结。

在建筑物荷载作用下，地基土由于压缩而引起基础的竖向位移称为沉降。学习土的压缩特性主要目的是计算地基的沉降变形。

2.5.2　侧限压缩试验

室内侧限压缩试验（也称固结试验）是研究土的压缩性最基本的方法，试验简单方便，费用较低，被广泛采用。

码 2-4　动画 9-土的固结试验

2.5.2.1　试验仪器

主要试验仪器为侧限压缩仪（也称固结仪），其主要构造如图 2-26 所示。进行压缩试验时，用金属环刀切取土样，常用的环刀内径为 6.18 cm 和 8 cm 两种，对应的截面面积为 30 cm^2 和 50 cm^2，高为 2 cm；将土样连同环刀一起放入侧限压缩仪内，上下各垫一块透水石，土样受压后能够自由排水。由于金属环刀和刚性护环的限制，土样在压力作用下只发生竖向压缩变形。试验时，分级施加竖向压力，常规压缩试验的加荷等级为 50 kPa、100 kPa、200 kPa、300 kPa、400 kPa，最后一级荷载视土样情况和实际工程而定，原则上略大于预估的土自重应力与附加应力之和，但不小于 200 kPa。在每级荷载作用下使土样变形至稳定，用百分表测出土样稳定后的变形量。

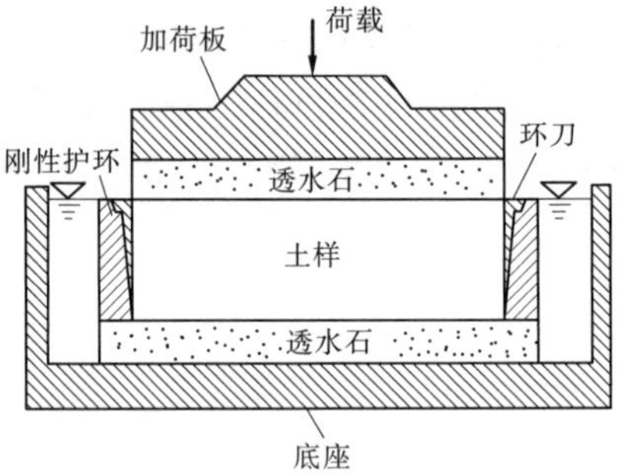

图 2-26　侧限压缩仪的压缩容器示意图

2.5.2.2　试验原理

设土样的初始高度为 H_0，孔隙比为 e_0，受压后土样的高度为 H，在荷载 p 作用下，土样稳定后的总压缩量为 ΔH，假设土粒体积 $V_s=1$（不变），根据土的孔隙比定义，则受压前后孔隙体积分别为 e_0V_s 和 eV_s，图 2-27 为受压前后土粒体积不变和土样横截面面积 A 不变两个条件。

压缩前土体的体积为　$e_0V_s+V_s=(1+e_0)V_s=AH_0$　(1)

压缩后土体的体积为　$eV_s+V_s=(1+e)V_s=AH$　(2)

由式(1)、式(2)，再根据荷载作用下土样压缩稳定后总压缩量 $\Delta H=H_0-H$ 可求出相应的孔隙比 e。

$$\frac{H_0}{1+e_0}=\frac{H}{1+e}=\frac{H_0-\Delta H}{1+e} \tag{2-24}$$

得到

$$e=e_0-\frac{\Delta H}{H_0}(1+e_0) \tag{2-25}$$

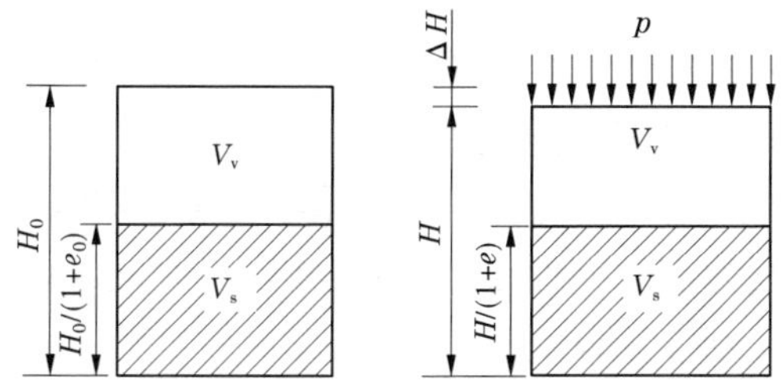

图 2-27　压缩试验中土样孔隙比的变化

2.5.2.3　**试验结果**

由以上可知，只要测定了土样在各级压力 p 作用下的稳定变形量 ΔH 后，就可按式(2-25)算出相应的孔隙比 e，绘制出 e—p 曲线，如图 2-28(a)所示。如用半对数直角坐标绘图，则得到 e—$\lg p$ 曲线，如图 2-28(b)所示。

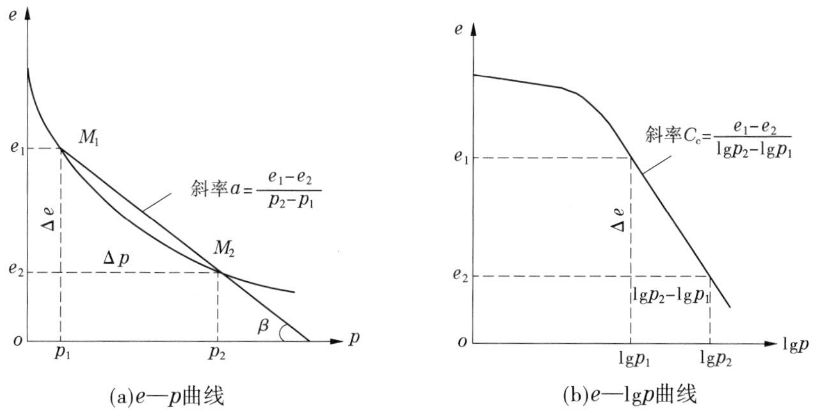

图 2-28　土的压缩曲线

2.5.3　侧限压缩指标

2.5.3.1　**压缩系数**

如图 2-28(a)所示，土的压缩曲线反映了土受压后的压缩特性。图 2-28 中假定，试样在压力 p_1 下压缩稳定时，对应孔隙比为 e_1，即试样处于 M_1 点。现增加一压力增量 Δp 至压力 p_2，稳定后的孔隙比为 e_2，试样处于 M_2 点。很明显，对于该压力增量 Δp，如果 e_1-e_2 的差值越大，表示体积压缩越大，该土的压缩性越高。因此，我们可以用压力增量所引起的孔隙比改变，即压缩曲线的割线的坡度来表征土的压缩性高低，如图 2-28(a)所示，设割线与横坐标的夹角为 β，则

$$a=\tan\beta=\frac{e_1-e_2}{p_2-p_1}=-\frac{\Delta e}{\Delta p} \tag{2-26}$$

式中　a——压缩系数，即割线 M_1M_2 的坡度，以 kPa^{-1} 或 MPa^{-1} 计；

e_1、e_2——压缩曲线上与 p_1、p_2 相对应的孔隙比；

负号表示土体孔隙比随压力 p 的增加而减小。

压缩系数是评价地基土压缩性高低的重要指标之一。由式(2-26)可知，e—p 曲线愈

陡,a 就愈大,则土的压缩性愈高;反之,e—p 曲线愈平缓,a 就愈小,则土的压缩性愈低。但是从曲线上看,压缩系数 a 并不是一个常量,与所取的起始压力 p_1 有关,也与压力变化范围 $\Delta p=p_2-p_1$ 有关。为了统一标准,《土工试验方法标准》(GB/T 50123—2019)规定采用 $p_1=100$ kPa,$p_2=200$ kPa 所得到的压缩系数 a_{1-2} 作为评定土压缩性高低的标准,即

当 $a_{1-2}<0.1$ MPa^{-1} 时,为低压缩性土;当 0.1 MPa$^{-1}\leqslant a_{1-2}<0.5$ MPa^{-1} 时,为中压缩性土;当 $a_{1-2}\geqslant 0.5$ MPa^{-1} 时,为高压缩性土。

2.5.3.2 压缩指数

侧限压缩试验结果分析中也可以采用 e—lg$p$ 曲线,如图 2-28(b)所示。用这种形式表示的优点是在应力到达一定值时,e—lg$p$ 曲线接近直线,该直线的斜率 C_c 称为压缩指数,即

$$C_c=-\frac{\Delta e}{\Delta \lg p}=\frac{e_1-e_2}{\lg p_2-\lg p_1}=\frac{e_1-e_2}{\lg \dfrac{p_2}{p_1}} \tag{2-27}$$

类似于压缩系数,压缩指数 C_c 可以用来判别土的压缩性大小,C_c 值越大,表示在一定压力变化的 Δp 范围内,孔隙比的变化量 Δe 越大,说明土的压缩性越高。按《水工设计手册》规定,$C_c<0.2$ 为低压缩性土,$C_c=0.2\sim0.4$ 为中压缩性土,$C_c>0.4$ 为高压缩性土。国外广泛采用 e—lg$p$ 曲线来分析研究应力历史对土压缩性的影响。

虽然压缩系数和压缩指数都是反映土的压缩性指标,但两者有所不同。前者随所取的初始压力及压力增量的大小而异,而后者在较高的压力范围内是常数。

2.5.3.3 压缩模量

根据 e—p 曲线,可以得到另一个重要的侧限压缩指标——侧限压缩模量,简称压缩模量,用 E_s 来表示。其定义为土在完全侧限的条件下竖向附加应力 $\sigma_z=\Delta p$ 与相应的应变增量 $\Delta\varepsilon$ 的比值,即

$$E_s=\frac{\sigma_z}{\Delta\varepsilon}=\frac{\Delta p}{\Delta H/H_0} \tag{2-28}$$

在无侧向变形,即横截面面积不变的情况下,同样根据土粒所占体积不变的条件,ΔH 可用相应的孔隙比的变化来表示(见图 2-27)。

然后,由式(2-24)~式(2-26)可得侧限条件下土的压缩模量:

$$E_s=\frac{1+e_0}{a} \tag{2-29}$$

由式(2-29)可知,土的压缩模量越小,土的压缩性越高。因压缩系数 a 不是常数,压缩模量 E_s 也不是常数,随着压力的大小而变化。在实际应用中,同样可以用相应于 $p_1=100$ kPa,$p_2=200$ kPa 范围内的压缩模量 E_s 来评价地基土的压缩性,即

当 $E_s<4$ MPa 时,为高压缩性土;当 4 MPa$\leqslant E_s\leqslant$15 MPa 时,为中压缩性土;当 $E_s>15$ MPa 时,为低压缩性土。

2.5.4 土的回弹曲线和再压缩曲线

在某些工况条件下,土体可能在受荷压缩后又卸荷,或反复多次地加荷卸荷,比如拆除老建筑后在原址上建造新建筑等。当需要考虑现场的实际加荷卸荷情况对土体变形的影响时,应进行土的回弹再压缩试验。

在室内侧限压缩试验中连续递增加压，得到了常规的压缩曲线，现在如果加压到某一值 p_i，如图 2-29 所示，即 e—p 曲线上的 b 点，然后不再加压，而是逐级进行卸载，土样将发生回弹，土体膨胀，孔隙比增大，若测得回弹稳定后的孔隙比，则可绘制相应的孔隙比与压力的关系曲线（见图 2-29 中虚线 bc），称为回弹曲线。

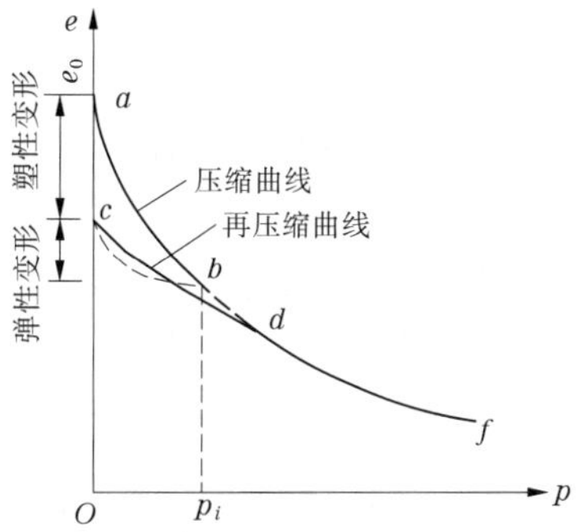

图 2-29 土的回弹和再压缩曲线

由图 2-29 可知，不同于一般的弹性材料，卸压后的回弹曲线 bc 并不沿压缩曲线 ab 回升，而要平缓得多，这说明土受压缩发生变形，卸压回弹，但变形不能全部恢复，其中可恢复的部分称为弹性变形。不能恢复的部分称为塑性变形，而土的压缩变形以塑性变形为主。

若接着重新逐级加压，则可测得土样在各级荷载作用下再压缩稳定后的孔隙比，相应地可绘制出再压缩曲线，如图 2-29 中 cdf 段所示。可以发现其中 df 段是 ab 段的延续，犹如期间没有经过卸载和再加压的过程一样。土在重复荷载作用下，在加压与卸压的每一重复循环中都将走新的路线，形成新的滞后环，其中的弹性变形与塑性变形的数值逐渐减小，塑性变形减小得更快，加荷卸荷重复次数足够多时，土体变形变为纯弹性，土体达到弹性压密状态。在 e—$\lg p$ 曲线中也同样可以看到这种现象。

土在卸载再压缩过程中所表现的特性应在工程实践中引起足够的重视。另外，利用压缩、回弹、再压缩的 e—$\lg p$ 曲线，可以分析应力历史对土的压缩性的影响。

2.5.5 应力历史对土的压缩性影响

天然土层是地质历史的产物，在土形成的漫长地质年代中经受的应力可能是变化的。由上述对土的回弹再压缩曲线分析可知，土体的压缩变形情况不仅与其当前所受应力大小有关，还与先前所受的应力变化情况紧密联系。黏性土在形成和存在过程中所经受的地质作用和应力变化不同，所产生的压密过程及固结状态亦将不同。所谓应力历史，就是指土在形成的地质年代中经受应力变化的情况。天然土层在历史上所经受过的包括自重应力和其他荷载作用形成的最大竖向有效固结压力称为先期固结压力，又称前期固结压力，常用 p_c 表示。通常将地基土中土体的先期固结压力 p_c 与现有土层自重应力 p_1 进行对比，并把两者之比定义为超固结比 OCR。

根据土的超固结比 OCR，可把天然土层划分为三种固结状态。

2.5.5.1 正常固结状态

正常固结状态指的是土层逐渐沉积到现在地面上，经历了漫长的地质年代，在历史上最大固结压力作用下压缩稳定，沉积后土层厚度无大变化，以后也没有受到过其他荷载的继续作用的情况（见图 2-30（a）），即 $p_c = p_1 = \gamma h$，h 为现在地面下的计算深度，OCR = 1。

2.5.5.2 超固结状态

覆盖土层在历史上本是相当厚的覆盖沉积层，在土的自重作用下也已达到稳定状态。图 2-30（b）中剥蚀前地面表示当时沉积层的地表，后来由于流水或冰川等的剥蚀作用而形成现在的地表,由此先期固结压力为 $p_c=\gamma h_c$(h_c 为剥蚀前地面下的计算点深度),超过了现有的土自重应力 p_1,或者古冰川下的土层曾经受过冰荷载(荷载强度为 p_c)的压缩,后由于气候转暖、冰川融化以致使上覆压力减小等,使得先期固结压力 p_c 超过了现有的土自重应力 p_1,此时,OCR>1。

2.5.5.3 欠固结状态

土层历史上曾在 p_c 作用下压缩稳定,固结完成,以后由于某种原因使土层继续沉积或加载,形成目前大于 p_c 的自重压力(见图 2-30(c)),如新近沉积黏性土、人工填土等,由于沉积后经历年代时间不久,$p_1=\gamma h$ 作用下的压缩固结状态还未完成,还在继续压缩中,土层处于欠固结状态,OCR<1。

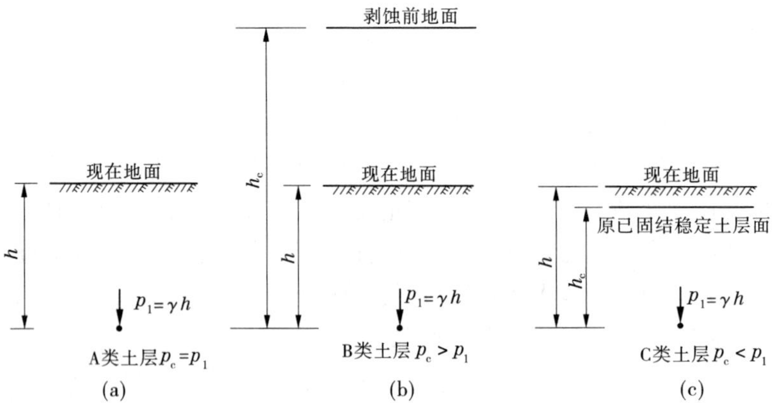

图 2-30 土层按先期固结压力分类

练习题

一、判断题

1. 土在压力作用下体积缩小的特性称为土的压缩性。(　　)
2. 土的压缩随时间而增长的过程称为土的固结。(　　)
3. 压缩模量是衡量土的压缩性的一个重要指标,其值愈大,压缩性则愈小。(　　)
4. 压缩系数的值越大,表明压缩曲线斜率越小,即压缩曲线越缓。(　　)
5. 压力增量 Δp 一定的情况下,孔隙比增量 Δe 越大,则土的压缩性越高。(　　)
6. 砂土地基一般在建筑物建完以后沉降已基本稳定。(　　)
7. 利用侧限压缩试验确定的压缩系数 a 和压缩模量 E_s 是成正比的。(　　)

二、选择题

1. 在下列压缩性指标中,数值越大,压缩性越小的指标是(　　)。

A. 压缩系数　　B. 压缩指数　　C. 压缩模量　　D. 孔隙比

2. 土体压缩变形的实质是(　　)。

A. 土中水的压缩　　B. 土中气的压缩

C. 土粒的压缩　　D. 孔隙体积的减小

3. 对于某一种特定的土体来说,压缩系数 a_{1-2} 大小(　　)。

A. 是常数　　B. 随竖向压力 p 增大而曲线增大

C. 随竖向压力 p 增大而曲线减小　　D. 随竖向压力 p 增大而线性减小

4. 根据超固结比 OCR，可将沉积土层分类，当 $OCR<1$ 时，土层属于(　　)。

A. 超固结土　　B. 欠固结土　　C. 老固结土　　D. 正常固结土

5. 前期固结压力小于现有覆盖土层自重应力的土层是(　　)。

A. 欠固结土　　B. 次固结土　　C. 正常固结土　　D. 超固结土

6. 室内侧限压缩试验测得的 e—p 曲线愈陡，表明该土样的压缩性(　　)。

A. 愈高　　B. 愈低　　C. 愈均匀　　D. 愈不均匀

7. 某地基土的压缩模量 $E_s=17$ MPa，此土为(　　)。

A. 高压缩性土　　B. 中压缩性土　　C. 低压缩性土　　D. 一般压缩性土

8. 地基土的压缩变形的快慢主要与(　　)有关。

A. 基底压力　　B. 地基土的渗透性　　C. 基础面积　　D. 基础的埋深

9. e—$\lg p$ 曲线后段接近直线的斜率为(　　)。

A. 压缩系数　　B. 压缩指数　　C. 压缩模量　　D. 变形模量

10. 工程中为便于统一比较，习惯上采用压力为(　　)范围的压缩系数来评定土的压缩性高低。

A. 50~100 kPa　　B. 200~300 kPa　　C. 100~200 kPa　　D. 300~400 kPa

11. 侧限压缩条件下的 e—p 压缩曲线上，由 $p_1=100$ kPa，$p_2=200$ kPa 压力变化范围确定的系数称为(　　)。

A. 压缩系数　　B. 压缩指数　　C. 压缩模量　　D. 变形模量

12. 土体压缩性可用压缩系数 a 来描述，下列说法正确的是(　　)。

A. a 越大，压缩性越小　　B. a 越大，压缩性越大

C. a 的大小与压缩性无关　　D. 以上都不正确

13. 侧限压缩试验所采用的土样高度常取(　　)。

A. 20 mm　　B. 40 mm　　C. 60 mm　　D. 100 mm

14. 对某土体进行室内压缩试验，当法向应力 $p_1=100$ kPa 时，测得孔隙比 $e_1=0.62$，当法向应力 $p_2=200$ kPa 时，测得孔隙比 $e_2=0.58$，该土样的压缩系数 a_{1-2}、压缩模量 E_{s1-2} 分别为(　　)。

A. 0.4 MPa^{-1}、4.05 MPa　　B. −0.4 MPa^{-1}、4.05 MPa

C. 0.4 MPa^{-1}、3.95 MPa　　D. −0.4 MPa^{-1}、3.95 MPa

15. 关于压缩曲线，下列说法正确的是(　　)。

A. 压缩曲线反映孔隙比随固结压力的变化情况

B. 压缩曲线反映某一压力作用下孔隙比随时间的变化情况

C. 压缩曲线越陡说明土的压缩性越低

D. 压缩曲线越陡压缩模量越大

16. 室内压缩试验采用的仪器为(　　)。

A. 直剪仪　　B. 固结仪　　C. 液限仪　　D. 十字板剪力仪

2.6 地基变形计算

码 2-5 典型案例 7-墨西哥市艺术宫的沉降

码 2-6 典型案例 8-苏州虎丘塔基础沉降

通常情况下,天然土层是经历了漫长的地质历史时期而沉积下来的,往往地基土层在自重应力作用下已压缩稳定。当在这样的地基土上建造建筑物时,建筑物的荷重会使地基土在原来自重应力的基础上增加一个应力增量,即附加应力。由土的压缩特性可知,附加应力会引起地基的沉降,地基土层在建筑物荷载作用下,不断地产生压缩,直至压缩稳定后地基表面的沉降量称为地基的最终沉降量。计算最终沉降量可以帮助我们预知该建筑物建成后将产生的地基变形,判断其值是否超出允许的范围,以便在建筑物设计或施工时,为采取相应的工程措施提供科学依据,保证建筑物的安全。

关于地基沉降量的计算方法很多,如分层总和法、应力面积法、弹性理论法、考虑不同变形阶段的沉降计算方法。本节主要介绍在实际中常用的两种方法:分层总和法和应力面积法(规范法)。

2.6.1 分层总和法

分层总和法是地基沉降计算中常常采用的一种方法。该方法假设土层只有竖向单向压缩,侧向限制不能变形。计算的物理概念清楚,计算方法简单。

2.6.1.1 计算原理

分层总和法先将地基土分为若干水平土层,各土层厚度分别为 $h_1,h_2,\cdots,h_n$。计算每层土的沉降量 $s_1,s_2,\cdots,s_n$。然后累计起来,即为总的地基沉降量 s。

$$s = s_1 + s_2 + \cdots + s_n = \sum_{i=1}^{n} s_i \tag{2-30}$$

2.6.1.2 分层总和法的假设条件

为了应用地基中附加应力的计算公式和室内侧限压缩试验的指标,特做下列假定:

(1)地基土为均匀、等向的半无限空间弹性体。在建筑物荷载作用下,土中的应力与应变呈直线关系,因而可以应用弹性理论方法计算地基中的附加应力。

(2)地基沉降计算部位,按基础中心点下土柱所受附加应力进行计算。实际上基础底面边缘或中部各点的附加应力不同,中心点下的附加应力为最大值。当计算基础的倾斜时,要以倾斜方向基础两端点下的附加应力进行计算。

(3)地基土的变形条件为侧限条件,即在建筑物的荷载作用下,地基土层只产生竖向压缩变形,侧向不能膨胀变形,因而在沉降计算中,可应用室内试验的侧限压缩试验指标 a 与 E_s 数值。

(4)沉降计算的深度,理论上应计算至无限大,工程上因附加应力扩散随深度而减小,计算至某一深度(受压层)即可。在受压层以下的土层附加应力很小,所产生的沉降量可忽略不计。若受压层以下尚有软弱土层,则应计算至软弱土层底部。

2.6.1.3 单一土层沉降量计算

如图 2-31 所示,压缩前土层的厚度为 H_1,初始孔隙比为 e_1,取断面面积为 A 的土体为分析体,其体积 $V_1=AH_1$。根据土的三相草图,则有 $V_1=V_{v1}+V_s$,即

$$AH_1 = V_{v1} + V_s = V_s(1 + e_1) \quad (2\text{-}31a)$$

土体压缩后的厚度为 H_2，初始孔隙比为 e_2，面积 A 范围内的土体体积为 $V_2 = AH_2$，由于土颗粒的体积 V_s 未发生变化，则

$$AH_2 = V_{v2} + V_s = V_s(1 + e_2) \quad (2\text{-}31b)$$

由上述分层总和法的假设条件(3)，单层土的变形量 s 为

$$s = H_1 - H_2 \quad (2\text{-}32)$$

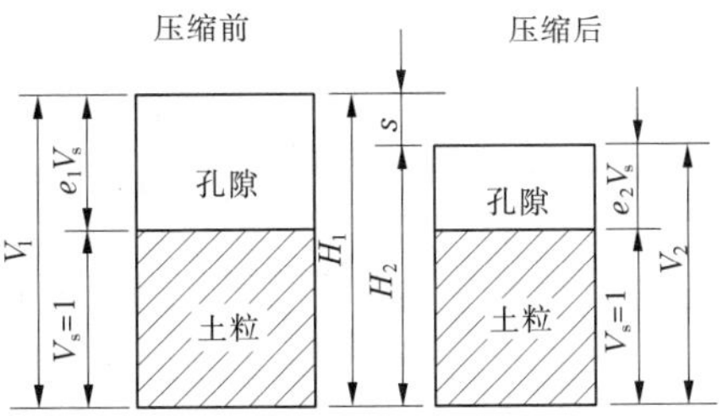

图 2-31　单一压缩土层变形计算原理

由式(2-31a)、式(2-31b)可得

$$H_2 = \frac{1 + e_2}{1 + e_1}H_1 \quad (2\text{-}33)$$

将式(2-33)代入式(2-30)，得

$$s = H_1 - H_2 = \frac{e_1 - e_2}{1 + e_1}H_1 \quad (2\text{-}34)$$

将式(2-26)代入式(2-34)，可得

$$s = \frac{a}{1 + e_1}\Delta pH_1 \quad (2\text{-}35)$$

将式(2-29)代入式(2-35)，可得

$$s = \frac{1}{E_s}\Delta pH_1 \quad (2\text{-}36)$$

式(2-34)~式(2-36)均为侧限条件下地基单层土变形量的计算公式，e_1 为附加应力作用前土体的孔隙比，e_2 为自重应力与附加应力共同作用下土层变形稳定后的孔隙比，均可根据自重应力平均值、自重应力与附加应力之和的平均值查 e—p 曲线或计算得到。

天然地基完全无侧胀的情况是不可能的，但研究发现，在基础中心下的土层压缩量最接近无侧胀的情况。实践证明，当基底面积尺寸较天然土层厚度大得多时，按前述公式计算出的沉降量与实际沉降量的差值是为工程所允许的。

2.6.1.4　分层总和法的计算方法与步骤

如图 2-32 所示，分层总和法的计算方法与步骤如下。

(1)用坐标纸按比例绘制地基土层分布剖面图和基础剖面图。

(2)划分计算薄层。计算薄层的厚度 $h_i \leq 0.4b$(b 为基础宽度)，但天然土层分界面和地下水位面应是计算薄层层面。除此之外，如果是手工计算，因深层处附加应力随深度变化小，为减少计算工作量，分层厚度可略大，层顶底面的埋深可查附加应力系数表确定，以减少查表内插。

(3)计算基底压力 p 和基底附加压力 p_0。

(4)计算各分层界面处的自重应力 σ_{cz} 和附加应力 σ_z，分别绘于基础中心线的左侧与右侧，并计算各分层土的平均自重应力 $\bar{\sigma}_{czi} = (\sigma_{czi-1} + \sigma_{czi})/2$ 和平均附加应力 $\bar{\sigma}_{zi} = (\sigma_{zi-1} + \sigma_{zi})/2$。

(5)确定沉降计算深度 z_n。沉降计算深度是指由基础底面向下计算地基压缩变形所要求的深度。沉降计算深度以下地基中的附加应力已很小，其下土的压缩变形可以忽略不计。沉降计算深度一般取附加应力等于自重应力的 20%处，即 $\sigma_z = 0.2\sigma_{cz}$ 处；对高压缩性土计

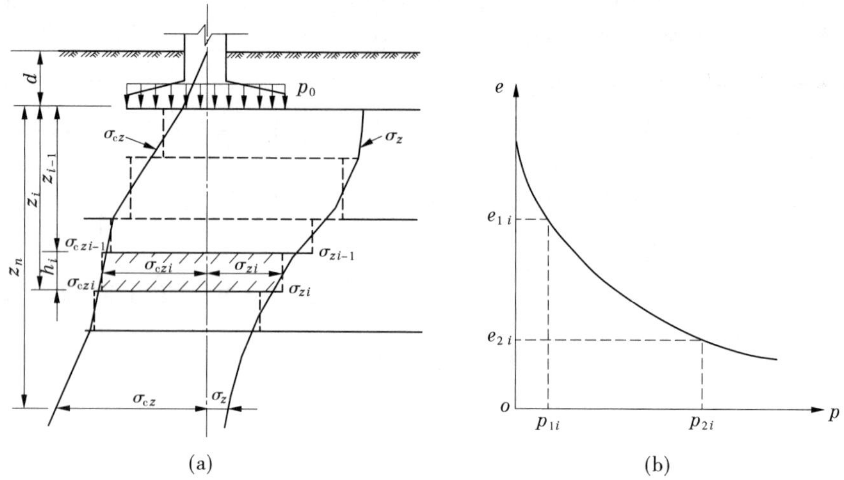

图 2-32　分层总和法计算地基最终沉降量

算至 $\sigma_z = 0.1\sigma_{cz}$ 处。

(6)令 $p_{1i} = \bar{\sigma}_{czi}, p_{2i} = \bar{\sigma}_{czi} + \bar{\sigma}_{zi}$,从该土层的压缩曲线中由 p_{1i} 及 p_{2i} 查出相应的 e_{1i} 和 e_{2i},如图 2-32(b)所示。

(7)按照式(2-34)计算各分层的压缩量,若是已知土层的压缩系数或压缩模量,可以按照式(2-35)或式(2-36)计算各层土的变形量。

(8)计算深度范围内地基的最终沉降量,即

$$s = \sum_{i=1}^{n} s_i \tag{2-37}$$

【例 2-6】 某建筑物基础底面面积为正方形,如图 2-33(a)所示,边长 $l = b = 4.0$ m,上部结构传至基础顶面荷载 $P = 1\ 440$ kN,基础埋深 $d = 1.0$ m,地基为黏土,土的天然重度 $\gamma = 16$ kN/m³,地下水位深度 3.4 m。水下饱和重度 $\gamma_{sat} = 18.2$ kN/m³。土的压缩试验结果 e—p 曲线,如图 2-33(b)所示。计算基础底面中点的沉降量。

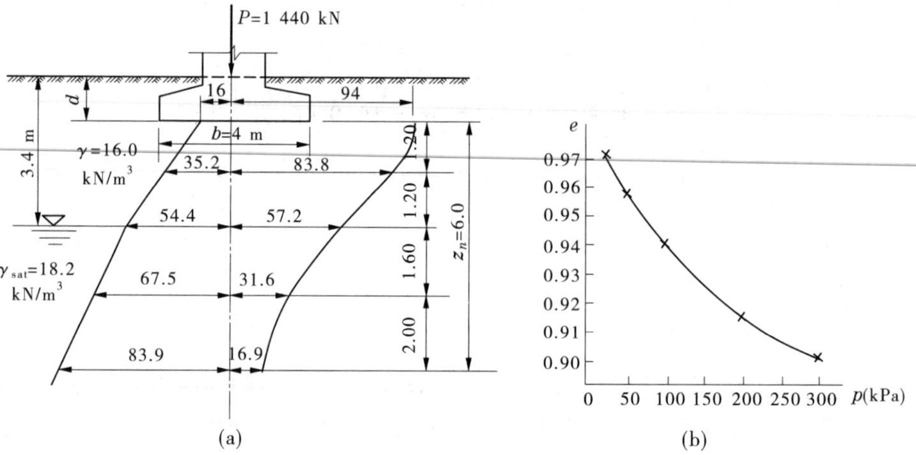

图 2-33　例 2-6 图

解　(1)地基土分层。计算每层厚度 $h_i \leq 0.4b=1.6$ m。地下水位以上 2.4 m 分两层，各 1.2 m；第三层 1.6 m；第四层以下因附加应力很小，均可取 2.0 m。

(2)计算地基土的自重应力。

基础底面：$\sigma_{cz}=\gamma d=16\times1=16(\text{kPa})$；

地下水面处：$\sigma_{cz}=16\times3.4=54.4(\text{kPa})$；

地下水面以下因土均质，自重应力线性分布，故任取一点计算，地面下 8 m 处：$\sigma_{cz}=54.4+(18.2-10)\times(8-3.4)=92.2(\text{kPa})$。

把自重应力分布线绘于基础轴线左侧。

(3)计算地基土的附加应力。

①计算基底压力：

$$p=\frac{F+G}{A}=\frac{P+\gamma_G Ad}{A}=\frac{1\ 440+20\times4\times4\times1}{4\times4}=110(\text{kPa})$$

②计算基底附加压力：

$$p_0=p-\gamma d=110-16\times1=94(\text{kPa})$$

③计算地基中的附加应力。

基础底面为正方形，用角点法计算，分成相等的四个小矩形，每个小矩形计算边长 $l=b=2.0$ m。附加应力 $\sigma_z=4\alpha_c p_0$，其中应力系数 α_c 可查表 2-2 获得，本例题附加应力的计算如表 2-5 所示，并把附加应力绘于基础中心线的右侧。

表 2-5　例 2-6 附加应力计算表

深度 z(m)	l/b	z/b	应力系数 α_c	附加应力 σ_z(kPa)
0	1.0	0	0.250	94.0
1.2	1.0	0.6	0.223	83.8
2.4	1.0	1.2	0.152	57.2
4.0	1.0	2.0	0.084	31.6
6.0	1.0	3.0	0.045	16.9
8.0	1.0	4.0	0.027	10.2

(4)地基压缩计算深度 z_n。由图 2-33(a)中自重应力分布与附加应力分布两条曲线，寻找 $\sigma_z=0.2\sigma_{cz}$ 的深度 z。当深度 $z=6.0$ m 时，$\sigma_z=16.9$ kPa，$\sigma_{cz}=83.9$ kPa，$\sigma_z\approx0.2\sigma_{cz}=16.9$ kPa。故受压层深度 $z_n=6.0$ m。

(5)地基沉降计算。利用土的压缩曲线计算沉降时可用式(2-34)计算各分层沉降。根据图 2-33(b)中地基土的压缩曲线，由各层土的平均自重应力 $p_{1i}=\overline{\sigma}_{czi}$ 数值，查出相应的孔隙比为 e_{1i}；由各层土的平均自重应力与平均附加应力之和 $p_{1i}=\overline{\sigma}_{czi}+\overline{\sigma}_{zi}$，查出相应的孔隙比为 e_{2i}。再由公式(2-34)计算即可。

以第二层土为例计算如下：

平均自重应力：$\overline{\sigma}_{cz2}=(\sigma_{cz1}+\sigma_{cz2})/2=(35.2+54.4)/2=44.8(\text{kPa})$

平均附加应力：$\overline{\sigma}_{z2}=(\sigma_{z1}+\sigma_{z2})/2=(83.8+57.2)/2=70.5(\text{kPa})$

$p_1=\overline{\sigma}_{cz2}=44.8(\text{kPa})$

$p_2 = \overline{\sigma}_{cz2} + \overline{\sigma}_{z2} = 44.8 + 70.5 = 115.3(\text{kPa})$

在图 2-33(b)所示的压缩曲线中，由查得 $p_1 = 44.8$ kPa 对应孔隙比 $e_1 = 0.960$；由 $p_2 = 115.3$ kPa 查得对应孔隙比 $e_2 = 0.936$，则该层土的沉降量为

$$s_2 = \left(\frac{e_1 - e_2}{1 + e_1}\right)_2 h_2 = \frac{0.960 - 0.936}{1 + 0.960} \times 1\,200 = 14.69(\text{mm})$$

注：上式为避免复杂的脚标造成混乱，把式(2-34)加了脚标 i 放在了括号外，表示括号内的指标皆是第 i 层土的指标。

其他各层土的沉降计算同上。

(6)基础中点的总沉降量。

$$s = \sum_{i=1}^{4} s_i = (20.16 + 14.69 + 11.46 + 7.18) \approx 53.5(\text{mm})$$

分层总和法是用弹性理论计算地基中的竖向应力 σ_z，用单向压缩的 e—p 曲线求变形，这与实际地基受力情况有出入；对于变形指标，其试验条件决定了指标的结果，而使用中的选择又影响到计算结果；压缩层厚度的确定方法没有严格的理论依据，是半经验性的方法，其正确性只能从工程实测得到验证。研究表明，确定压缩层厚度不同的方法，其计算结果相差 10%左右。以上这些问题就必然使沉降计算值与工程中的实测值不完全相符。但是，因为分层总和法计算沉降概念比较明确，计算过程及变形指标的选取比较简便，易于掌握，它依然是被工程界广泛采用的沉降计算方法。

2.6.2 应力面积法

2.6.2.1 计算原理

应力面积法是以分层总和法的思想为基础，一般按地基土的天然分层面划分计算土层，如图 2-34 所示，也采用侧限条件的压缩性指标，但运用了地基平均附加应力系数计算地基最终沉降量的方法，该方法确定地基沉降计算深度 z_n 的标准也不同于前面介绍的分层总和法，并引入沉降计算经验系数，使得计算结果比分层总和法更接近于实测值。应力面积法是《建筑地基基础设计规范》(GB 50007—2011)所推荐的地基最终沉降量计算方法，习惯上称为规范法。

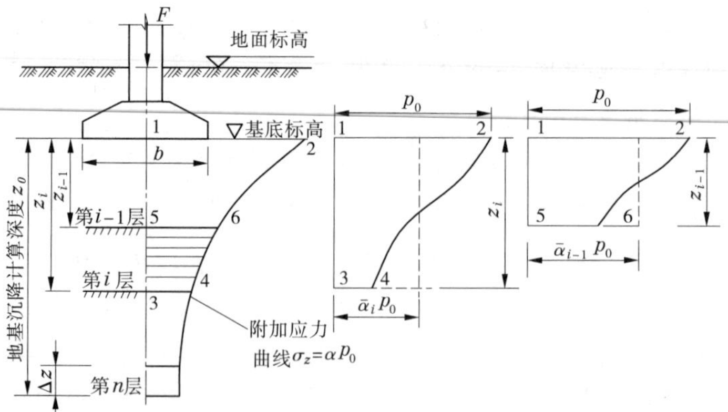

图 2-34 应力面积法计算原理图

理论上基础的平均沉降量可表示为

$$s' = \sum_{i=1}^{n} s'_i = \sum_{i=1}^{n} \frac{p_0}{E_{si}}(\bar{\alpha}_i z_i - \bar{\alpha}_{i-1} z_{i-1}) \tag{2-38}$$

式中 n——沉降计算深度范围划分的土层数；

p_0——基底附加压力，kPa；

$\bar{\alpha}_i$、$\bar{\alpha}_{i-1}$——z_i 和 z_{i-1} 范围内竖向平均附加应力系数，矩形面积均布荷载角点下的平均竖向附加应力系数 $\bar{\alpha}$ 值，可从表 2-6 查得，对非角点下的平均附加应力系数 $\bar{\alpha}_i$ 需采用角点法计算，其方法同前述土中应力计算。

表 2-6 矩形面积均布荷载角点下的平均竖向附加应力系数 $\bar{\alpha}$

z/b	l/b												
	1.0	1.2	1.4	1.6	1.8	2.0	2.4	2.8	3.2	3.6	4.0	5.0	10.0
0.0	0.2500	0.2500	0.2500	0.2500	0.2500	0.2500	0.2500	0.2500	0.2500	0.2500	0.2500	0.2500	0.2500
0.2	0.2496	0.2497	0.2497	0.2498	0.2498	0.2498	0.2498	0.2498	0.2498	0.2498	0.2498	0.2498	0.2498
0.4	0.2474	0.2479	0.2481	0.2483	0.2483	0.2484	0.2485	0.2485	0.2485	0.2485	0.2485	0.2485	0.2485
0.6	0.2423	0.2437	0.2444	0.2448	0.2451	0.2452	0.2454	0.2455	0.2455	0.2455	0.2455	0.2455	0.2456
0.8	0.2346	0.2372	0.2387	0.2395	0.2400	0.2403	0.2407	0.2408	0.2409	0.2409	0.2410	0.2410	0.2410
1.0	0.2252	0.2291	0.2313	0.2326	0.2335	0.2340	0.2346	0.2349	0.2351	0.2352	0.2352	0.2353	0.2353
1.2	0.2149	0.2199	0.2229	0.2248	0.2260	0.2268	0.2278	0.2282	0.2285	0.2286	0.2287	0.2288	0.2289
1.4	0.2043	0.2102	0.2140	0.2164	0.2190	0.2191	0.2204	0.2211	0.2215	0.2217	0.2218	0.2220	0.2221
1.6	0.1939	0.2005	0.2049	0.2079	0.2099	0.2113	0.2130	0.2138	0.2143	0.2146	0.2148	0.2150	0.2152
1.8	0.1840	0.1912	0.1960	0.1994	0.2018	0.2034	0.2055	0.2066	0.2073	0.2077	0.2079	0.2082	0.2084
2.0	0.1746	0.1822	0.1875	0.1912	0.1938	0.1958	0.1982	0.1996	0.2004	0.2009	0.2012	0.2015	0.2018
2.2	0.1659	0.1737	0.1793	0.1833	0.1862	0.1883	0.1911	0.1927	0.1937	0.1943	0.1947	0.1952	0.1955
2.4	0.1578	0.1657	0.1715	0.1757	0.1789	0.1812	0.1843	0.1862	0.1873	0.1880	0.1885	0.1890	0.1895
2.6	0.1503	0.1583	0.1642	0.1686	0.1719	0.1745	0.1779	0.1799	0.1812	0.1820	0.1825	0.1832	0.1838
2.8	0.1433	0.1514	0.1574	0.1619	0.1654	0.1680	0.1717	0.1739	0.1753	0.1763	0.1769	0.1777	0.1784
3.0	0.1369	0.1449	0.1510	0.1556	0.1592	0.1619	0.1658	0.1682	0.1698	0.1708	0.1715	0.1725	0.1733
3.2	0.1310	0.1399	0.1450	0.1497	0.1533	0.1562	0.1602	0.1628	0.1645	0.1657	0.1664	0.1675	0.1685
3.4	0.1256	0.1334	0.1394	0.1441	0.1478	0.1508	0.1550	0.1577	0.1595	0.1607	0.1616	0.1628	0.1639
3.6	0.1205	0.1282	0.1342	0.1389	0.1427	0.1456	0.1500	0.1528	0.1548	0.1561	0.1570	0.1583	0.1595
3.8	0.1158	0.1234	0.1293	0.1340	0.1378	0.1408	0.1452	0.1482	0.1502	0.1516	0.1526	0.1541	0.1554

续表 2-6

z/b	l/b												
	1.0	1.2	1.4	1.6	1.8	2.0	2.4	2.8	3.2	3.6	4.0	5.0	10.0
4.0	0.1114	0.1189	0.1248	0.1294	0.1332	0.1362	0.1408	0.1438	0.1459	0.1474	0.1485	0.1500	0.1516
4.2	0.1073	0.1147	0.1205	0.1251	0.1289	0.1319	0.1365	0.1396	0.1418	0.1434	0.1445	0.1462	0.1479
4.4	0.1035	0.1107	0.1164	0.1210	0.1248	0.1279	0.1325	0.1357	0.1379	0.1396	0.1407	0.1425	0.1444
4.6	0.1000	0.1070	0.1127	0.1172	0.1209	0.1240	0.1287	0.1319	0.1342	0.1359	0.1371	0.1390	0.1410
4.8	0.0967	0.1036	0.1091	0.1136	0.1173	0.1204	0.1250	0.1283	0.1307	0.1324	0.1337	0.1357	0.1379
5.0	0.0935	0.1003	0.1057	0.1102	0.1139	0.1169	0.1216	0.1219	0.1273	0.1291	0.1304	0.1325	0.1348

2.6.2.2 沉降计算经验系数 ψ_s

为了提高计算准确度,《建筑地基基础设计规范》(GB 50007—2011)规定按式(2-37)计算得到沉降 s 尚应乘以沉降计算经验系数 ψ_s。ψ_s 定义为根据地基沉降观测资料推算的最终沉降量 s 与由式(2-38)计算得到的 s' 之比,一般根据地区沉降观测资料及经验确定,也可按表 2-7 查取。

表 2-7　沉降计算经验系数 ψ_s

基底附加压力 p_0 (kPa)	$\overline{E}_s$(MPa)				
	2.5	4.0	7.0	15.0	20.0
$p_0 \geqslant f_{ak}$	1.4	1.3	1.0	0.4	0.2
$p_0 \leqslant 0.75 f_{ak}$	1.1	1.0	0.7	0.4	0.2

注:f_{ak} 为地基承载力特征值。

$\overline{E}_s$ 为沉降计算深度范围内压缩模量当量值,按式(2-39)计算:

$$\overline{E}_s = \frac{\sum_{i=1}^{n} A_i}{\sum_{i=1}^{n} A_i / E_{si}} \tag{2-39}$$

式中　A_i——第 i 层土附加应力曲线所围的面积。

综上所述,应力面积法的地基最终沉降量计算公式为

$$s = \psi_s s' = \psi_s \sum_{i=1}^{n} \frac{p_0}{E_{si}} (z_i \overline{\alpha}_i - z_{i-1} \overline{\alpha}_{i-1}) \tag{2-40}$$

2.6.2.3 沉降计算深度的确定

《建筑地基基础设计规范》(GB 50007—2011)规定沉降计算深度 z_n 由式(2-41)要求确定:

$$\Delta s'_n \leqslant 0.025 \sum_{i=1}^{n} s'_i \tag{2-41}$$

式中　$\Delta s'_n$——自试算深度往上 Δz 厚度范围内的压缩量(包括考虑相邻荷载的影响),Δz 的取值按表 2-8 确定;

s'_i——在计算深度范围内,第 i 层土的计算变形值。

表 2-8 计算厚度 Δz 值

b(m)	$b \leq 2$	$2<b \leq 4$	$4<b \leq 8$	$b>8$
Δz(m)	0.3	0.6	0.8	1.0

如确定的沉降计算深度下部仍有较软弱土层,应继续往下进行计算。若无相邻荷载的影响,基础宽度在 1~30 m,基础中心点的变形计算深度也可按下列简化公式计算:

$$z_n = b(2.5 - 0.4\ln b) \tag{2-42}$$

当计算深度范围内存在基岩时,z_n 可取至基岩表面;当存在较厚的坚硬黏性土层,其孔隙比小于 0.5,压缩模量大于 0.5 MPa,或存在较厚的密实砂卵石层,其压缩模量大于 80 MPa 时,z_n 可取至该层土表面。

【例 2-7】 某厂房柱传至基础顶面的荷载为 1 190 kN,基础埋深 $d=1.5$ m,基础尺寸 $l \times b=4$ m×2 m,土层如图 2-35 所示。试用应力面积法求该柱基中点的最终沉降量。

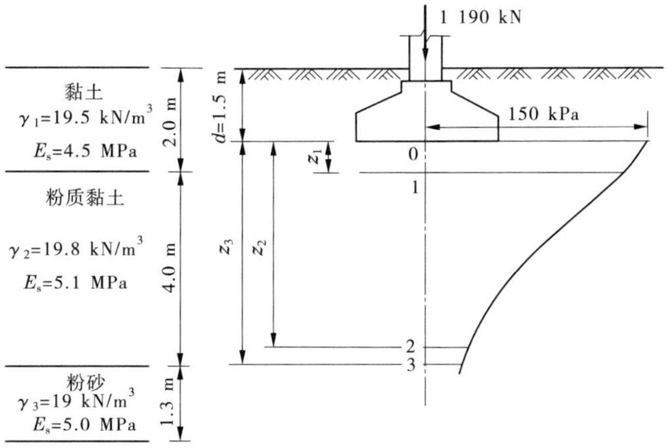

图 2-35 例 2-7 图

解 (1)求基底压力和基底附加压力。

①计算基底压力:

$$p = \frac{F+G}{A} = \frac{1\ 190 + 20 \times 4 \times 2 \times 1.5}{4 \times 2} = 178.75(\text{kPa}) \approx 179 \text{ kPa}$$

②计算基底附加压力:

$$p_0 = p - \sigma_{cz} = p - \gamma_0 d = 179 - 19.5 \times 1.5 = 150(\text{kPa})$$

(2)确定沉降计算深度 z_n。本题中不存在相邻荷载的影响,故可按式(2-42)估算:

$$z_n = b(2.5 - 0.4\ln b) = 2 \times (2.5 - 0.4 \times \ln 2) = 4.5(\text{m})$$

按该深度,沉降量计算至粉质黏土层底面。

(3)沉降计算,见表 2-9。

①求 α:

使用表 2-6 时,因为它是角点下平均附加应力系数,而所需计算的则为基础中点下的沉降量,因此查表时要应用角点法,即将基础分为 4 块相同的小面积,查表时按 $l/b=2/1=2$、$z/b=z/1$ 查,查得的平均附加应力系数应乘以 4。

②z_n 校核:

根据规定,先由表 2-8 确定 $\Delta z=0.3$ m,计算出 $\Delta s_n=1.51$ mm,并除以 $\sum \Delta s_i=67.75$ mm,得 0.022<0.025,如表 2-9 所示,表明所取 $z_n=0.45$ m 符合要求。

表 2-9　按规范法计算基础最终沉降量

点号	z(m)	l/b	z/b	$\bar{\alpha}_i$	$z_i\bar{\alpha}_i$ (mm)	$\bar{\alpha}_i z_i-\bar{\alpha}_{i-1}z_{i-1}$ (mm)	E_si (MPa)	$\frac{p_0}{E_{si}}=\frac{0.15}{E_{si}}$	Δs_i (mm)	$\sum \Delta s_i$ (mm)	$\frac{\Delta s_n}{\sum \Delta s_i}$
0	0	(4.0/2)/(2.0/2)=2.0	0	4×0.250 0=1.000 0	0						
1	0.50		0.50	4×0.246 8=0.987 2	493.60	493.60	4.5	0.033	16.29		
2	4.20		4.2	4×0.131 9=0.527 6	2 215.92	1 722.32	5.1	0.029	49.95		
3	4.50		4.5	4×0.126 0=0.504 0	2 268.00	52.08	5.1	0.029	1.51	67.75	0.022<0.025

(4)确定沉降经验系数 ψ_s。

①计算 $\bar{E}_s$ 值:

$$\bar{E}_s=\frac{\sum A_i}{\sum(A_i/E_{si})}=\frac{p_0\sum(z_i\bar{\alpha}_i-z_{i-1}\bar{\alpha}_{i-1})}{p_0\sum[(z_i\bar{\alpha}_i-z_{i-1}\bar{\alpha}_{i-1})/E_{si}]}$$

$$=\frac{493.60+1\,722.32+52.08}{\frac{493.60}{4.5}+\frac{1\,722.32}{5.1}+\frac{52.08}{5.1}}=5(\text{MPa})$$

②ψ_s 值确定:

假设 $p_0=f_{ak}$,按表 2-7 插值求得 $\psi_s=1.2$。

(5)基础最终沉降量计算。

$$s=\psi_s\sum\Delta s_i=1.2\times67.75=81.30(\text{mm})$$

练习题

一、判断题

1. 分层总和法通常假定地基受压后不发生侧向膨胀,一般采用基础底面中心点下的附加应力计算各分层的变形量,各分层的变形量之和即为地基总沉降量。(　　)

2. 按规范法计算地基的沉降量时,地基压缩层厚度 z_n 应满足的条件 $\sigma_z=0.2\sigma_{cz}$。(　　)

3.《建筑地基基础设计规范》(GB 50007—2011)方法计算基础沉降量将地基土按 $h_i \leqslant 0.4b$ 分层。(　　)

二、选择题

1. 分层总和法计算地基最终沉降量的分层厚度一般为(　　)。

A. 0.4 m　　B. 0.4l(l 为基础底面长度)

C. 0.4b(b 为基础底面宽度)　D. 天然土层厚度

2. 下列关系式中,σ_{cz} 为自重应力,σ_z 为附加应力,当采用分层总和法计算高压缩性地基最终沉降量时,确定压缩层下限的根据是(　　)。

A. $\sigma_{cz}/\sigma_z \leqslant 0.1$　B. $\sigma_{cz}/\sigma_z \leqslant 0.2$ C. $\sigma_z/\sigma_{cz} \leqslant 0.1$ D. $\sigma_z/\sigma_{cz} \leqslant 0.2$

小　结

一、地基中的应力

(1)地基中应力的形式:土中应力按引起的原因分为自重应力和附加应力两种;按土体中应力传递方式可分为有效应力和孔隙应力。

(2)自重应力:在未修建建筑物之前,由土体本身自重引起的应力称为土的自重应力,记为 σ_{cz}。

①均质土中的自重应力:$\sigma_{cz}=\gamma z$,单位为 kPa。

②成层土的自重应力:$\sigma_{cz}=\sum_{i=1}^{n}\gamma_i h_i$。

③地下水位升降对土中自重应力的影响。

二、基底压力和基底附加压力

(1)基底压力:基础底面处单位面积土体所受的压力,即基底压力,它是建筑物荷载通过基础传给地基的压力,作用在基础与地基的接触面上,因此又称基础底面接触压力。

(2)基底压力的影响因素:基础刚度、尺寸、形状和埋深、基础上荷载的大小、分布、地基土性质。

(3)基底压力计算:

①矩形基础中心荷载作用基底压力:$p=\dfrac{F+G}{A}$。

②矩形基础单向偏心荷载作用下的基底压力:$P_{\min}^{\max}=\dfrac{F+G}{A}\pm\dfrac{M}{W}$。

(4)基底附加压力:指超出原有地基竖向应力的那部分基底压力,即作用在基础底面的压力与基底处建造前土中自重应力之差。

(5)基底附加压力计算:

①当基底压力为均布时,其基底附加压力为

$$p_0=p-\sigma_{cz}=p-\gamma_0 d$$

②当基底压力为梯形分布时,其基底附加压力为

$$p_{0\,\min}^{\ \max}=p_{\min}^{\max}-\sigma_{cz}=p_{\min}^{\max}-\gamma_0 d$$

三、地基中的附加应力

(1)附加应力:由外荷载在地基土中产生的应力。

(2)集中力作用下地基中附加应力的分布规律:

①在荷载轴线上,离荷载越远,附加应力越小。

②在地基中任一深度处的水平面上,沿荷载轴线上的附加应力最大,向两边逐渐减小,该现象称为应力扩散。

(3)矩形基础竖直均布荷载角点下的附加应力为 $\sigma_z=\alpha_c p_0$。

(4)矩形基础竖直三角形荷载角点下的附加应力为 $\sigma_z=\alpha_{t1} p_0$。

(5)矩形基础水平均布荷载角点下的附加应力为 $\sigma_z=\pm\alpha_h p_h$。

四、有效应力原理

(1)有效应力:通过土的颗粒骨架传递的应力,称为有效应力,用 σ'表示。有效应力能使土层发生压缩变形,并使土的强度发生变化。

(2)孔隙水压力:通过土体孔隙中的水来传递的应力,称为孔隙水压力,用 u 表示。

(3)有效应力原理:$\sigma'+u=\sigma$ 或 $\sigma'=\sigma-u$。

五、土的压缩性

(1)土的压缩性:在外力作用下土体积缩小的特性。

(2)侧限压缩指标:

①压缩系数:$a=\dfrac{e_1-e_2}{p_2-p_1}=-\dfrac{\Delta e}{\Delta p}$。

②压缩指数:$C_c=-\dfrac{\Delta e}{\lg\Delta p}=\dfrac{e_1-e_2}{\lg\dfrac{p_2}{p_1}}$。

③压缩模量:$E_s=\dfrac{1+e_1}{a}$。

(3)应力历史对土的压缩性影响:

根据土的超固结比 OCR,可把天然土层划分为三种固结状态:正常固结状态、超固结状态、欠固结状态。

六、地基变形计算

(1)地基的最终沉降量:地基土层在建筑物荷载作用下,不断地产生压缩,直至压缩稳定后地基表面的沉降量。

(2)分层总和法。

①计算原理:分层总和法先将地基土分为若干水平土层,各土层厚度分别为 $h_1,h_2,\cdots,h_n$。计算每层土的沉降量 $s_1,s_2,\cdots,s_n$,然后累计起来,即为总的地基沉降量 s。

②单一土层变形量计算公式:

$$s=\frac{e_1-e_2}{1+e_1}H_1,\qquad s=\frac{a}{1+e_1}\Delta pH_1,\qquad s=\frac{1}{E_s}\Delta pH_1。$$

③分层总和法的假设条件。

④分层总和法的计算步骤。

(3)应力面积法(规范法)。

①计算原理：应力面积法是以分层总和法的思想为基础，一般按地基土的天然分层面划分计算土层，也采用侧限条件的压缩性指标，但运用了地基平均附加应力系数计算地基最终沉降量的方法，该方法确定地基沉降计算深度 z_n 的标准也不同于分层总和法，并引入沉降计算经验系数，使得计算结果比分层总和法更接近于实测值。

②应力面积法计算步骤。

思考练习题

1. 土中的应力按照其起因和传递方式分为哪几种？如何定义？

2. 何谓自重应力？计算自重应力时应注意些什么？

3. 什么叫柔性基础？什么叫刚性基础？这两种基础的基底压力分布有何不同？

4. 地基中附加应力的分布有什么规律？相邻两基础下附加应力是否会彼此影响，为什么？

5. 什么是有效应力？什么是孔隙应力？

6. 矩形基础各种荷载条件下地基中任意点的竖向附加应力如何计算？

7. 引起土体压缩的主要原因是什么？

8. 试述土的各压缩性指标的意义和确定方法。

9. 分层总和法计算基础沉降量时，若土层较厚，为什么一般应将地基分层？

10. 基础埋深 $d>0$ 时，沉降计算为什么要用基底净压力？

11. 超固结土与正常固结土的压缩性有何不同？为什么？

12. 某地基土层由三层土组成，地下水位距离地表 2 m，第一层为黏土，厚度为 $h_1=3.0$ m，天然重度为 $\gamma=16.0$ kN/m^3，饱和重度为 $\gamma_{sat}=18.0$ kN/m^3；第二层为粉土，厚度为 $h_2=5$ m，饱和重度为 $\gamma_{sat}=17.0$ kN/m^3；第三层为细砂，厚度为 $h_3=4$ m，饱和重度为 $\gamma_{sat}=20.0$ kN/m^3。

(1)试计算和绘制地基中自重应力沿深度的分布曲线。

(2)若地下水位由于某种原因骤然下降至细砂层底面，此时地基中的自重应力分布情况有何变化？并用图表示。(提示：地下水位骤降时，细砂层为非饱和状态，其重度 $\gamma=17.8$ kN/m^3，黏土和粉土均因渗透性小，来不及排水，它们的含水情况不变。)

13. 某基础底面为矩形 $l\times b=4$ m×2 m，基础埋深 $d=1$ m，地下水位位于基底处，上部结构传来荷载 $F=600$ kN，基础及基础台阶上土的平均重度为 20 kN/m^3，基础埋深范围土的平均重度为 16 kN/m^3，基底以下 10 m 范围内土层(饱和)的重度为 20 kN/m^3。试计算：

(1)基底压力和基底附加压力。

(2)基底下 2 m 处的竖向自重应力及基础底面中心点下 2 m 处的竖向附加应力为多少？

14. 某条形地基，如图 2-36 所示，基础上作用荷载 $F=400$ kN/m，$M=20$ kN · m，试求基础中点下的附加应力。

15. 原状土样高 $h=2$ cm，截面面积 $A=30$ cm^2，土样质量 $m=108$ g，土粒比重 $G_s=2.72$，含水率 $\omega=25\%$，进行侧限压缩试验，试验结果见表 2-10 且绘制 e—p 曲线，求土的压缩系数并判别土的压缩性。

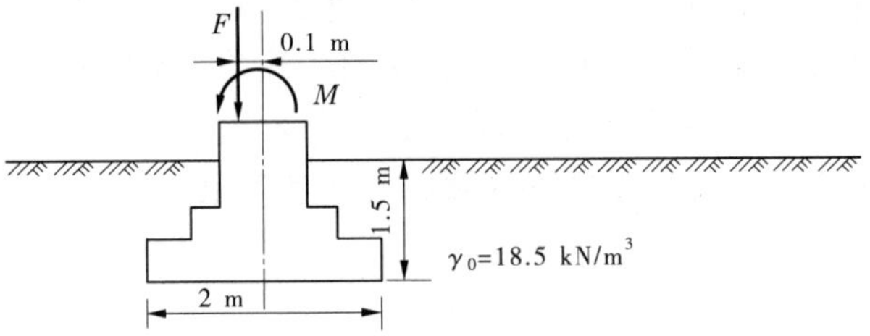

图 2-36　思考练习题 14 题示意图

表 2-10　侧限压缩试验结果

压力 p(kPa)	0	50	100	200	300	400
稳定后的变形量 $\sum \Delta h$(mm)	0	0.480	0.808	1.232	1.526	1.735

16. 已知一矩形基础 $l \times b = 5.6\ \mathrm{m} \times 4.0\ \mathrm{m}$，基础埋深 $d = 2.0\ \mathrm{m}$。上部结构总荷重 $F = 6\,600\ \mathrm{kN}$。地基土表层为人工填土，重度为 $\gamma_1 = 17.5\ \mathrm{kN/m^3}$，厚度为 $h_1 = 6.0\ \mathrm{m}$；第二层为黏土，重度为 $\gamma_2 = 16.0\ \mathrm{kN/m^3}$，孔隙比为 $e_1 = 1.0$，$a = 0.6\ \mathrm{MPa^{-1}}$，厚度为 $h_2 = 1.6\ \mathrm{m}$；第三层为卵石，压缩模量 $E_s = 25\ \mathrm{MPa}$，厚度为 $h_3 = 5.6\ \mathrm{m}$。求黏土层的沉降量。

项目3　土的渗透性

【知识要点】

渗流的概念;土的渗透性;达西定律;常水头试验;变水头试验;渗透力的概念;流土和管涌;临界水力梯度;容许水力梯度;渗透变形的防治措施。

【技能要求】

选择合适的渗透试验方法,测定土的渗透系数。

根据达西定律,计算渗流平行土层层面和垂直土层层面的渗透系数。

根据具体情况判别渗透变形的类型,并能选择恰当的处理方法。

【思政导引】

大国重器,一定要掌握在自己手里

——港珠澳大桥海底隧道是如何做到“滴水不漏”的?

港珠澳大桥是中国境内一座连接香港、广东珠海和澳门的桥隧工程,位于中国广东省珠江口伶仃洋海域内,为珠江三角洲地区环线高速公路南环段。因其超大的建筑规模、空前的施工难度和顶尖的建造技术而闻名世界。最终以64项创新技术,贡献予世界沉管隧道工程。中国是沉管隧道工程的后来者,然而,“如积薪耳,后来者居上”,这背后是中国工程人员的勤奋、智慧和不屈的斗志。

2015年12月,有着“桥王”之称的香港土木工程署前任署长刘正光前来参观大桥岛隧工程。参观前一天,刘正光询问参观隧道要不要穿雨衣雨鞋,林鸣说“并不需要”。参观当天,刘正光还是穿了一双雨鞋,结果出乎意料,当时24节沉管的192个接头没有一点渗漏的痕迹。当他与林鸣见面时,第一句话是:“沉管隧道没有不漏水的,没有想到你们的隧道能够滴水不漏”。第二句话则是“我们香港工程界要向你们学习”。

港珠澳大桥的地质环境是厚软土地基,所以沉管基础刚度协调及不均匀沉降控制非常困难,这个问题解决不好,隧道可能会漏水。自1928年人类工程史上修建第一条钢筋混凝土沉管隧道以来,沉管制作的工具箱里只有刚性和柔性两种方法。大桥岛隧工程总设计师刘晓东用积木给出通俗易懂的比喻:“刚性结构好比一块长条积木,而柔性结构好比乐高小块积木拼接的积木条。刚性缘于是整体结构,使接头漏水的概率减小,但如果基底出现沉降,大体量沉管受力不均匀出问题的概率也随之增大。而柔性结构是用小管节串成一个大管节,比刚性结构应对沉降有明显优势。无论是选择哪种结构,最终目的是为应对地基发生不均匀沉降时,最大程度减少对海底隧道的影响。”

在大桥前期设计阶段,国际知名岛隧咨询公司的专家们比较两种结构,认为无论哪种方案对港珠澳大桥隧道都存在一定的问题。

现有工程记录显示,刚柔两种结构体系沉管隧道都是浅埋隧道,沉管回填及覆土厚度约在2 m;而港珠澳大桥隧道是世界上唯一深埋沉管隧道,沉放最深水下44.5 m。为了预留30万吨级航道,港珠澳大桥沉管隧道需要埋到海床以下20多米,它是世界上唯一的深埋沉管隧道。

在20多米的覆盖层,有超过浅埋沉管5倍的荷载,如果采用传统的结构体系,沉管结构得不到安全保障。林鸣担心"200多个水下接头,如果有一个接头遭到破坏,后果不堪设想"。

面对问题,权威隧道专家给出"深埋浅做"的两个解决方案:其一是在沉管顶部回填与水差不多重的轻质填料,这需要增加十多亿元人民币投资,工期也将延长;其二是在120年运营期内控制回淤物厚度,进行维护性疏浚,维护费数十亿元人民币。

这样做代价太大,中国工程师心有不甘。"从2012年年初,我和设计团队一直在寻找一种可替代结构体系,希望为工程找到一条出路。"林鸣说。

寻找出路的过程是痛苦和绝望的。但有一天解决方案的灵感在寂静时刻倏然而至,让人觉得在潜意识中各部分已经完全被组合完好了一样。

2012年11月17日凌晨,总设计师刘晓东的手机上收到一条短信:"尝试研究一下半刚性。"发信人是林鸣。

设计团队又用了30多天完成《半刚性沉管结构方案设计与研究报告》,而之后的过程充满批评、异议乃至责备。首先听到的是来自内部"最好不要过度创新"的声音;还有外国权威专家讥讽:"你们有什么资格创造一个新的结构?"

为了证明"半刚性"结构,从2012年底至2013年8月,他们经历了200多个备受煎熬的日子。但是林鸣坚持认为:"我们相信"半刚性"是一种科学的解决办法,如果不坚持就没有尽到责任。"

此后,他们邀请国内外6家专业研究机构进行"背对背"的分析计算,从模型试验及原理上验证"半刚性"的结构。研究论证结果趋同,证明"半刚性"是从结构上解决沉管深埋的科学方法,最终得到了各方面的一致认可。

经过两年的努力和坚持,"半刚性"只花费了极小的代价就把沉管深埋的构想变成了现实,港珠澳大桥安装隧道总长达到5 664 m,是世界最长的公路沉管隧道和唯一的深埋沉管隧道,也是我国第一条外海沉管隧道。这一全球首创的结构设计让港珠澳大桥成为世界首条"滴水不漏"的海底隧道。

从此,世界百年沉管结构的工具箱除了已有的"刚性"、"柔性"之外,增加了"半刚性"的新成员。

林鸣说,人生在创造的时候很艰难,但不断奔跑的人生才是最充实的人生。蓝天为卷,碧海为诗;深海卧龙,踏浪伶仃,只为天堑变通途。

8年间,林鸣和他的团队硕果累累:研究了一百多个专题,其中注册专利有500多项,创新技术有几十个。

2018年10月23日上午,港珠澳大桥开通仪式在广东珠海举行。习近平总书记强调,港珠澳大桥的建设创下多项世界之最,非常了不起,体现了一个国家逢山开路、遇水架桥的奋斗精神,体现了我国综合国力、自主创新能力,体现了勇创世界一流的民族志气。

3.1 达西定律

3.1.1 渗流的概念

工程施工开挖时常常看到，只要基坑低于地下水位，水就源源不断地渗出，给施工带来不便，为此常需要抽水来保证施工，水能从土体中渗出，原因是土是松散的固体颗粒集合体，具有连续孔隙，水能在水头差作用下，从水位较高的一侧透过土体的孔隙流向水位较低的一侧。图3-1为土石坝蓄水后，水从上游透过坝身和坝基土体孔隙流向下游。图3-2为基坑渗流，地下水绕过板桩墙流向基坑。

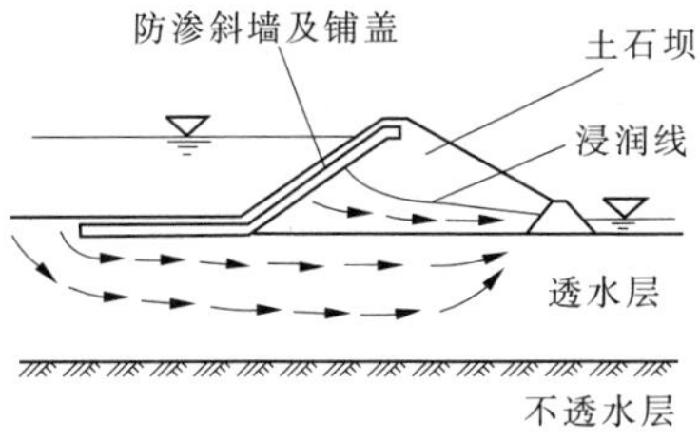

图3-1 土石坝渗流

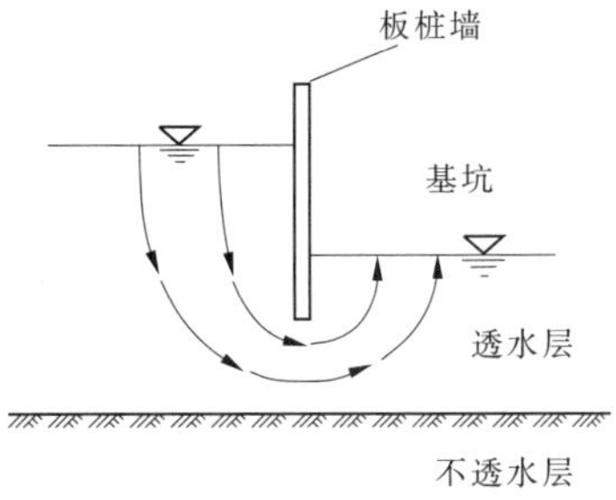

图3-2 板桩围护下的基坑渗流

在水头差作用下，水透过土体孔隙的流动现象称为渗透，而土体被水透过的性质则称为土的渗透性。

土的渗透性是土的重要力学性质之一。在水利、土木工程中，许多问题都与土的渗透性有关。渗透问题的研究主要包括以下几个方面：

(1)渗流量问题。例如，对土坝坝身、坝基及渠道的渗漏水量的估算，基坑开挖时的渗水量及排水量计算，以及水井的供水量估算等。渗流量的大小将直接关系到这些工程的经济效益。

(2)渗透变形问题。流经土体的水流会对土颗粒和土体施加作用力，这一作用力称为渗透力。当渗透力过大时就会引起土颗粒或土体的移动，从而造成土工建筑物及地基产生渗透变形。渗透变形问题直接关系到建筑物的安全，它是水工建筑物和地基发生破坏的重要原因之一。由于渗透破坏而导致土石坝失事的数量占总失事工程数量的25%~30%。

码3-1 典型案例9-龙山水库渗漏

(3)渗流控制问题。当渗流量和渗透变形不满足设计要求时，要采取工程措施加以控制，这一工作称为渗流控制。

渗流会造成水量损失而降低工程效益，会引起土体渗透变形，从而直接影响土工建筑物和地基的稳定与安全。因此，研究土的渗透规律、对渗流进行有效的控制和利用，是水利工程及土木工程有关领域中一个非常重要的课题。

码3-2 人物简介2-勇于开拓的工程师—达西

3.1.2 达西定律表达式和适用条件

水可以通过土体渗透，亦即土具有渗透性，土的渗透性与什么有关呢？

3.1.2.1 达西定律表达式

在1856年，法国学者达西(Darcy)对不同粒径的砂土做试验(见图3-3)，发现水的渗透速度与试样两端面间的水头差成正比，而与相应的渗透路径成反比。

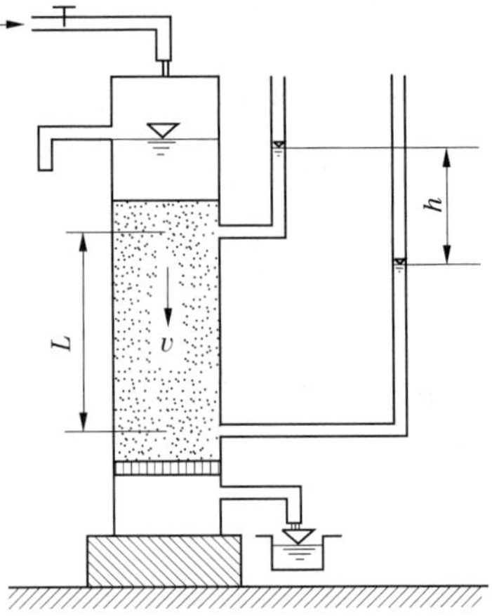

图 3-3 达西渗透试验装置示意图

渗流量为

$$Q = k\frac{h}{L}At = kiAt \qquad (3\text{-}1)$$

或单位渗流量为

$$q = kiA \qquad (3\text{-}2)$$

或渗流速度为

$$v = ki \qquad (3\text{-}3)$$

式中 Q——渗流量，cm^3 或 m^3；

q——单位时间渗流量，cm^3/s 或 m^3/d；

k——渗透系数，cm/s 或 m/d；

h——试样两端的水头差，cm 或 m；

L——渗透路径长度，m；

A——垂直于渗流方向的土样截面面积，cm^2 或 m^2；

i——水力梯度，也称水力坡度，单位长度上的水头损失，$i=h/L$；

t——渗流时间，s；

v——断面平均渗透速度，cm/s 或 m/d。

式(3-1)、式(3-2)、式(3-3)即为达西定律的表达式，它是渗透的基本定律。

3.1.2.2 达西定律适用条件

达西定律是由砂质土体试验得到的，后来推广应用于其他土体，如黏土和具有细裂隙的岩石等。进一步的研究表明，在某些条件下，渗透并不一定符合达西定律，因此在实际工作中我们还要注意达西定律的适用范围。

由式(3-3)可知，砂土的渗透速度与水力梯度呈线性关系，如图3-4(a)所示。在一般情况下，砂土、黏土中的渗透速度很小，其渗流可以看作是一种水流流线互相平行的流动——层流，大多数土建工程中遇到的渗流多属层流范围，如坝基渗流量、基坑涌水量、水井出水量等，渗流运动规律符合达西定律，渗透速度 v 与水力梯度 i 的关系可在 v—i 坐标系中表示成一条直线，如图3-4(a)所示。

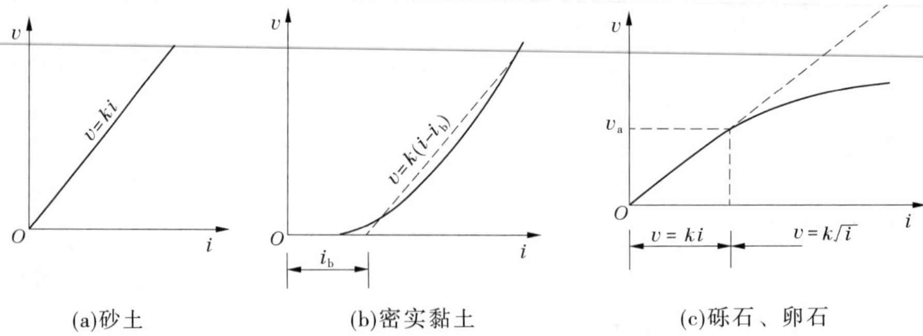

图 3-4 土的渗透速度与水力梯度的关系

但是对于密实的黏土，由于结合水具有较大的黏滞阻力，因此只有当水力梯度达到某一数值，克服了结合水的黏滞阻力以后，才能发生渗透，我们将这一开始渗透时的水力梯度称为黏性土的起始水力梯度(i_b)，当水力梯度超过起始梯度后，其渗透速度可近似地用直线表示，即 $v=k(i-i_b)$，如图 3-4(b)中虚线所示。

此外，试验也表明，在粗颗粒土中(如砾石、卵石)，只有在较小的水力梯度下，渗透速度与水力梯度才能呈线性关系，而在较大的水力梯度下，水在土中的流动即进入紊流状态，渗透速度与水力梯度呈非线性关系，此时达西定律不能适用，如图 3-4(c)所示。

练习题

一、判断题

1. 土的渗透系数 k 越大，土的渗透性也越大。(　　)

2. 1856 年，法国科学家达西对不同粒径砂土做试验时，发现水流在层流状态时，水的渗透速度与水力梯度成正比，称为达西定律。(　　)

3. 达西定律适用于层流状态。在实际工程中，对砂性土和较疏松的黏性土，如坝基和灌溉渠的渗透量以及基坑、水井的涌水量均可采用。(　　)

4. 根据达西定律，渗透系数愈高的土，需要愈大的水头梯度才能获得相同的渗流速度。(　　)

5. 达西定律中的渗透速度并非水在土的孔隙中流动的实际平均流速。(　　)

6. 达西定律不仅适用于层流状态，也适用于紊流状态。(　　)

二、选择题

1. 达西定律是通过对砂土试样试验所获得的渗透基本规律，适用的水流状态是(　　)。

A. 紊流　　B. 层流　　C. 毛细流　　D. 弱结合水流

2. 下列关于渗透系数的描述，正确的是(　　)。

A. 土的渗透系数越大，土的透水性就越大，土中的水头梯度也越大

B. 渗透系数是综合反映土体渗透能力的一个指数，可在实验室或现场试验测定

C. 含有细砂夹层的填土或黏土层中垂直渗透系数大于水平渗透系数

D. 土的渗透系数主要受土的孔隙比影响，而与土颗粒矿物组成无关

3. 某基坑板桩支护剖面如图 3-5 所示，从图中可以得到 A、B 两点的水力梯度为(　　)。

A. 0.375　　B. 1

C. 0.57　　D. 0.25

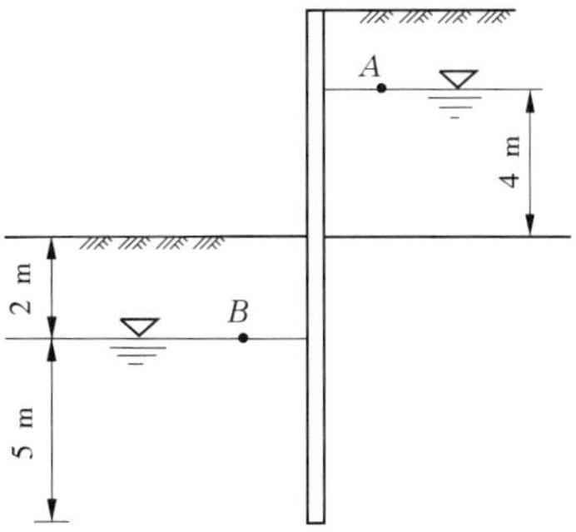

图 3-5　第 3 题图

4. 下列关于影响土体渗透系数的因素中描述正确是(　　)：①粒径大小和级配；②结构与孔隙比；③饱和度；④矿物成分；⑤渗透水的性质。

A. ①②对渗透系数有影响

B. ④⑤对渗透系数无影响

C. ①②③④对渗透系数有影响

D. ①②③④⑤对渗透系数均有影响

3.2 渗透系数的测定

3.2.1 实验室测定渗透系数

由达西定律,当水力梯度 $i=1$ 时,$v=k$,即土的渗透系数 k 就是水力梯度等于 1 时的渗透速度。k 的大小反映了土体渗透性的强弱,k 愈大,土的渗透性也愈大;土颗粒愈粗,k 也愈大。渗透系数是综合反映土体渗透能力的一个指标,其数值的正确确定对渗透计算有着非常重要的意义。影响渗透系数大小的因素很多,主要取决于土体颗粒的形状、大小、不均匀系数和水的黏滞性等,k 是土力学中一个较重要的力学指标,但不能由计算求出,只能通过试验直接测定。

渗透系数的测定可以分为现场试验和室内试验两大类。一般地讲,现场试验比室内试验得到的成果较准确可靠。因此,对于重要工程常需进行现场测定。现场试验常用野外井点抽水试验。

室内试验测定土的渗透系数的仪器和方法较多,但就原理来说可分为常水头试验和变水头试验两种。

3.2.1.1 常水头试验

常水头试验适用于透水性较大的土(无黏性土),它在整个试验过程中,水头保持不变,其试验装置如图 3-6 所示。

试验时将高度为 L,横截面面积为 A 的试样装入垂直放置的圆筒中,从土样的上端注入与现场温度完全相同的水,并用溢水口使水头保持不变。土样在不变的水头差 h 作用下产生渗流,当渗流达到稳定后,量得时间 t 内流经试样的水量为 Q,而土样渗流流量 $q=Q/t$,根据式(3-1)可求得:

$$k=\frac{QL}{Aht} \tag{3-4}$$

3.2.1.2 变水头试验

黏性土由于渗透系数很小,流经试样的水量很少,用常水头试验难以直接准确测量,此时宜采用变水头试验测定 k。

在整个变水头试验过程中,水头是随着时间变化的,其试验装置如图 3-7 所示。试验时试样截面面积为 A,试样上端与一根细玻璃管连接,细玻璃管的过水断面面积为 a,水在水头差作用下经试样渗流,细玻璃管中的水位慢慢下降,即让水柱高度 h 随时间 t 逐渐减小,然后读取两个时间 t_1 和 t_2 对应的水头高度 h_1 和 h_2。

根据达西定律,可推导出:

$$k=2.3\frac{aL}{A(t_2-t_1)}\lg\frac{h_1}{h_2} \tag{3-5}$$

式(3-5)中的 a、L、A 为已知,试验时只要测出 t_1 和 t_2 对应的水位 h_1 和 h_2,就可以求出渗透系数。

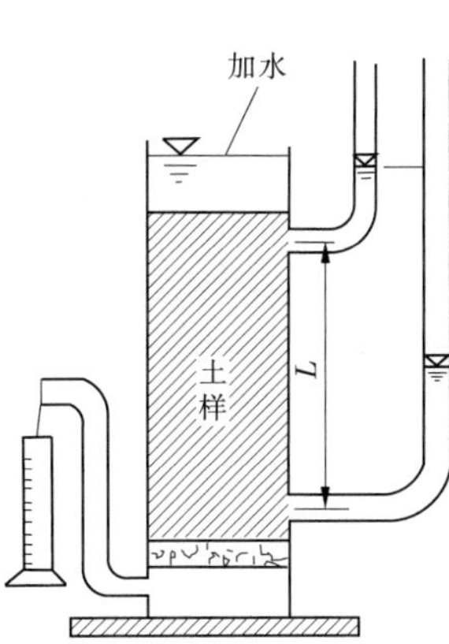

图 3-6 常水头试验装置示意图

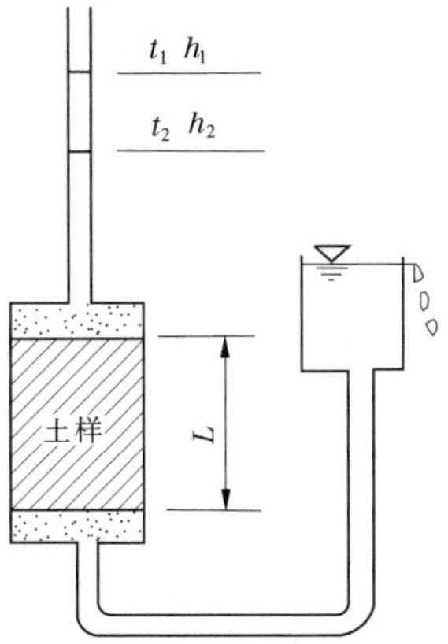

图 3-7 变水头试验装置示意图

【例 3-1】 设做变水头渗透试验的黏土试样的截面面积为 30 cm^2,厚度为 4 cm,渗透仪细玻璃管的内径为 0.4 cm,试验开始时的水位为 160 cm,经 15 min 后,观察水位为 52 cm,试验时的水温为 30 ℃,试求试样的渗透系数。

解 已知试样截面面积 $A=30$ cm^2,渗径长度 $L=4$ cm,细玻璃管的内截面面积:

$$a=\frac{\pi d^2}{4}=\frac{3.14\times(0.4)^2}{4}=0.1256(\text{cm}^2)$$

已知 $h_1=160$ cm,$h_2=52$ cm,$t=900$ s,代入式(3-5)得试样在 30 ℃时的渗透系数:

$$k_{30}=2.3\frac{al}{A(t_2-t_1)}\lg\frac{h_1}{h_2}=2.3\times\frac{0.1256\times4}{30\times900}\times\lg\frac{160}{52}=2.09\times10^{-5}(\text{cm/s})$$

3.2.2 成层土的渗透系数

天然沉积土往往是由渗透性不同的土层组成的。对于与土层层面平行和垂直的渗流情况,当各土层的渗透系数和厚度为已知时,我们可求出整个土层与层面平行和垂直的平均渗透系数,作为渗流计算的依据。

3.2.2.1 平行层面渗流

平行层面渗流情况如图 3-8 所示,假设各层土厚度分别为 H_1、H_2、H_3,总厚度 H 等于各层土厚度之和;平行土层方向的平均渗透系数为 k_x,各土层的水平向渗透系数分别为 k_{x1}、k_{x2}、k_{x3};总渗流量为 q_x,通过各土层的渗流量为 q_{x1}、q_{x2}、q_{x3}。

总渗流量为各土层渗流量之总和,即:

$$q_x=\sum_{i=1}^{n}q_{xi} \tag{3-6}$$

根据达西定律:

$$\left.\begin{aligned}q_x&=k_x iH\\q_{xi}&=k_{xi}i_iH_i\end{aligned}\right\} \tag{3-7}$$

通过各土层相同距离的水头均相等,因此各土层的水力梯度及整个土层的平均水力梯

度均相等,平行层面的平均渗透系数为

$$k_x = \frac{1}{H}\sum_{i=1}^{n} k_{xi}H_i \tag{3-8}$$

3.2.2.2 垂直层面渗流

垂直层面渗流情况如图 3-9 所示,假设各层土厚度分别为 H_1、H_2、H_3,总厚度 H 等于各层土厚度之和;垂直土层方向的平均渗透系数为 k_y,各土层的垂直向渗透系数分别为 k_{y1}、k_{y2}、k_{y3};总渗流量为 q_y,通过各土层的渗流量为 q_{y1}、q_{y2}、q_{y3};A 为渗流截面面积。

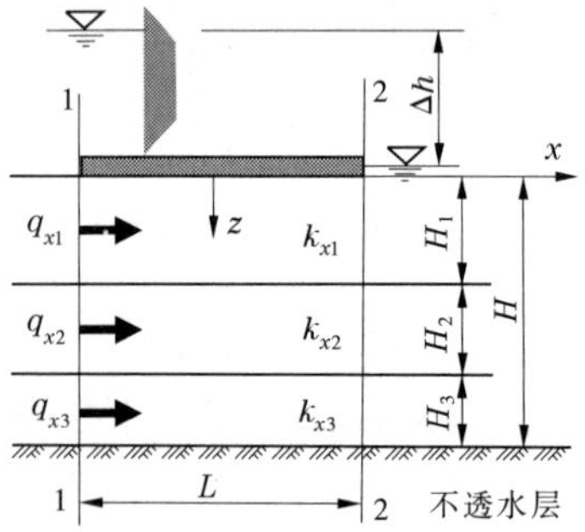

图 3-8 平行层面渗流

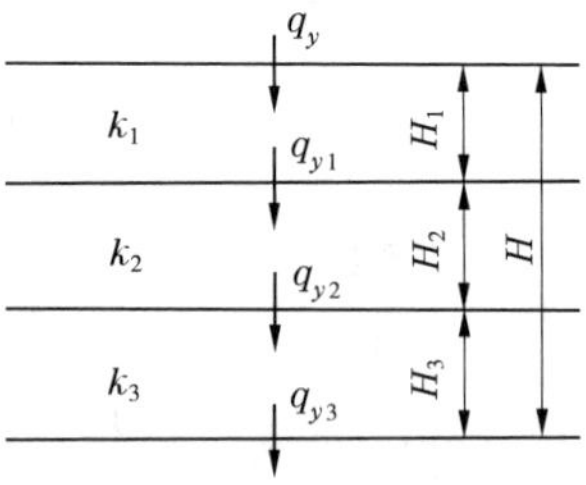

图 3-9 垂直层面渗流

根据水流连续原理,通过整个土层的总渗流量与各土层的渗流量相等,即:

$$q_y = q_{y1} = q_{y2} = \cdots = q_{yn} \tag{3-9}$$

根据达西定律:

$$\left.\begin{aligned} h_i &= \frac{q_{yi}H_i}{k_{yi}A} \\ h &= \frac{q_y H}{k_y A} \end{aligned}\right\} \tag{3-10}$$

对于垂直层面渗流,通过整个土层的总水头损失等于各层水头损失之和,即:

$$h = \sum h_i \tag{3-11}$$

整理后得:

$$k_y = \frac{H}{\dfrac{H_1}{k_1} + \dfrac{H_2}{k_2} + \cdots + \dfrac{H_n}{k_n}} \tag{3-12}$$

比较式(3-8)与式(3-12)可知,成层土平行层面方向渗流的平均渗透系数取决于最透水土层的渗透系数和厚度,垂直层面方向渗流的渗透系数取决于最不透水土层的渗透系数和厚度。对于成层土,平行层面方向渗透系数总是大于垂直层面方向渗透系数。在实际工程中,选用等效渗透系数时,一定要注意水流的方向,选择正确的等效渗透系数。

练习题

一、判断题

1. 渗透系数的根本物理意义是水力梯度为1时的渗透速度。( )

2. 测定土的渗透系数,常水头试验适用于粗粒土(砂质土),变水头试验适用于细粒土(黏性土和粉质土)。( )

3. 测定土的渗透系数,变水头试验适用于粗粒土(砂质土),常水头试验适用于细粒土(黏性土和粉质土)。( )

4. 对于成层土,平行层面方向渗透系数总是大于垂直层面方向渗透系数。( )

5. 成层土平行层面方向渗流的平均渗透系数取决于最透水土层的渗透系数和厚度。( )

6. 垂直层面方向渗流的渗透系数取决于最不透水土层的渗透系数和厚度。( )

二、选择题

1. 下列土体中,渗透系数k值最小的是( )。

A. 砂土　B. 粉土　C. 粉质黏土　D. 致密黏土

2. 多层土垂直层面的渗透系数主要取决于( )。

A. 最厚一土层的渗透系数k　B. 最薄一土层的渗透系数k

C. 渗透系数k最大的土层　D. 渗透系数k最小的土层

3. 一般情况下,成层土水平方向的平均渗透系数总是( )垂直方向的平均渗透系数。

A. 大于　B. 小于

C. 等于　D. 可能大于也可能小于

4. 在测定渗透系数k的常水头试验中,饱和土样截面面积为A,长度为l,流经土样的水头差为Δh,单位时间水流通过试样的流量Q稳定后,量测经过时间t内流经试样的水体积为V,则土样的渗透系数k为( )。

A. $\dfrac{Q\Delta h}{Alt}$　B. $\dfrac{V\Delta h}{Alt}$　C. $\dfrac{Ql}{At\Delta h}$　D. $\dfrac{Vl}{At\Delta h}$

5. 确定渗透系数最可靠的方法是( )。

A. 室内试验　B. 现场试验　C. 常水头试验　D. 变水头试验

6. 不透水岩基上有水平分布的三层土,厚度均为1 m,渗透系数分别为1 m/d、5 m/d、9 m/d,则等效土层水平渗透系数为( )。

A. 10 m/d　B. 5 m/d　C. 2.29 m/d　D. 0.5 m/d

3.3 渗透变形

3.3.1 渗透力

水在土中流动的过程中将受到土颗粒的阻力作用,使水头逐渐损失。同时,水的渗透将对土骨架产生拖曳力,导致土体中的应力与变形发生改变,这种渗透水流作用对土骨架产生的拖曳力称为渗透力,亦称动水压力。

码3-3 动画10-土石坝渗流

一般情况下,渗透力的大小与计算点的位置有关。根据对渗流流网中

网格单元的孔隙水压力和土粒间作用力的分析,可以得出渗流时单位体积内土粒受到的单位渗透力 j 为

$$j = \gamma_w i \tag{3-13}$$

渗透力是一种体积力,单位为 kN/m^3,大小与水力梯度成正比,方向与渗流方向一致。

如图 3-10 所示,a 点渗透力方向与重力方向一致时,渗透力对土骨架起渗流压密作用,对稳定有利。b 点渗透力方向近乎水平,使土粒产生向下游移动的趋势,对稳定不利。c 点渗透力方向与重力方向相反时,渗透力对土骨架起浮托作用,对稳定不利。

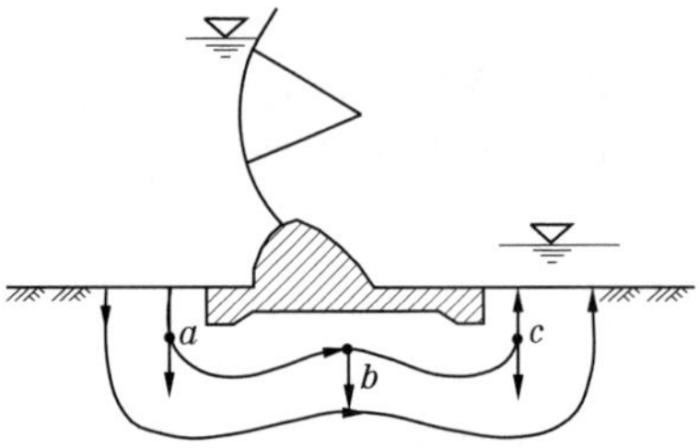

图 3-10　坝基不同位置的渗透力

在许多水工建筑物、土坝及基坑工程中,渗透力的大小是影响工程安全的重要因素之一。实际工程中,也有过不少发生渗透变形(流土或管涌)的事例,严重的使工程施工中断,甚至危及邻近建筑物与设施的安全。因此,在进行工程设计和施工时,应足够重视渗透力可能给地基土体稳定性带来的不良后果。

3.3.2　渗透变形的基本形式

土工建筑及地基由于渗透作用而出现的破坏称为渗透变形或渗透破坏。按照渗透水流所引起的局部破坏的特征,渗透变形可分为流土和管涌两种基本形式。

3.3.2.1　流土

1. 概念

流土是指在向上渗流作用下,局部土体表面隆起,或者颗粒群同时起动而流失的现象。它主要发生在地基或土坝下游渗流溢出处。在黏性土中,渗透力的作用往往使渗流逸出处某一范围内的土体出现表面隆起变形;而在粉砂、细砂及粉土等黏聚性差的细粒土中,水力梯度达到一定值后,渗流逸出处出现表面隆起变形的同时,还可能出现渗流水流挟带泥土向外涌出的砂沸现象,致使地基发生破坏,工程上将这种流土现象称为流砂。图 3-11 表示在已建房屋附近进行排水开挖基坑时,在渗透力的作用下,细砂向上涌出,造成大量流砂,引起房屋不均匀下沉,建筑物开裂,影响正常使用。图 3-12 表示河堤下游相对不透水覆盖层下面有一层强透水砂层,由于堤外水位升高,局部覆盖层被水流冲蚀,砂土涌出,危及堤防安全。

2. 临界水力梯度

渗流方向与土重力方向相反时,渗透力的作用将使土体重力减小,当单位渗透力等于土体的单位有效重力时,土体处于流土的临界状态。如果水力梯度继续增大,土中的单位渗透力将大于土的单位有效重力,土体将被冲出而发生流土。此时的水力梯度即为流土的临界水力梯度,用 i_{cr} 表示。

$$i_{cr} = \frac{\gamma'}{\gamma_w} = \frac{\gamma_{sat}}{\gamma_w} - 1 = \frac{G_s - 1}{1 + e} \tag{3-14}$$

由式(3-14)可知,流土临界水力梯度取决于土的物理性质(G_s,e),流土一般发生在渗流

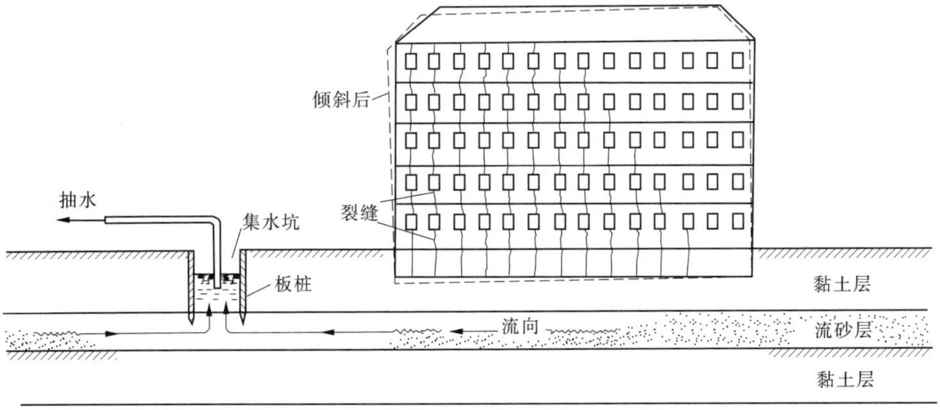

图 3-11 流砂涌向基坑引起建筑开裂

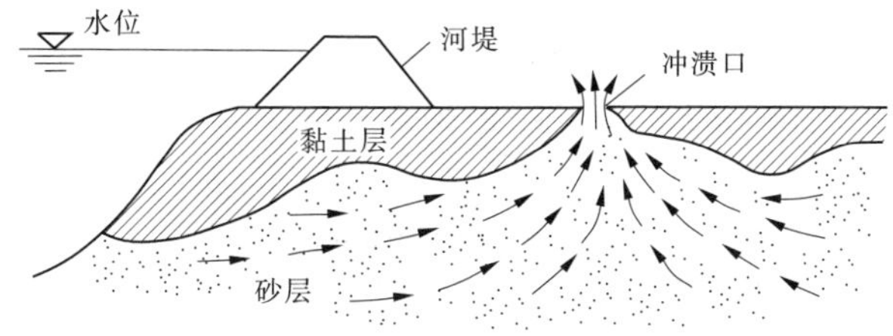

图 3-12 河堤下游覆盖层下流砂涌出现象

的溢出处。因此，只要我们将渗流溢出处的水力梯度，即溢出梯度 i 求出，就可判别是否发生流土。

在设计时，为保证建筑物安全，通常将临界水力梯度除以适当安全系数作为容许水力梯度 $[i]$，设计中溢出水力梯度限制在容许水力梯度 $[i]$ 之内，即

$$i \leqslant [i] = \frac{i_{cr}}{K} \tag{3-15}$$

式中 K——流土安全系数，常取 1.5~2.5。

3.3.2.2 管涌

1. 概念

管涌是指在渗流作用下土体中的细颗粒在粗颗粒形成的孔隙通道中发生移动并被带走的现象。主要发生在砂砾土中。如图 3-13 所示，在基坑开挖抽水时，很容易出现大的水力梯度，产生紊流，如果围护桩有间隙，未采取止水措施，坑外地下水通过这些间隙向坑内渗流，并不断带出泥沙，使渗透通道逐渐扩大，最终导致大量泥沙突然涌出，坑外地面产生塌陷。

码 3-3 动画 11-土石坝管涌

码 3-4 课程思政案例 3-九江决堤，战士以身抗洪

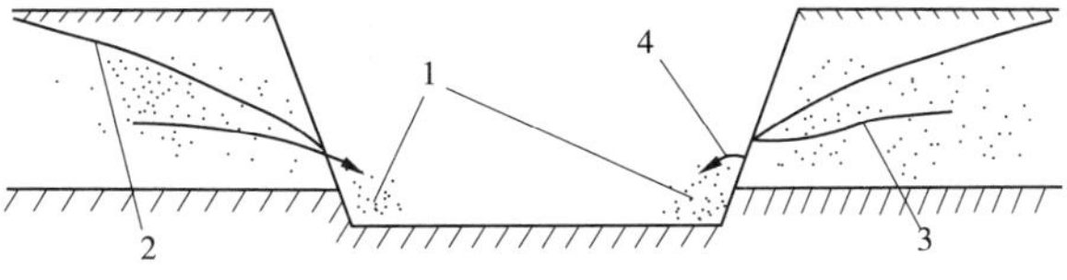

1—管涌堆积颗粒，2—地下水位，3—管涌通道，4—渗流方向

图 3-13 基坑降水引起的管涌破坏

渗透变形的形式,就一般黏性土,只有流土而无管涌,但分散土例外;而对于无黏性土,渗透变形的形式则与土的颗粒组成、级配和密度等因素相关;对于过渡性土其渗透变形的形式因密度的不同而不同,较大密度下可能会出现流土,而较小的密度下又可能变为管涌。

2. 临界水力梯度

产生管涌的条件比较复杂,从单个土粒来看,如果只计土粒的重量,则当土粒周界上水压力合力的垂直分量大于土粒的重量时,土粒即可被向上冲出。实际上管涌可能在水平方向发生,土粒之间还有摩擦力等的作用,它们很难计算确定,因此发生管涌的临界水力梯度一般通过试验确定。

对于中小型工程,无黏性土发生管涌的临界水力梯度,中国水利水电科学研究院提供的经验公式为

$$i_{cr} = 2.2(G_s - 1)(1 - n)^2 \frac{d_5}{d_{20}} \tag{3-16}$$

式中 d_5——土中小于此粒径的土占总质量 5%,mm;

d_{20}——土中小于此粒径的土占总质量 20%,mm。

流土和管涌的区别如表 3-1 所示。

表 3-1 流土和管涌的区别

	流土	管涌
现象	土体局部范围的颗粒同时发生移动	土体内细颗粒通过粗颗粒形成的孔隙通道移动
位置	只发生在水渗流出的表层	可发生于土体内部和渗流溢出处
土类	可发生在任何土层	一般发生在特定级配的无黏性土或分散性黏土
历时	破坏过程短	破坏过程相对较长
后果	导致下游坡产生局部滑动	导致结构发生塌陷或溃口

【例 3-2】 某土坝地基土的比重 $G_s=2.68$,孔隙比 $e=0.82$,下游渗流出口处经计算水力梯度 $i=0.2$,若取安全系数 $K=2.5$。试问该土坝地基出口处土体是否会发生流土破坏?

解 求临界水力梯度,由式(3-14)得

$$i_{cr} = \frac{G_s - 1}{1 + e} = \frac{2.68 - 1}{1 + 0.82} = 0.92$$

求容许水力梯度,由式(3-15)得

$$[i] = \frac{i_{cr}}{K} = \frac{0.92}{2.5} = 0.37$$

由于实际水力梯度 $i=0.2<[i]=0.37$,故土坝地基出口处土体不会发生流土破坏。

3.3.3 渗透变形的防治

3.3.3.1 防治原则

引起流土和管涌破坏的原因主要有两方面:一是上下游水位差形成的水力梯度;二是土的颗粒组成特性。因此,土的渗透变形防治基本原则:一是改变渗流的水动力条件,减少动水压力即降低水力梯度;二是改变土体结构,提高抗渗能力。

3.3.3.2 防治措施

1. 垂直截渗

设置混凝土防渗墙、板桩和帷幕灌浆、截水槽、霹雳灌浆等垂直截渗方法，延长渗径，降低上下游的水力梯度，防治渗透变形。如图3-14所示，心墙坝混凝土防渗墙，完全截断透水层，防渗效果更好。

2. 水平铺盖

设置水平黏土铺盖或铺设土工合成材料，与坝体防渗体连接，延长渗径长度。如图3-15所示，上游设置水平铺盖，与坝体防渗体连接，延长了水流渗透路径，降低水力梯度，防止渗透变形。

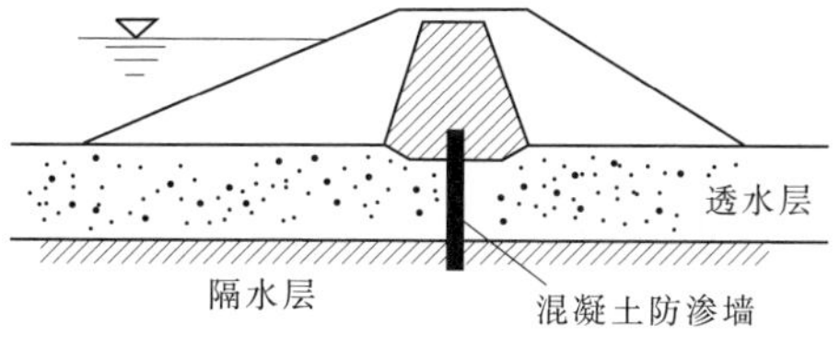

图3-14 混凝土防渗墙

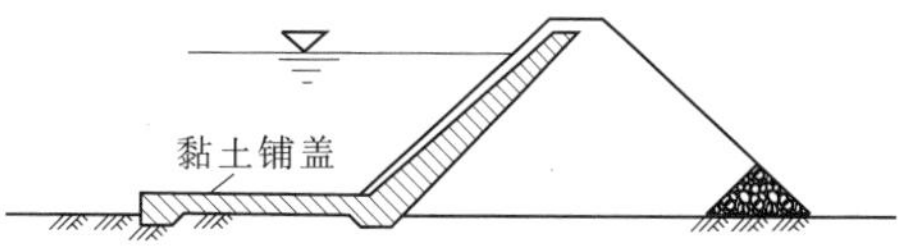

图3-15 水平黏土铺盖防渗

3. 设置反滤层

反滤层是指在大口井或渗渠进水处铺设的粒径沿水流方向由细到粗的级配砂砾层，也叫反滤包。常设于土石等材料修筑的堤坝或透水地基上，也常用于防汛中处理管涌、流土等险情。由2～4层颗粒大小不同的砂、碎石或卵石等材料做成的，顺着水流的方向颗粒逐渐增大，任一层的颗粒都不允许穿过相邻较粗一层的孔隙。同一层的颗粒也不能产生相对移动。也可以用土工布代替传统的砂砾料反滤层，具有减少工程量、施工方便、速度快等优点。图3-16为某河堤基础加筋土工布反滤层。

码3-5 典型案例10-机井反滤料

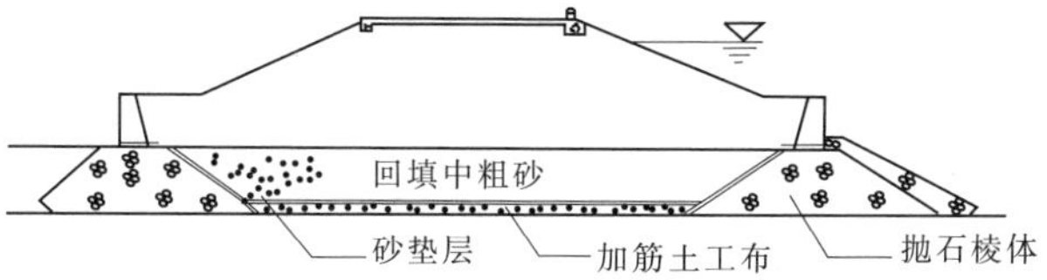

图3-16 某河堤基础加筋土工布反滤层

4. 工程降水

在地下水位比较高的土层进行基坑开挖时，由于坑内外的水位差，较易产生流砂、管涌等渗透破坏现象导致边坡或基坑坑壁失稳，直接影响到建筑物的安全。为了避免上述的地下水对基坑产生的不良影响、防止坑壁土体坍塌、确保干作业下的施工环境、保证施工的安全和工程质量，必须降低地下水水位。目前常用降水方法有明沟加集水井排降法、轻型井点法、喷射井点法、管井井点法等。如图3-17所示为明沟排水和多级井点法降水。

5. 设置板桩

基坑开挖时，沿坑壁打入板桩，其深度要超过坑底，使受保护土体内水力梯度小于临界水力梯度，它一方面可以加固坑壁，同时增加了地下水的渗流路径，减小了水力梯度。

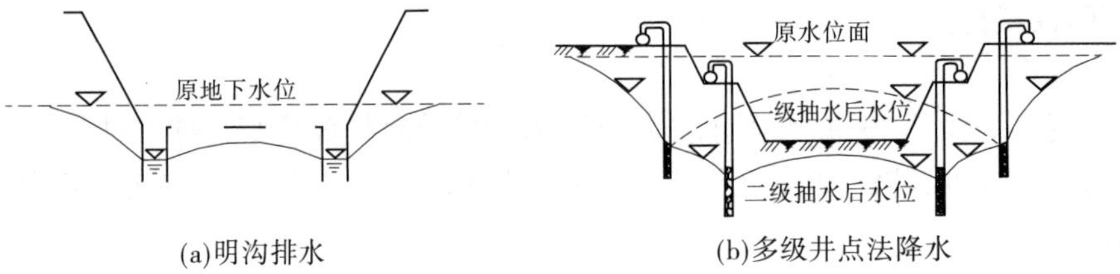

图 3-17 明沟排水和多级井点降水

图 3-18 所示为基坑开挖设置的钢板桩。

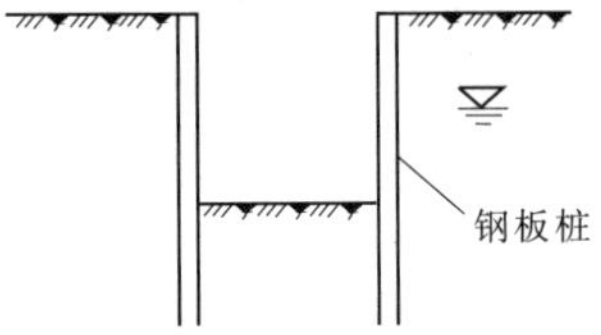

图 3-18 基坑开挖板桩防渗

练习题

一、判断题

1. 当地下水的渗流方向向上,且水力梯度达到临界值时,砂土将在动水力作用下产生管涌现象。( )

2. 渗透变形的表现形式有流土和管涌。( )

3. 水在土体中渗流,水流对土颗粒作用形成的作用力称为渗透力。( )

4. 在渗流向上流动时,土体表面局部隆起或者土颗粒群同时发生悬浮和移动的现象称为流土。( )

5. 管涌是渗透变形的一种形式,是指在渗透水流的作用下,土体中的细土粒在粗土粒间的孔隙通道中随水流移动并被带出流失的现象。( )

6. 土体的任何部分都可以发生流土破坏。( )

7. 渗透水流总是不利于土体稳定。( )

8. 只有当实际的水力梯度大于临界水力梯度时,土体才有产生渗透破坏的可能。( )

9. 管涌现象发生于土体表面渗流逸出处,流砂现象发生于土体内部。( )

10. 渗透力(动水压力)是一种体积力。( )

11. 渗透力的大小与水力梯度成正比。( )

12. 渗透力的大小与水力梯度有关,与土的性质无关。( )

13. 当土的临界水力梯度大于土的允许水力梯度时,则土处于流土或浮冲状态。( )

二、选择题

1. 流砂产生的条件为( )。

A. 渗流由上而下,水力梯度大于临界水力梯度

B. 渗流由上而下,水力梯度小于临界水力梯度

C. 渗流由下而上,水力梯度小于临界水力梯度

D. 渗流由下而上,水力梯度大于临界水力梯度

2. 流砂发生的土层为(　　)。

A. 颗粒级配均匀的饱和砂土　　B. 颗粒级配不均匀的饱和砂土

C. 颗粒级配均匀的不饱和砂土　　D. 颗粒级配不均匀的不饱和砂土

3. 饱和重度为 20 kN/m^3 的砂土,在临界水力梯度 i_{cr} 时,渗透力大小为(　　)。

A. 1 kN/m^3　　B. 2 kN/m^3　　C. 10 kN/m^3　　D. 20 kN/m^3

4. 在防治渗透变形措施中,(　　)是在控制水力梯度。

A. 上游做垂直防渗帷幕或设水平铺盖　　B. 下游挖减压沟

C. 退出部位铺设反滤层　　D. 土石坝设置黏土心墙

5. 下列土样中哪一种更容易发生流砂?(　　)

A. 粗砂或砾砂　　B. 细砂和粉砂　　C. 黏土　　D. 粉土

6. 下述关于渗透力的描述正确的是(　　)。

①其方向与渗透路径方向一致;②其数值与水力梯度成正比;③是一种体积力。

A. 仅①正确　　B. 仅①②正确

C. ①②③都正确　　D. 仅②正确

7. 渗流对土体的稳定起(　　)作用。

A. 不利　　B. 有利

C. 不影响　　D. 视情况不同,或有利,或不利

8. 在实际工程中,用来判断渗透破坏可能性的指标是(　　)。

A. 渗透速度　　B. 水头高度　　C. 渗透路径　　D. 临界水力梯度

9. 发生流土的水力条件为(　　)。

A. $j<i_{cr}$　　B. $j>i_{cr}$　　C. $i<i_{cr}$　　D. $i>i_{cr}$

小　结

一、达西定律

(1)渗流是在水头差作用下,水透过土体孔隙的流动现象。土体被水透过的性质称为土的渗透性。

(2)达西定律。

适用条件:层流(大部分砂土、粉土);疏松的黏土及砂性较重的黏性土。

表达式:$v=ki$ 或 $q=kiA$。

水力梯度:也称水力坡度,单位长度上的水头损失。

渗透系数:反映土体的渗透性能的指标。

二、渗透系数的测定

(1)常水头试验:适用于透水性较大的土(无黏性土),在整个试验过程中,水头保持不变。

(2)变水头试验:适用于透水性较小的土(黏性土)。

(3)成层土的渗透系数:渗流平行层面和渗流垂直层面两种情况。

三、渗透变形

(1)渗透力:渗透水流作用对土骨架产生的拖曳力,是一种体积力,用 $j=\gamma_w i$ 计算。

(2)渗透变形的基本形式。

流土:在向上渗流作用下,局部土体表面隆起,或者颗粒群同时起动而流失的现象,用临界水力梯度判别流土是否发生。

管涌:渗流作用下土体中的细颗粒在粗颗粒形成的孔隙通道中发生移动并被带走的现象,一般通过试验来判别管涌是否发生。

(3)渗透变形的防治措施:垂直截渗、水平铺盖、设置反滤层、工程降水、设置板桩等。

思考练习题

1. 什么是达西定律?其适用范围是什么?

2. 渗透系数的常用测定方法有哪些?这些方法有何优缺点?各自适用于什么条件?

3. 什么叫渗透力?为什么说它是一种体积力?渗透力是作用在整个渗流土体上还是作用在土骨架上的体积力?渗透力的大小、方向、作用点如何确定?

4. 渗透破坏有哪些形式?在工程上有何危害?防治渗透破坏的工程措施有哪些?

5. 在变水头试验中,已知土样直径为 8 cm,高为 2 cm,量管(测压管)直径为 1 cm,初始水头为 28 cm,经 30 min 后,水头降至 15 cm,求渗透系数。

6. 一黏性土的比重 $G_s=2.7$,孔隙比 $e=0.58$,试求该土的临界水力梯度。

项目4　土的抗剪强度

【知识要点】

土的抗剪程度;土的抗剪强度指标;库仑定律;土中一点的应力状态;莫尔应力圆;土的极限平衡状态;土的极限平衡条件;土坡要素;土坡稳定安全系数;滑坡防治措施。

【技能要求】

能选用恰当的方法测定不同工程条件下土体的抗剪强度指标。

会运用极限平衡条件式判别土体所处的状态。

能对无黏性土土坡进行稳定性分析。

【思政导引】

坚持人民至上,遵循科学规律
——反思意大利瓦依昂滑坡

二战结束之后,意大利满目疮痍,为了获得重建所必需的电力供应,也为了满足电力集团对利润的渴望,1943年,在亚德里亚电力协会的游说下,国会中35位部长中的13位被召集起来举行会议,想要定修建一座当时世界上最高的大坝——瓦依昂大坝。尽管根据意大利法律规定,要表决是否兴建瓦依昂大坝这样的议题,必须有超过半数的部长到会,因此表决结果事实上是非法和无效的,但1948年,意大利总统路易吉·埃纳乌迪还是签署批准了这一议案。

一、工程概况

瓦依昂坝位于意大利阿尔卑斯山东部皮亚韦河支流瓦依昂河下游河段,距离最近的城市为瓦依昂市,离世界著名水城威尼斯只有90 km。距汇入皮亚韦河的瓦依昂河河口约2 km。混凝土双曲拱坝,最大坝高262 m,水库设计蓄水位722.5 m,总库容1.69亿立方米,施工年份1956~1960年。瓦依昂坝建成时,成为当时世界上最高的双曲薄拱坝。

二、事故经过

1957年4月,瓦依昂大坝开工不到一年,意大利的政客们便将大坝改为核电站配套服务的抽水蓄能电站,高度从初始的230 m增加到262 m。盲目的加高就存在了山体承载不足的问题。瓦依昂峡谷由巨厚的侏罗系中统厚层石灰岩、侏罗系上统薄层泥灰岩与白垩系下统厚层燧石灰岩的岩层构成,岩层内分布有薄层泥灰岩和夹泥层,峡谷区的岸坡上部和分水岭上覆盖有不厚的第四纪堆积物,其下,经过强烈构造变位的石灰岩在河床部位岩层平缓。滑体具有良好的临空条件。

1959年秋天,瓦依昂大坝竣工,1960年2月水库开始试验性蓄水。10月,当水位到达635 m时,左岸地面出现一道长达1 800~2 000 m的裂缝,随后发生了局部崩塌。

1962年底,意大利国家电力公司买下了瓦依昂水库,为尽早通过验收,从1963年初开始,蓄水试验的步子再一次加快。9月初,水位提高至715 m时,岸坡位移速度已增至每天3.5 cm。随后,大自然也对意大利政府人员也表示不满,瓦依昂峡谷附近大雨连绵,加剧了岸坡位移，岸坡位移达到了每天超过 20 cm 的惊人水平。

1963 年 10 月 9 号 22 点 39 分。连日大雨刚刚停息，在一个晴朗的夜晚，瓦依昂山谷仿佛睡着了一般静谧安宁。就在这一刻，水库南坡的巨大山体忽然发生滑坡，超过 2.7 亿立方米的山体以 100 km 的时速呼啸着涌入水库，随即又冲上对面山坡，达到数百米的高度，整个时间不超过 45 s。巨大轰鸣声几十公里以外都能听见。

滑坡体在水库的东、西两个方向上产生了高达 250 m 的涌浪：东面的涌浪沿山谷冲向水库上游，将上游 10 km 范围内的村庄、桥梁悉数摧毁；西面的涌浪高于大坝 150 m，翻过大坝冲向水库下游，由于下游河道狭窄，涌浪前峰到达出口时仍然高达 70 m；先前设置的防洪设施在巨大的洪水面前形同虚设，下游沿岸的 1 个市镇和 5 个村庄被彻底摧毁。从滑坡发生到大坝下游被毁灭，整个过程不超过 7 min，1 900 余人在这场灾难中丧命，700 余人受伤。巨大的空气冲击波使电站地下厂房内的钢梁扭曲剪断，将廊道内的钢门推出 12 m，正在厂房内值班和住宿的 60 名技术人员除 1 人幸存外，其余全部死亡，事件遇难的人们中，还包括了正在坝顶监视安全的大坝设计者和工程师们。

三、事故反思

瓦依昂水坝从建成到毁灭，没有发出一度电，却造成了上下游惨重的人员伤亡和财产损失，在滑坡发生后很长一个时期内，瓦依昂山谷失去了昔日的秀美，到处是裸露的岩石土丘。灾难过后，善后工作进行了一年多才结束，赔偿、安置、重建工作一直延续到 20 世纪 80 年代，而这件事给人们带来的心理阴影却一直延续至今。事故的教训反思总结起来主要有：

(1) 瓦依昂灾难促进了立法程序的改变，应民众的要求，阿尔卑斯山地的水电、流域开发项目，必须得到当地议会的通过才能实施。

(2) 专家咨询也要终生负责制。灾难促使意大利政府加强了对工程咨询顾问的监管，实行了“专家咨询终生负责制”。

(3) 地质调查分析的程度及深度，决定了地质灾害评价预测的准确程度与有效性。当年瓦依昂工程的咨询专家和顾问著名的地质学家缪勒教授直言承认这次灾难是人类的错误、是缺乏知识的后果。

(4) 不能只从技术角度孤立地研究水利工程结构本身，还要着重研究水利设施对人类生产生活的影响，研究水利设施能否与人和自然和谐相处。

4.1 概　述

土的抗剪强度是指土体抵抗剪切破坏的极限能力，其数值等于土体发生剪切破坏时滑动面上的剪应力。工程实践中，土的抗剪强度主要应用于地基承载力的计算、地基稳定性分析、土坡稳定性分析、挡土墙及地下结构的土压力计算等问题。

4.1.1 库仑定律

为了研究土的抗剪强度，法国科学家库仑(Coulomb)对土进行了一系列的强度试验，在 1776 年总结出土的抗剪强度规律，提出了砂土和黏性土的抗剪强度表达式。

砂土：

$$\tau_f = \sigma \tan\varphi \tag{4-1}$$

黏性土：

$$\tau_f = \sigma\tan\varphi + c \tag{4-2}$$

式中　τ_f ——土的抗剪强度，kPa；

σ ——作用在剪切面上的法向应力，kPa；

φ ——土的内摩擦角，(°)；

c ——土的黏聚力，kPa。

式(4-1)和式(4-2)称为库仑定律或库仑公式。以 σ 为横坐标轴，τ_f 为纵坐标轴，绘制抗剪强度 τ_f 与法向应力 σ 的关系曲线。试验表明：在法向应力 σ 变化不大的范围内，抗剪强度 τ_f 与法向应力 σ 之间的关系近似为一条直线。如图 4-1(a)所示，对于砂土，σ— τ_f 关系曲线为一过坐标原点的直线，直线与横坐标轴的夹角即为内摩擦角 φ；如图 4-1(b)所示，对于黏性土，σ— τ_f 关系曲线为一不过坐标原点的直线，直线在纵坐标轴上的截距即为黏聚力 c，与横坐标轴的夹角即为内摩擦角 φ。

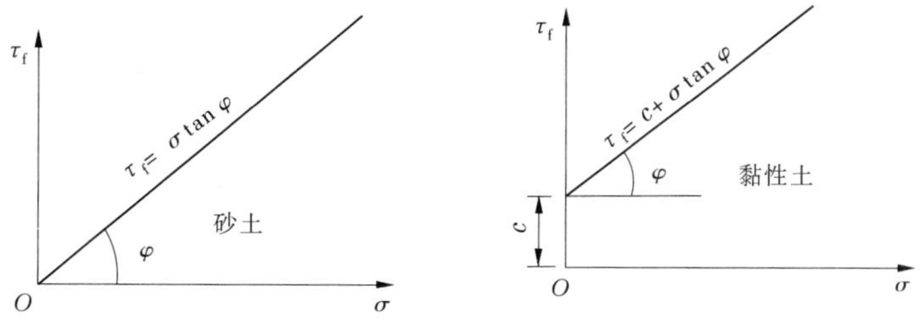

(a)砂土　　(b)黏性土

图 4-1　抗剪强度 τ_f 与法向应力 σ 之间的关系

由库仑定律可以看出，在剪切面上的法向应力 σ 不变时，试验测出的 c、φ 能反映土的抗剪强度 τ_f 的大小，c、φ 称为土的抗剪强度指标。抗剪强度指标 c、φ 不仅与土的性质有关，而且与测试方法有关，同一种土在不同试验条件下测出的强度指标不同，但同一种土在同一方法下的强度指标基本是相同的。

4.1.2　土的抗剪强度的构成及影响因素

库仑定律表明无黏性土的抗剪强度来源于内摩擦力（$\sigma\tan\varphi$）；黏性土的抗剪强度主要由内摩擦力（$\sigma\tan\varphi$）和黏聚力（c）两部分组成。

内摩擦力主要包括土粒间的表面摩擦力和由于土粒间的连锁作用而产生的咬合力。咬合力是指当土体相对滑动时，将嵌在其他颗粒之间的土粒拔出所需的力，土越密实，连锁作用越强。影响内摩阻力的主要因素有：土的密实度、土粒矿物成分、颗粒大小及形状、颗粒级配、表面粗糙程度、含水率等。

关于黏聚力，包括原始黏聚力、固化黏聚力以及毛细黏聚力。原始黏聚力主要是由于土粒间水膜受到相邻土粒之间的电分子引力而形成的，当土被压密时，土粒间的距离减小，原始黏聚力随之增大；当土的天然结构被破坏时，原始黏聚力将丧失一些，但会随着时间恢复其中的一部分或全部。固化黏聚力是由于土中化合物的胶结作用形成的，当土的天然结构破坏时，土的固化黏聚力随之丧失，而且不能恢复。至于毛细黏聚力，是由土的毛细压力所引起的，一般可忽略不计。影响黏聚力的主要因素有：土粒矿物成分、原始密度、土的结构等。

砂土的内摩擦角 φ 变化范围不是很大，中砂、粗砂、砾砂一般为 $\varphi=32° \sim 40°$，粉砂、细砂一般为 $\varphi=28° \sim 36°$。孔隙比 e 越小，φ 越大，但是饱和的粉砂、细砂很容易失去稳定。因此，对其内摩擦角的取值宜慎重，砂土有时会有很小的黏聚力（约 10 kPa 以内），这可能是由于砂土中夹有一些黏土颗粒，也有可能是毛细黏聚力的缘故。

黏性土的抗剪强度指标变化范围很大，它与土的种类有关，并且与土的天然结构是否被破坏，试样在法向压力下的排水固结程度及试验方法等因素有关。内摩擦角的变化范围大致为 0°~30°，黏聚力通常为 10~200 kPa。

练习题

一、判断题

1. 黏性土抗剪强度的库仑定律表达式为：$\tau_f=\sigma\tan\varphi$。（　　）

2. 土的抗剪强度一般由摩擦强度和黏聚力强度两部分组成。（　　）

3. 土体的抗剪强度是指土体对剪切破坏的极限抵抗能力。（　　）

4. 实际工程中，地基承载力、土坡稳定和挡土结构物的土压力都与土体的抗剪强度指标有直接的关系。（　　）

5. 抗剪强度指标 c、φ 不仅与土的性质有关，而且与测定方法有关。（　　）

6. 土的强度问题实质是土的抗压强度问题。（　　）

7. 土的抗剪强度指标是指土的黏聚力和土的内摩擦角。（　　）

8. 土的抗剪强度是定值。（　　）

9. 纯净砂土的黏聚力等于 0。（　　）

10. 库仑定律表明土的抗剪强度与滑动面上的法向应力成反比。（　　）

二、选择题

1. 抗剪强度的库仑公式建立的基础是（　　）。

A. 直剪试验　　B. 三轴试验　　C. 数学模拟　　D. 理论分析

2. 关于土的抗剪强度说法正确的是（　　）。

A. 土的抗剪强度是指土体抵抗剪切破坏的极限能力

B. 土的抗剪强度是一个定值

C. 土的抗剪强度与土的抗剪强度指标无关

D. 砂土的抗剪强度由内摩擦力和黏聚力两部分组成

3. 下列因素中，与土的内摩擦角无关的因素是（　　）。

A. 土颗粒的大小　　B. 土颗粒表面粗糙度

C. 土粒比重　　D. 土的密实度

4.2　土的极限平衡条件

当土中任一点在某一平面上的剪应力达到土的抗剪强度时，称该点处于极限平衡状态。极限平衡状态的应力条件称为极限平衡条件。

如果土中某点在某一平面上的剪应力为 τ，且由小不断增大，那么是否在最大剪应力 τ_{max} 的平面处最先发生破坏？

4.2.1　土中某点的应力状态

根据材料力学关于应力状态的理论，土中任一点的应力可以用该点主应力平面上的最大主应力和最小主应力表示，如图4-2所示。

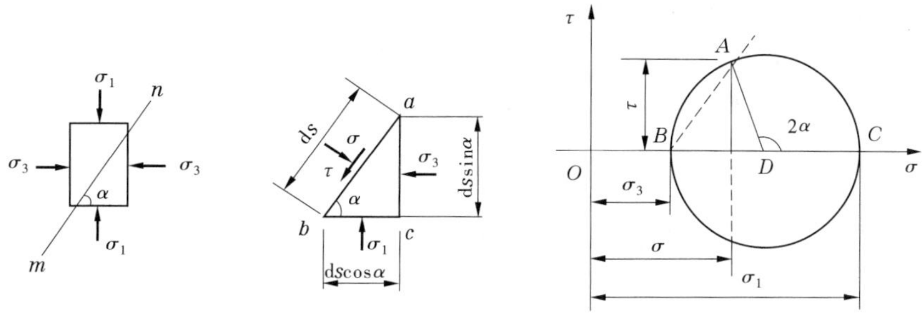

(a)微小单元体上的应力　(b)隔离体上的应力　(c)莫尔应力圆

图4-2　土中某点的应力状态

以平面应力状态为例进行分析，首先在土体中任意取一微小单元体，如图4-2(a)所示。作用在该微小单元体上的大、小主应力分别为σ_1和σ_3，在单元体上任取一与大主应力平面成α角的斜截面mn，截面mn上作用由法向应力σ和剪应力τ组成，如图4-2(b)所示，为了建立σ、τ、σ_1和σ_3之间的关系，取楔形隔离体abc为分析对象。

将各个应力分别在水平方向和垂直方向上投影，根据静力平衡条件，可得到任意截面mn上的法向应力σ与剪应力τ为

$$\sigma = \frac{\sigma_1 + \sigma_3}{2} + \frac{\sigma_1 - \sigma_3}{2}\cos 2\alpha \tag{4-3}$$

$$\tau = \frac{\sigma_1 - \sigma_3}{2}\sin 2\alpha \tag{4-4}$$

若将式(4-3)移项后两端平方，再将式(4-4)的两端平方，然后相加得到

$$\left[\sigma - \frac{\sigma_1 + \sigma_3}{2}\right]^2 + \tau^2 = \left[\frac{\sigma_1 - \sigma_3}{2}\right]^2 \tag{4-5}$$

由式(4-5)可以看出，它是一个圆的方程。在$\sigma O \tau$直角坐标系中，可以绘出圆心为$(\frac{\sigma_1 + \sigma_3}{2},0)$，半径为$\frac{\sigma_1 - \sigma_3}{2}$的圆，绘出的圆称为莫尔应力圆或莫尔圆，如图4-2(c)所示。莫尔应力圆可以用来求土中一点的应力状态。具体方法如下：

在莫尔应力圆上，自DC开始逆时针旋转2α角，与应力圆相交于A点，A点的横坐标即为mn斜面上的正应力σ，A点的纵坐标即为mn斜平面上的剪应力τ。显然，土体中任一点只要已知其大、小主应力σ_1和σ_3，便可用莫尔应力圆求出该点不同斜平面上的法向应力σ与剪应力τ。

4.2.2　极限平衡条件

1910年莫尔(Mohr)提出材料的破坏是剪切破坏，并指出破坏面上的剪应力τ_f是为该面上法向应力σ的函数，即

$$\tau_f = f(\sigma) \tag{4-6}$$

这个函数在 $\sigma O \tau_f$ 坐标系中是一条曲线，称为莫尔包线，如图 4-3 所示。莫尔包线表示材料受到不同应力作用达到极限平衡状态时，滑动面上的法向应力 σ 与剪应力 τ_f 的关系。土的莫尔包线通常可以近似地用直线表示，如图 4-3 中虚线所示，该直线方程就是库仑定律所表示的方程。由库仑公式表示莫尔包线的土体强度理论可称为莫尔—库仑强度理论。

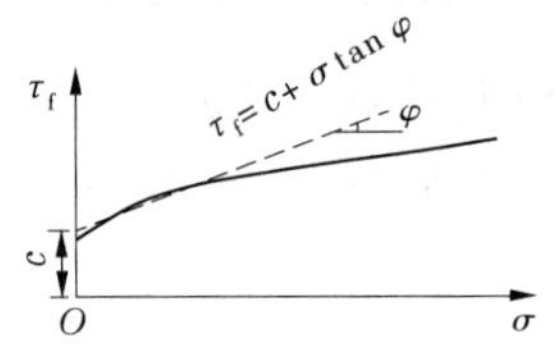

图 4-3　莫尔包线

为了建立土的极限平衡条件，将表示土体中某点应力状态的莫尔应力圆和土的抗剪强度包线绘制在同一直角坐标系中，如图 4-4 所示。从图中可以看出，莫尔应力圆与抗剪强度包线的位置关系有以下三种情况。

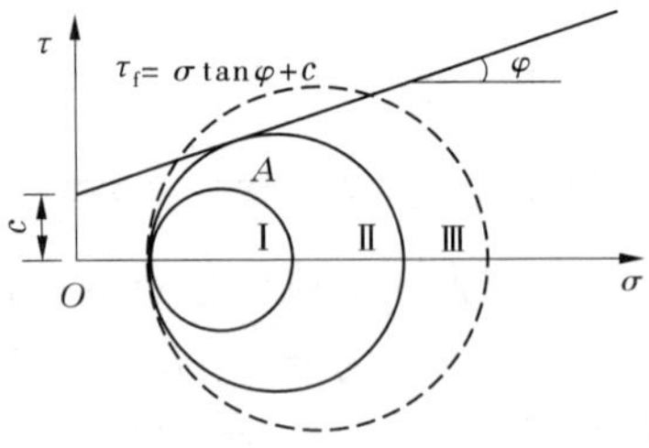

图 4-4　莫尔应力圆与抗剪强度包线之间的关系

4.2.2.1　**相离**

当莫尔应力圆Ⅰ位于抗剪强度包线下方时，说明土中该点任意截面上的剪应力都小于土的抗剪强度，故该点不会发生剪切破坏，处于弹性平衡状态。

4.2.2.2　**相切**

当莫尔应力圆Ⅱ与抗剪强度包线相切时，切点为 A，说明在 A 点所代表的平面上，剪应力正好等于土的抗剪强度，故该点处于极限平衡状态。此莫尔应力圆称为莫尔破裂圆，也称为极限应力圆。

4.2.2.3　**相割**

当莫尔应力圆Ⅲ与抗剪强度包线相割时，说明土中该点某平面上的剪应力已经超过了土的抗剪强度，实际上该点早已破坏，在这些点处已经产生了塑性流动和应力重分布。因此，该应力圆所代表的应力状态是不存在的，所以用虚线圆Ⅲ来表示。

根据极限应力圆与抗剪强度包线之间的几何关系，就可建立土的极限平衡条件。

在土中取一微小单元体，如图 4-5(a)所示，设土体中某点剪切破坏时破裂面 mn 与大主应力的作用面成 α_f 角，该点处于极限平衡状态时的莫尔应力圆如图 4-5(b)所示。将抗剪强度直线反向延长线与 σ 轴相交于 R 点，由三角形 ARD 可知：

$$\sin\varphi = \frac{\overline{AD}}{\overline{RD}}$$

其中

$$\overline{AD} = \frac{1}{2}(\sigma_1 - \sigma_3)$$

$$\overline{RD} = c\cot\varphi + \frac{1}{2}(\sigma_1 + \sigma_3)$$

通过三角函数间的变换，得到土的极限平衡条件为

$$\sigma_{1f} = \sigma_3 \tan^2(45° + \frac{\varphi}{2}) + 2c\tan(45° + \frac{\varphi}{2}) \tag{4-7}$$

或

$$\sigma_{3f} = \sigma_1 \tan^2(45° - \frac{\varphi}{2}) - 2c\tan(45° - \frac{\varphi}{2}) \tag{4-8}$$

对于无黏性土，由于 $c = 0$，极限平衡条件式可以简化为

$$\sigma_{1f} = \sigma_3 \tan^2(45° + \frac{\varphi}{2}) \tag{4-9}$$

或

$$\sigma_{3f} = \sigma_1 \tan^2(45° - \frac{\varphi}{2}) \tag{4-10}$$

土体中某点处于极限平衡状态时，其破裂面与大主应力作用面的夹角为 α_f，由图 4-5 中的几何关系可得：$2\alpha_f = 90° + \varphi$。即：

$$\alpha_f = 45° + \frac{\varphi}{2} \tag{4-11}$$

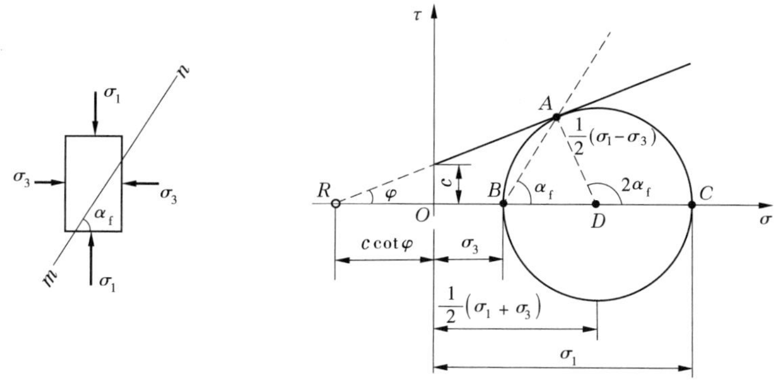

(a)微小单元体上的应力　　(b)极限平衡状态时的莫尔应力圆

图 4-5　土中某点达到极限平衡状态时的莫尔应力圆

由此可知，土体剪切破坏面的位置是发生在与大主应力作用面成($45° + \frac{\varphi}{2}$)角的斜面，而不是发生在剪应力最大的斜面上，即 $\alpha = 45°$ 的斜面上。

已知土体中一点的实际大小主应力和实测土的抗剪强度指标，可以用公式判断土体中该点的应力状态。

将实际 σ_3、φ、c 带入式(4-7)，计算出的最大主应力 σ_{1f}，即为土体在平衡状态下受到的最大主应力。将极限平衡状态下的最大主应力 σ_{1f} 与实际的主应力 σ_1 进行比较，若 $\sigma_{1f} > \sigma_1$，该点不破坏；若 $\sigma_{1f} < \sigma_1$，该点破坏；若 $\sigma_{1f} = \sigma_1$，该点处于极限平衡状态。

或者，将实际 σ_1、φ、c 带入式(4-8)，计算出的最小主应力 σ_{3f}，即为土体在平衡状态下受到的最小主应力。将极限平衡状态下的最小主应力 σ_{3f} 与实际的主应力 σ_3 进行比较，若 $\sigma_{3f} < \sigma_3$，该点不破坏；若 $\sigma_{3f} > \sigma_3$，该点破坏；若 $\sigma_{3f} = \sigma_3$，该点处于极限平衡状态。

【例 4-1】　某土层的抗剪强度指标 $\varphi = 20°$，$c = 20$ kPa，其中某一点的 $\sigma_1 = 300$ kPa，

$\sigma_3 = 120\ \text{kPa}$。求:

(1)问该点是否破坏?

(2)若保持 σ_3 不变,该点不破坏的 σ_1 最大值为多少?

解 (1)该点是否破坏判别。

①采用极限平衡条件进行判别:σ_1 判别。

将 $\sigma_3 = 120\ \text{kPa}$、$c = 20\ \text{kPa}$、$\varphi = 20°$ 代入式(4-7)得:

$$\begin{aligned}\sigma_{1f} &= \sigma_3\tan^2(45° + \frac{\varphi}{2}) + 2c\tan(45° + \frac{\varphi}{2})\\ &= 120 \times \tan^2(45° + \frac{20°}{2}) + 2 \times 20 \times \tan(45° + \frac{20°}{2})\\ &= 301.88(\text{kPa}) > \sigma_1 = 300\ \text{kPa}\end{aligned}$$

因此,该点稳定。

②采用极限平衡条件进行判别:σ_3 判别。

将 $\sigma_1 = 300\ \text{kPa}$、$c = 20\ \text{kPa}$、$\varphi = 20°$ 代入式(4-8)得:

$$\begin{aligned}\sigma_{3f} &= \sigma_1\tan^2(45° - \frac{\varphi}{2}) - 2c\tan(45° - \frac{\varphi}{2})\\ &= 300 \times \tan^2(45° - \frac{20°}{2}) - 2 \times 20 \times \tan(45° - \frac{20°}{2})\\ &= 119.08(\text{kPa}) < \sigma_3 = 120\ \text{kPa}\end{aligned}$$

因此,该点稳定。

③用库仑定律判别。

由前述可知,破坏角 $\alpha_f = 45° + \frac{\varphi}{2} = 45° + \frac{20°}{2} = 55°$,土体若破坏则沿与第一主应力面成 55°夹角的平面破坏,该面上的应力如下:

$$\sigma = \frac{\sigma_1 + \sigma_3}{2} + \frac{\sigma_1 - \sigma_3}{2}\cos 2\alpha_f = \frac{300 + 120}{2} + \frac{300 - 120}{2} \times \cos 110° = 179.22(\text{kPa})$$

$$\tau = \frac{\sigma_1 - \sigma_3}{2}\sin 2\alpha_f = \frac{300 - 120}{2} \times \sin 110° = 84.57(\text{kPa})$$

破坏面的抗剪强度 τ_f 可以由库仑定律计算得到:

$$\tau_f = \sigma\tan\varphi + c = 179.22 \times \tan 20° + 20 = 85.23(\text{kPa}) > \tau = 84.57\ \text{kPa}$$

因此,最危险面不破坏,所以该点稳定。

(2)若保持 σ_3 不变,由上述计算①可知保持该点不破坏时 σ_1 的最大值为 301.88 kPa。

【例 4-2】 已知砂土地基中某点的大主应力为 $\sigma_1 = 600\ \text{kPa}$,小主应力为 $\sigma_3 = 200\ \text{kPa}$,砂土的内摩擦角 $\varphi = 25°$,黏聚力 $c = 0$。求:

(1)最大剪应力 τ_{max}。

(2)判断该点的应力状态。

解 (1)求最大剪应力值 τ_{max}。

由式(4-4)可知,$\tau = \frac{\sigma_1 - \sigma_3}{2}\sin 2\alpha = \frac{600 - 200}{2} \times \sin 2\alpha = 200\sin 2\alpha$

当 $\sin 2\alpha = 1$,即 $2\alpha = 90°$,$\alpha = 45°$ 时,$\tau = \tau_{max} = 200\ \text{kPa}$。

(2)判断该点的应力状态。

①用 σ_1 判别。

$$\sigma_{1f} = \sigma_3 \tan^2(45° + \frac{\varphi}{2}) + 2c\tan(45° + \frac{\varphi}{2})$$

$$= 200 \times \tan^2(45° + \frac{25°}{2}) = 492.78(\text{kPa}) < \sigma_1 = 600\ \text{kPa}$$

故该点已发生剪切破坏。

②用 σ_3 判别。

$$\sigma_{3f} = \sigma_1 \tan^2(45° - \frac{\varphi}{2}) - 2c\tan(45° - \frac{\varphi}{2})$$

$$= 600 \times \tan(45° - \frac{25°}{2}) = 382.24(\text{kPa}) > \sigma_3 = 200\ \text{kPa}$$

故该点已发生破坏。

由例4-1、例4-2可知,判别土中一点的应力状态可以有不同的方法,但其判别结果是一致的,在实际应用中只需要用一种方法即可。

练习题

一、判断题

1. 某砂土地基中一点 $\sigma_1 = 400\ \text{kPa}$,$\sigma_3 = 200\ \text{kPa}$,$\varphi = 25°$,该点处于极限平衡状态。(　　)

2. 如果地基中某点的莫尔应力圆与抗剪强度线相离,则该点处于稳定状态。(　　)

3. 已知某点的大、小主应力分别为300 kPa和140 kPa,则该点莫尔应力圆的圆心坐标为220 kPa、80 kPa。(　　)

4. 无黏性土抗剪强度的库仑定律表达式为 $\tau_f = \sigma\tan\varphi$。(　　)

5. 单元土体剪切破坏面就是实际剪应力最大的作用面。(　　)

6. 土中某点发生剪切破坏时,破裂面与大主应力作用方向之间的夹角为 $45° + \frac{\varphi}{2}$。(　　)

7. 当抗剪强度包线与莫尔应力圆相切时,土体处于安全状态。(　　)

8. 莫尔应力圆圆周上任一点的应力状态代表土单元体中任一剪切面上的应力状态。(　　)

9. 当土体处于极限平衡状态时,剪切面上各应力之间的关系式称为极限平衡条件式。(　　)

二、选择题

1. 若代表土中某点应力状态的莫尔应力圆与抗剪强度包线相切,则表明土中该点(　　)。

A. 任一平面上的剪应力都小于土的抗剪强度

B. 某一平面上的剪应力超过了土的抗剪强度

C. 在相切点所代表的平面上,剪应力正好等于抗剪强度

D. 在最大剪应力作用面上,剪应力正好等于抗剪强度

2. 已知地基中某点受到大主应力 $\sigma_1 = 500$ kPa,小主应力 $\sigma_3 = 180$ kPa,其内摩擦角为 36°,则该点的最大剪应力为(　　)。

A. 150 kPa　B. 160 kPa　C. 170 kPa　D. 165 kPa

3. 已知地基中某点受到大主应力 $\sigma_1 = 500$ kPa,小主应力 $\sigma_3 = 180$ kPa,其内摩擦角为 36°,则最大剪应力面上的正应力为(　　)。

A. 340 kPa　B. 350 kPa　C. 345 kPa　D. 356 kPa

4. 某土样的黏聚力为 10 kPa,内摩擦角为 30°,当最大主应力为 300 kPa,土样处于极限平衡状态时,最小主应力为(　　)。

A. 88.45 kPa　B. 111.54 kPa　C. 865.35 kPa　D. 934.64 kPa

5. 土中一点发生剪切破坏时,破裂面与小主应力作用方向的夹角为(　　)。

A. $45° + \frac{\varphi}{2}$　B. $45° - \frac{\varphi}{2}$　C. $45°$　D. $45° + \varphi$

6. 已知土的内摩擦角 $\varphi > 0°$,当其中某点处于极限平衡状态时,通过该点的剪切破坏面与大主应力作用面的夹角为(　　)。

A. $45° + \frac{\varphi}{2}$　B. $45° - \frac{\varphi}{2}$　C. $45°$　D. $45° + \varphi$

7. 地基中某点土的抗剪强度等于土的剪应力,则该点土的状态为(　　)。

A. 已剪切破坏　B. 极限平衡状态　C. 无法确定　D. 弹性平衡状态

4.3　土的抗剪强度指标及其测定

土的抗剪强度指标包括黏聚力 c 和内摩擦角 φ,它们是土的重要力学指标,在确定地基承载力、挡土墙压力、土坡稳定性分析中都会用到。因此,正确测定和选择土的抗剪强度指标在工程上具有重要意义。

土的抗剪强度指标可通过室内试验和现场试验确定。室内试验常用的方法有直接剪切试验、三轴剪切试验、无侧压抗压强度试验,现场试验常用的有十字板剪切试验和大型直剪试验等。下面介绍室内常用的直接剪切试验和三轴剪切试验。

4.3.1　直接剪切试验

4.3.1.1　试验仪器及试验原理

直接剪切试验简称直剪试验,是测定土的抗剪强度最简单的试验方法。直剪试验的主要仪器为直剪仪,按施加水平剪切荷载方式的不同,分为应力控制式和应变控制式两种。应力控制式采用砝码和杠杆对试样进行分级加荷来施加水平剪应力;应变控制式是使试样产生一定位移,用弹性量力环上的测微计(百分表)量测位移换算出剪应力。目前,大多采用应变控制式直剪仪,如图 4-6 所示。

应变控制式直剪仪的剪切盒为固定的上盒和活动的下盒。试验前,用销钉把上、下盒固定成一完整的剪切盒,将环刀内土样推入剪切盒,土样上下各放一块透水石。试验时,先由

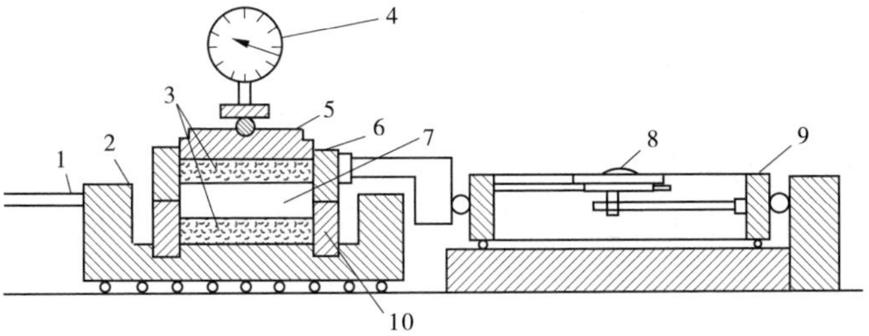

1—轮轴;2—底座;3—透水石;4—垂直变形量表;5—活塞;6—上盒;
7—土样;8—水平位移量表;9—量力环;10—下盒

图 4-6　应变控制式直剪仪

垂直加压框架通过加压板给土样施加一垂直压力,再按规定的速率等速转动手轮推动下盒,给土样施加水平推力使土样在上、下盒之间的固定水平面上产生剪切变形,定时测计量力环表读数,直至剪坏,详见项目 7。根据量力环表读数计算出剪应力 τ 的大小,绘制剪应力与剪切位移关系曲线,如图 4-7(a)所示,一般将曲线的峰值作为该级垂直压力下相应的抗剪强度 τ_f;如果剪应力不出现峰值点,则取剪切位移 4 mm 对应的剪应力即为土的抗剪强度,如图 4-7(b)所示。试验时同一种土一般取 4~6 个土样,分别在不同的垂直压力作用下剪切破坏,得到相应的抗剪强度。再在 $\sigma O \tau_f$ 坐标上将各试验点连成直线,即为该土的抗剪强度直线,该直线方程即为库仑定律,直线在纵坐标上的截距为黏聚力 c,与横坐标的夹角为内摩擦角 φ。

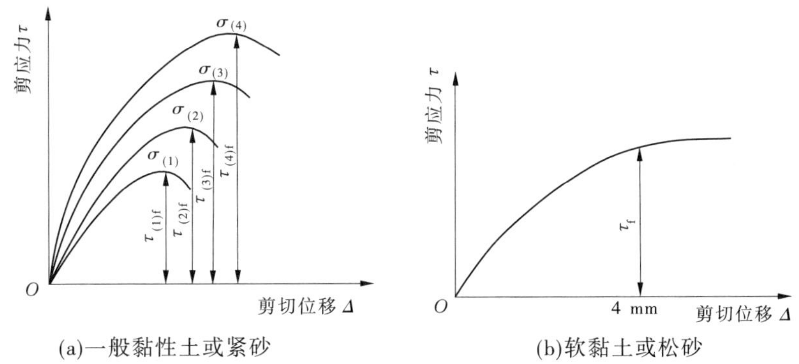

图 4-7　剪应力与剪切位移关系曲线

4.3.1.2　试验方法

工程实践表明,土的抗剪强度与土受力后的固结排水状况有关。对同一种土,即使施加同一法向应力,若剪切前试样的固结过程和剪切时试样的排水条件不同,其强度指标也不尽相同。

为了考虑实际工程中的不同固结程度和排水条件,采用不同加荷速率的试验方法来近似模拟土体在受剪时的不同排水条件,因此直接剪切试验分为快剪、固结快剪和慢剪三种试验方法。

1. 快剪

试验时在土样的上、下两面与透水石之间都用蜡纸或塑料薄膜隔开,竖向压力施加后立即施加水平剪力进行剪切,而且剪切的速度快,一般加荷到剪坏只用 3~5 min。可以认为,土样在短暂的时间内来不及排水,所以又称不排水剪试验。

2. 固结快剪

试验时,土样先在竖向压力作用下使其排水固结。待固结完毕后,再施加水平剪力,并快速将土样剪坏(3~5 min)。因此,土样在竖向压力作用下充分排水固结,而在施加剪力时不让其排水。

3. 慢剪

试验时在土样的上、下两面与透水石之间不放蜡纸或塑料薄膜。在整个试验过程中允许土样有充分的时间排水固结。

在实际工程中若施工速度快可采用快剪指标,若加荷速度慢,排水条件较好,则用慢剪。若介于二者之间,则选用固结快剪。

4.3.1.3 直接剪切试验的优缺点

1. 优点

直剪试验设备简单,试样的制备和安装方便,且操作容易掌握,至今仍为工程单位广泛应用。

2. 缺点

(1)剪切面限定在上、下盒之间的平面,而不是沿土样最薄弱的面剪切破坏。

(2)剪切面上剪应力分布不均匀,应力条件复杂。

(3)在剪切过程中,土样实际剪切面逐渐缩小,而在计算抗剪强度时仍按土样的原截面面积计算。

(4)试验时不能严格控制排水条件,不能量测孔隙水压力。

【例 4-3】 某工程地质勘察时,取原状土样进行直剪试验(快剪试验)。其中一组试验结果如下:4 个试样分别施加垂直压力为 100 kPa、200 kPa、300 kPa 和 400 kPa,测得破坏时相应的抗剪强度分别为 60 kPa、90 kPa、120 kPa 和 150 kPa。求:

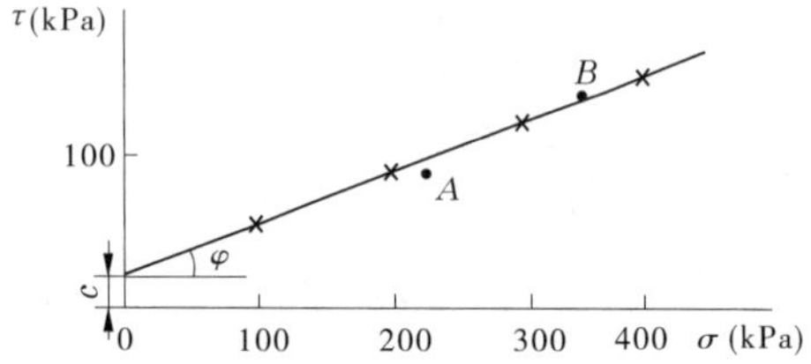

图 4-8 例 4-3 图

(1)试用作图法求该土样的抗剪强度指标 c、φ。

(2)若作用在此土中某点的法向应力为 220 kPa,剪应力为 90 kPa,该点是否会发生剪切破坏?

(3)如法向应力提高为 360 kPa,剪应力提高为 138 kPa,该点是否会发生破坏?

解 (1)以垂直压力 σ 为横坐标,以抗剪强度 τ 为纵坐标,按相同比例将 4 个试样点绘在坐标系上,以“×”表示,连接这 4 个点,即得试样的抗剪强度直线,如图 4-8 所示。从图中量得抗剪强度直线与纵轴的截距值即为土的黏聚力 $c = 30$ kPa,直线与横坐标的夹角即为内摩擦角 $\varphi = 16.7°$。

(2)将表示 $\sigma = 220$ kPa、$\tau = 90$ kPa 的 A 点,绘在同一坐标图上。由图可见,A 点位于

抗剪强度直线之下，故不会发生剪切破坏。

(3)同理，表示 $\sigma = 360$ kPa、$\tau = 138$ kPa 的 B 点，正好位于抗剪强度直线上，则土样处于极限平衡状态。

4.3.1.4 地基土试验方法的选择

土的抗剪强度指标随试验方法、排水条件的不同而有所差异。

在实际工程问题中，应尽可能根据现场条件选用试验方法，以获得合适的抗剪强度指标，详见表4-1。

表4-1 地基土试验方法的选择

试验方法	适用条件
不固结不排水试验或快剪试验	1. 地基为饱和状态的厚黏土层 2. 地基土的透水性小、排水条件不良、施工速度较快
固结排水试验或慢剪试验	1. 地基土为薄性黏土层、粉土层或砂土层 2. 地基土的透水性大、排水条件较佳、施工速度慢
固结不排水试验或固结快剪试验	1. 地基条件介于上述两种情况之间 2. 地基已经充分固结 3. 建筑物竣工后较久，荷载又突然增大 4. 一般地基的稳定验算

4.3.2 三轴剪切试验

三轴剪切试验也称三轴压缩试验，是测定土的抗剪强度的一种较为完善的试验方法，常用于重大工程与科学研究、重要建筑物的抗剪强度指标确定。

4.3.2.1 试验仪器及试验原理

三轴剪切试验使用的仪器为三轴剪切仪，其构造示意图如图4-9所示，其主要工作部分是放置试样的压力室，由金属顶盖、底座和透明有机玻璃筒组装起来的密闭容器；轴压系统用以对试样施加轴向压力；侧压系统通过液体(通常是水)对试样施加周围压力；孔隙水压力测试系统可以量测孔隙水压力及其在试验过程中的变化情况，还可以量测试样的排水量。试验时将圆柱体土样用橡皮膜包裹，固定在压力室内的底座上，必要时在试样两端安放滤纸和透水石，在试样周围通过液体施加压力 σ_3，此时试样在径向和轴向均受到同样的压力 σ_3 作用，因此试样不会受剪应力作用。再由轴向加压设备不断加大轴向力 $\Delta\sigma$ 使试样剪坏。此时，试样在径向受 σ_3 作用，在轴向受 $\sigma_3+\Delta\sigma=\sigma_1$ 作用。根据破坏时的 σ_3 和 σ_1 可绘出极限莫尔圆。同一种土取3~4个试样，在不同的 σ_3 作用下将试样剪坏，就可以得出几个不同的极限莫尔圆。这些极限莫尔圆的公切线即为库仑直线，如图4-10所示，在库仑直线上便可以确定抗剪强度指标 φ 和 c。

4.3.2.2 试验方法及类型

三轴剪切试验根据试样剪切前的固结程度和剪切过程中的排水条件不同，可分为不固结不排水剪试验(UU)、固结不排水剪试验(CU)和固结排水剪试验(CD)三种方法。

1. 不固结不排水剪试验(UU)

施加周围压力前,先关闭排水阀门,在不固结的情况下施加竖向压力进行剪切。试验过程自始至终关闭排水阀门,不允许土中水排出,使土样中存在孔隙水压力。即在施加周围压力和剪切过程中均不允许土样排水固结。得到的抗剪强度指标用 c_u 、φ_u 表示。

该试验指标适用于地基排水条件不好,加荷速度又快的地基稳定或土工构筑物稳定等情况的分析。

码 4-1　动画 12-三轴试验(不固结不排水)

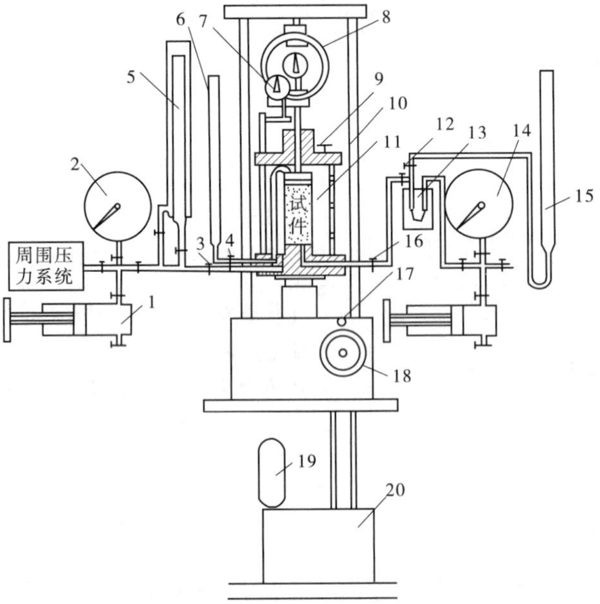

1—调压筒;2—周围压力表;3—周围压力阀;4—排水阀;5—体变管;6—排水管;7—变形量表;8—量力环;9—排水孔;10—轴向加压设备;11—压力室;12—量管阀;13—零位指示器;14—孔隙压力表;15—量管;16—孔隙压力阀;17—离合器;18—手轮;19—马达;20—变速箱

图 4-9　三轴剪切仪构造示意图

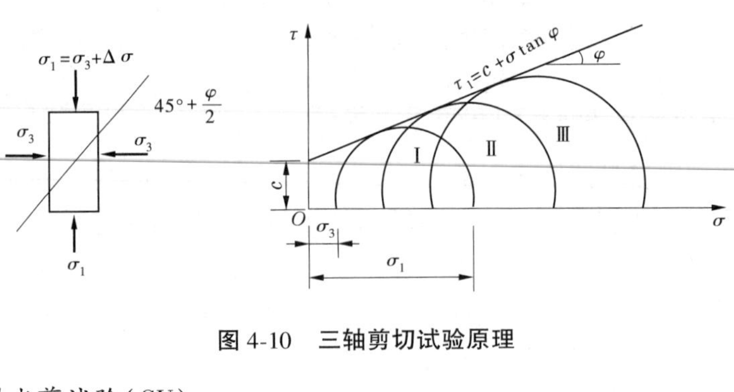

图 4-10　三轴剪切试验原理

2. 固结不排水剪试验(CU)

施加周围压力后,打开排水阀门,使土样中的水充分排出,待土样完全固结后关闭排水阀门。然后施加竖向压力 $\Delta\sigma$,使土样在不排水条件下剪切破坏。得到的抗剪强度指标用 c_{cu} 、φ_{cu} 表示。

固结不排水试验适用于一般正常固结土在工程竣工或在使用阶段受到大量的、快速的动荷载或新荷载的作用所对应的受力情况，如地震情况、路基正常使用情况等。

3. 固结排水剪试验(CD)

施加周围压力时允许土样排水固结，待固结稳定后，再缓慢施加竖向压力，使土样在剪切过程中充分排水，整个过程排水阀门始终打开。实质上是使土样中孔隙水压力完全消散，故施加的应力就是作用于土样上的有效应力。得到的抗剪强度指标用 c_d 、φ_d 表示。

码 4-2　动画 13-三轴试验(固结不排水)

固结排水剪试验适用于地基排水条件好、加荷速度慢的情况。

4.3.2.3　三轴剪切试验的优缺点

1. 优点

(1)能根据工程实际需要，严格控制试样排水条件，准确量测孔隙水压力的变化。

码 4-3　动画 14-三轴试验(固结排水)

(2)土样沿最薄弱的面产生剪切破坏，受力状态比较明确。

(3)试样中的应力分布比较均匀。

2. 缺点

(1)仪器设备复杂，试样制备较复杂，操作技术要求高。

(2)试验在轴对称条件下进行，与土体实际受力情况可能不符。

码 4-4　动画 15-三轴试验(数据处理)

练习题

一、判断题

1. 土的抗剪强度指标在室内通过直接剪切试验、三轴剪切试验、十字板剪切试验测定。(　　)

2. 三轴剪切试验可分为不固结不排水剪、固结不排水剪和固结排水剪三种试验方式。(　　)

3. 当施工速度很快、压缩土层很厚且排水条件不良时，可采用三轴剪切仪固结不排水剪试验得到抗剪强度指标。(　　)

4. 饱和厚黏土层上的建筑物，若施工速度很快，则应采用三轴剪切试验中的不固结不排水剪试验方法确定地基土的抗剪强度指标 c 、φ 值。(　　)

5. 三轴剪切仪比直接剪切仪的优点表现在能较为严格地控制排水条件，可以量测试件中孔隙水压力的变化等方面。(　　)

6. 在进行三轴剪切试验的固结不排水剪时，要求试样在整个试验过程中都不允许有水排出。(　　)

7. 与直接剪切仪相比，三轴剪切具有构造简单、操作方便的优点。(　　)

8. 无侧限抗压强度试验相当于周围压力 $\sigma_3 = 0$ 的三轴剪切试验。(　　)

9. 在同一土体中，由于抗剪强度指标相同，不论土层深度是否相同，抗剪强度均相同。(　　)

10. 直接剪切试验仪器构造简单，土样制备及操作方法便于掌握，目前应用广泛。(　　)

11. 直接剪切试验土样的固结和排水靠加荷快慢来控制的，实际无法严格控制排水或量测孔隙水应力。(　　)

12. 直接剪切试验过程中土样的受剪面逐渐减小，垂直荷载发生偏心，土样中剪应力分布不均匀。(　　)

13. 直接剪切试验中，通常采用应变控制式直剪仪，主要由剪力盒、量测系统、垂直和水平加载系统等部分组成。(　　)

14. 直剪试验目的是测定土的抗剪强度指标，试验方法分为快剪、固结快剪和慢剪三种。(　　)

15. 快剪试验主要用于分析地基排水条件不好，加载速度较快的建筑物地基。(　　)

16. 慢剪试验通常用于透水性较好、施工速度较慢的建筑物地基。(　　)

17. 直剪试验的剪切破坏面是沿土样最薄弱的面发生剪切破坏。(　　)

18. 砂土做直接剪切试验得到 100 kPa 的剪应力为 62.7 kPa，该土的内摩擦角为 32.1°。(　　)

19. 直接剪切仪只能进行黏土的剪切试验。(　　)

20. 快剪试验是在试样上施加垂直压力，待排水固结稳定后快速施加水平剪切力。(　　)

二、选择题

1. 由直剪试验得到的抗剪强度线在纵坐标上的截距、与水平线的夹角分别称为(　　)。

A. 黏聚力、内摩擦角　　B. 内摩擦角、黏聚力

C. 有效黏聚力、有效内摩擦角　　D. 有效内摩擦角、有效黏聚力

2. 固结排水条件下测得的抗剪强度指标适用于(　　)。

A. 慢速加荷排水条件良好地基　　B. 慢速加荷排水条件不良地基

C. 快速加荷排水条件良好地基　　D. 快速加荷排水条件不良地基

3. 内摩擦角为 10° 的土样，发生剪切破坏时，破坏面与最大主应力方向的夹角为(　　)。

A. 40°　　B. 50°　　C. 80°　　D. 100°

4. 根据三轴剪切试验结果绘制的抗剪强度包线为(　　)。

A. 一个莫尔应力圆的切线　　B. 一组莫尔应力圆的公切线

C. 一组莫尔应力圆的顶点连线　　D. 不同压力下的抗剪强度连线

5. 现场测定土的抗剪强度指标采用的试验方法是(　　)。

A. 三轴剪切试验　B. 直接剪切试验　C. 平板载荷试验　D. 十字板剪切试验

6. 直剪试验土样的破坏面在上、下剪切盒之间，三轴试验土样的破坏面在(　　)位置上。

A. 与试样顶面成 45°角　　B. 与试样顶面成 $45° + \frac{\varphi}{2}$ 角

C. 与试样顶面成 $45° - \frac{\varphi}{2}$ 角　　D. 与试样底面成 45°角

7. 若施工速度较快，且地基土的透水性差、排水不良，计算抗剪强度时应采用的三轴剪

切试验方法是(　　)。

A. 不固结不排水剪试验　　B. 固结不排水剪试验

C. 固结排水剪试验　　D. 不固结排水剪试验

8. 关于直剪试验说法不正确的是(　　)。

A. 直剪试验可分为快剪、固结快剪和慢剪

B. 直剪试验的剪切破坏面是人为限定的平面

C. 快剪主要用于分析地基排水条件不好、施工速度快的情况

D. 直剪试验较为复杂,不容易掌握,不能得到土的黏聚力

9. 三轴剪切试验的主要优点之一是(　　)。

A. 能严格控制排水条件　　B. 不能控制排水条件

C. 仪器设备简单　　D. 试验操作简单

4.4 土坡稳定分析

4.4.1 滑坡产生的原因

4.4.1.1 土坡的类型

在工程建设中常会遇到土坡稳定性问题。具有倾斜表面的土体称为土坡,土坡包括天然土坡和人工土坡,天然土坡是指自然形成的山坡和江河湖海的岸坡,人工土坡则是指人工开挖基坑、基槽、路堑或填筑路基、土坝形成的边坡。边坡一部分土体在外因作用下,相对于另一部分土体滑动,称为滑坡,如图 4-11 所示,土体 *ABCDE* 沿着土中一滑动面 *AED* 向下滑动而破坏。

土坡的外形和各部位名称见图 4-12。

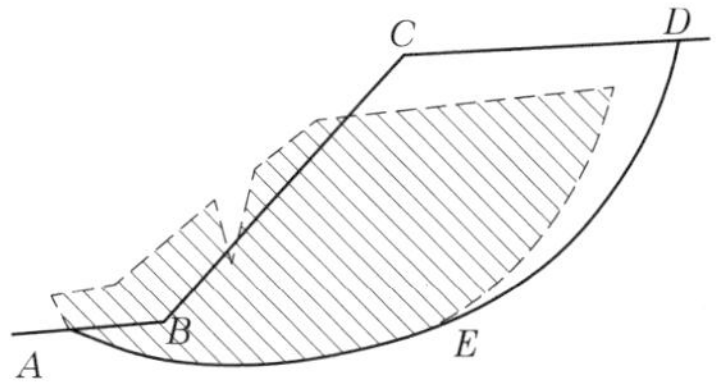

图 4-11　土坡滑动破坏

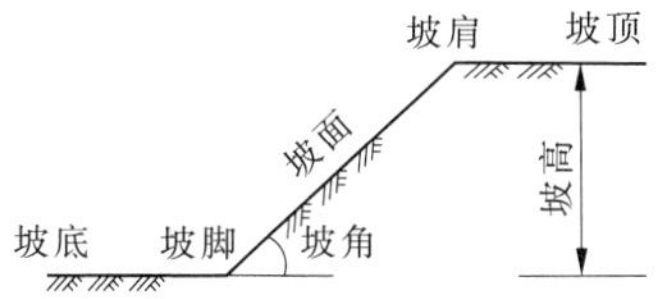

图 4-12　土坡的断面形状

4.4.1.2 滑坡产生的条件

土坡由于其表面倾斜,在自重或外荷载作用下,存在着向下移动的趋势。一旦由于设计、施工或管理不当,或者由于不可预估的外来因素,如地震、暴雨等,都可能造成土坡中的一部分土体相对于另一部分土体产生向下滑动,如图 4-11 所示。产生滑坡的根本原因是滑动面上的剪应力超过了该面上的抗剪强度,稳定平衡遭到了破坏。发生滑坡事故会带来巨大的财产损失,甚至危害人类生命。为了保证土坡能够安全、可靠地运用,必须对土坡稳定进行分析,设计一个既安全可靠又经济合理的土坡断面。

一般土坡的长度远大于其宽度,故对土坡进行稳定性分析时,常沿长度方向取单位长度

按平面问题计算。不同类别的土坡,其滑动形式和分析方法都不同,本节主要介绍无黏性土坡稳定性分析方法,黏性土坡的整体稳定性分析方法比较复杂,而且有多种方法,比如瑞典圆弧法、泰勒图表法、条分法等,具体可参考相关资料。

4.4.2 无黏性土坡的稳定性分析

无黏性土(如砂、卵、砾石以及风化砾石等)形成的土坡,产生滑坡时,其滑动面近似于平面,常用直线滑动法分析土坡稳定性。

如图 4-13 所示的简单土坡,已知坡高为 h,坡角为 β,土的重度为 γ,若假定滑动面是通过坡脚的平面 AB,AB 的倾角为 α,则可计算土体 ABC 沿 AB 面上的稳定安全系数值。

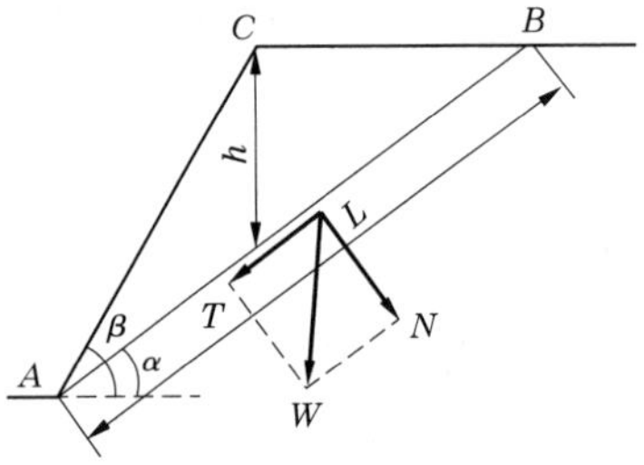

图 4-13 无黏性土土坡平面受力分析

沿土坡长度方向截取单位长度土坡,作为平面应变问题分析。已知土体 ABC 的重力为

$$W = \gamma \times V_{\triangle ABC}$$

W 在滑动面 AB 上的平均法向分力和最大抗滑力分别为

$$N = W\cos\alpha$$

$$T_f = N\tan\varphi = W\cos\alpha \tan\varphi$$

W 在滑动面 AB 上的平均下滑力为

$$T = W\sin\alpha$$

无黏性土土坡的稳定安全系数定义为最大抗滑力与平均下滑力之比,即:

$$F_s = \frac{T_f}{T} = \frac{W\cos\alpha\tan\varphi}{W\sin\alpha} = \frac{\tan\varphi}{\tan\alpha} \tag{4-12}$$

由此可见,对于均质无黏性土土坡,理论上只要坡脚小于土的内摩擦角,土坡就是稳定的。F_s 等于 1,土体处于极限平衡状态,此时土坡的坡脚就等于无黏性土的内摩擦角,也称为休止角。

4.4.3 有渗流作用时的土坡稳定性分析

4.4.3.1 渗流方向与坡面不平行

水库蓄水或库水位突然下降,都会使坝体砂壳受到一定的渗透力作用,对坝体稳定性带来不利影响。此时,在坡面上渗流逸出处以下取一单元体,如图 4-14 所示。它除本身重量外,还受到渗透力作用,渗透力与水平面夹角为 θ。因渗流方向与坡面成一定的夹角,渗透力也与坡面成一定夹角。

此时,无黏性土坡的稳定安全系数为

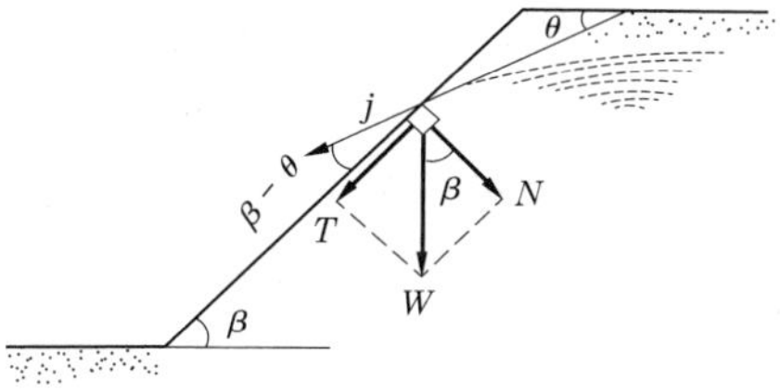

图 4-14　有渗流时的无黏性土土坡

$$F_s=\frac{最大抗滑力}{平均滑动力}=\frac{[V\gamma'\cos\beta-i\gamma_w V\sin(\beta-\theta)]\tan\varphi}{V\gamma'\sin\beta+i\gamma_w V\cos(\beta-\theta)}$$

简化得：

$$F_s=\frac{[\gamma'\cos\beta-i\gamma_w\sin(\beta-\theta)]\tan\varphi}{\gamma'\sin\beta+i\gamma_w\cos(\beta-\theta)} \tag{4-13}$$

4.4.3.2　渗流方向与坡面平行

由图 4-14 可知，当渗流方向与坡面平行时，$\theta=\beta$，由式(4-13)可得土坡的稳定安全系数为

$$F_s=\frac{\gamma'\cos\beta\tan\varphi}{\gamma'\sin\beta+\gamma_w\sin\beta}=\frac{\gamma'\tan\varphi}{\gamma_{sat}\tan\beta} \tag{4-14}$$

式(4-14)和无渗流作用的式(4-12)相比，在有渗流作用的情况下，无黏性土坡的稳定性比无渗流情况的稳定性要差，其安全系数降低约 50%。

【例 4-4】　有一均质的无黏性土坡，其饱和重度 $\gamma_{sat}=20\ kN/m^3$，内摩擦角 $\varphi=34°$，试问当安全系数要求达到 1.20 时，在一般情况下和有平行于坡面渗流的情况下的土坡坡角应为多少？

解　(1)一般情况下。

由式(4-12)可得：$\tan\beta=\frac{\tan\varphi}{F_s}=\frac{\tan 34°}{1.2}=0.562$，$\beta=\arctan 0.562=29.3°$。

(2)有平行于坡面渗流的情况下。

由式(4-14)可得：$\tan\beta=\frac{\gamma'\tan\varphi}{\gamma_{sat}F_s}=\frac{(20-10)\times\tan 34°}{20\times 1.2}=0.281$，$\beta=\arctan 0.281=15.7°$。

从计算结果可知，有顺坡渗流时的坡角几乎比一般情况小一半。

4.4.4　滑坡防治

码 4-5　典型案例 11-香港宝城山体滑坡

4.4.4.1　滑坡危害

滑坡是山区、丘陵地区的常见现象，它与地震、崩塌、泥石流一样，是一种危害很大的不良地质现象。我国有超过 70%的地区地质地理条件十分复杂，滑坡分布尤为广泛，是世界上受滑坡危害比较严重的国家之一，滑坡滑动的土体可大可小，小的百十立方米，大的几十万甚至几百万立方米。大规模的滑坡会掩埋村镇、摧毁工矿、中断交通运输、堵塞江河、破坏农田和森林，给国家建设和人民的生命财产造成巨大损失，有的甚至是毁灭性的灾难。

例如，加拿大的 Frank 滑坡，是加拿大迄今最具灾难性的滑坡，属于高速远程的石灰岩质崩滑—碎屑流，覆盖面积达 300 万 m^2，至少 76 人被活埋，整个镇上四分之三的房屋被摧毁，超过一英里长的加拿大太平洋铁路被损坏，一条大河变成了一块小湖泊，这次的滑坡几乎摧毁了整个弗兰克镇，是北美历史上最大的山崩。

码 4-6　典型案例 12-日本神奈川的降雨滑坡试验

4.4.4.2　滑坡的防治原则

滑坡防治是一个系统工程。它包括预防滑坡发生和治理已经发生的滑坡两大领域。“预防”是针对尚未产生严重变形与破坏的斜坡，或者是针对有可能发生滑坡的斜坡；“治理”是针对已经产生严重变形与破坏、有可能发生滑坡的斜坡，或者是针对已经发生滑坡的斜坡。也就是说，一方面要加强地质环境的保护与治理，预防滑坡的发生；另一方面要加强前期地质勘察和研究，妥善治理已经发生的滑坡，使其不再发生。要保证做到“防中有治，治中有防”。

同时，滑坡防治应采取工程措施、生物措施及宣传教育措施、政策法规措施等多种措施综合防治，才能取得最佳防治效果。因此，滑坡防治应坚持“及早发现，预防为主；查明情况，综合治理；力求根治，不留后患”的原则。

4.4.4.3　滑坡的防治措施

根据滑坡防治原则，结合边坡失稳的因素和滑坡形成的内外部条件，治理滑坡的一般工程措施主要有以下三个方面。

1. 消除或削弱使斜坡稳定性降低的因素

在斜坡稳定性降低的地段，消除或削弱使斜坡稳定性降低的主导因素可采取的措施可分为以下两类：

（1）改变斜坡形态的措施：为了使斜坡不受地表水流冲刷，防止海、湖、水库波浪的冲蚀和磨蚀，可修筑导流堤（顺坝或丁坝）、水下防波堤，也可在斜坡坡脚砌石护坡，或采用预制混凝土沉排等。

（2）使斜坡岩土体强度降低的措施：

①防止风化。为了防止软弱岩石风化，可在人工边坡形成后，用灰浆护面，或者在坡面上砌筑一层浆砌片石，并在坡脚设置排水设施，排除坡体内的积水。对于膨胀性较强的黏土斜坡，可在斜坡上种植草皮，使坡面经常保持一定的湿度，防治土坡开裂，减少地表水下渗，避免土体性质恶化、强度降低而发生滑坡。

②消除和减轻地表水和地下水的危害。滑坡的发生与水的作用有密切关系，是引起滑坡的主要因素，因此消除和减轻水对边坡的危害尤其重要，其目的是降低孔隙水压力和动水压力，防止岩土体的软化及溶蚀分解，消除或减小水的冲刷。

2. 改善边坡岩土体的力学强度

通过一定的工程技术措施，改善边坡岩土体的力学强度，提高其抗滑力，减小滑动力。常用的措施有：

（1）削坡减载。

用降低坡高或放缓坡角来改善边坡的稳定性。削坡设计应尽量削减不稳定岩土体的高度，阻滑岩土体不应削减。此法并不总是最经济、最有效的措施，在施工前要作经济技术比较。

(2)人工加固边坡。

常用的方法有:①修筑挡土墙、护墙等支挡不稳定岩体;②钢筋混凝土抗滑桩或钢筋桩作为阻滑支撑工程;③预应力锚杆或锚索,适用于加固有裂隙或软弱结构面的岩质边坡;④固结灌浆或电化学加固法加强边坡岩体或土体的强度;⑤SNS边坡柔性防护技术等。

3. 直接降低滑动力和提高抗滑力

这类措施主要针对有明显蠕动因而即将失稳滑动的坡体,以求迅速改善斜坡稳定条件,提高其稳定性。

(1)清除或削坡减荷与压脚。

斜坡上的危岩或局部不稳定块体,一般可清除。清除困难时,可支撑加固以防止其坠落,以免影响坡体稳定和建筑物安全。

(2)改变滑坡体外形,设置抗滑建筑物。

①削坡减重:用于治理处于"头重脚轻"状态而在前方又没有可靠的抗滑地段的滑体,使滑体外形改善、重心降低,从而提高滑体稳定性。

②修筑支挡工程:失去支撑而滑动的滑坡或滑坡床较陡,滑动可能较快的滑坡,采用修筑支挡工程(抗滑片石垛、抗滑桩、抗滑挡墙)的办法,可增加滑坡的重力平衡条件,使滑体迅速恢复稳定。

练习题

一、判断题

1. 当边坡中有渗透力时,若渗透力的方向与可能产生的滑动方向一致,可能会使边坡处于不安全状态。(　　)

2. 中断交通运输、破坏矿山开采、危害工厂安全生产、破坏水利水电建设等属于滑坡的危害。(　　)

3. 滑坡防治原则:及早发现,预防为主;查明情况,综合治理;力求根治,不留后患。(　　)

二、选择题

1. 干燥的非黏性土坡在浸透水后,其稳定安全系数大约会降低(　　)。

A. 3/4　　B. 2/3　　C. 1/2　　D. 1/3

2. 若某砂土坡坡角为20°,土的内摩擦角为30°,该土坡的稳定安全系数为(　　)。

A. 1.59　　B. 1.50　　C. 1.20　　D. 1.48

3. 分析均质无黏性土坡稳定时,稳定安全系数 F_s 为(　　)。

A. F_s =抗滑力/滑动力　　B. F_s =滑动力/抗滑力

C. F_s =抗滑力矩/滑动力矩　　D. F_s =滑动力矩/抗滑力矩

4. 分析黏性土坡稳定时,假定滑动面为(　　)。

A. 斜平面　　B. 水平面　　C. 圆弧面　　D. 曲面

5. 影响无黏性土坡稳定性的主要因素为(　　)。

A. 土坡高度　　B. 土坡坡角　　C. 土的重度　　D. 土的黏聚力

6. 下列因素中,导致土坡失稳的因素是(　　)。

A. 坡脚挖方　　B. 动水压力减小

C. 土的含水率降低　　D. 土体抗剪强度提高

7. 当水由坡内向外渗透时，渗透力的存在，使土坡稳定安全度(　　)。

A. 提高　　B. 无影响　　C. 降低　　D. 可能提高也可能降低

小　结

一、土的抗剪强度

(1) 土的抗剪强度是指土体抵抗破坏的极限能力，其数值等于发生剪切破坏时滑动面上的剪应力。

(2) 库仑定律描述了抗剪强度与法向应力的关系，抗剪强度包线为一条直线。

(3) 黏性土的抗剪强度来源于土的黏聚力和内摩擦力。

二、土的极限平衡条件

(1) 当土中的任意点在某一平面上的剪应力达到土的抗剪强度时，称该点处于极限平衡状态，也是莫尔应力圆与抗剪强度包线相切时的应力状态。极限平衡状态(莫尔—库仑强度理论)是目前判别土体所处状态的最常用或最基本的准则。

(2) 土的极限平衡条件：

$$\sigma_{1f} = \sigma_3 \tan^2(45° + \frac{\varphi}{2}) + 2c\tan(45° + \frac{\varphi}{2})$$

或

$$\sigma_{3f} = \sigma_1 \tan^2(45° - \frac{\varphi}{2}) - 2c\tan(45° - \frac{\varphi}{2})$$

(3) 破裂面位置与大主应力作用面的夹角为：$\alpha_f = 45° + \frac{\varphi}{2}$。

三、土的抗剪强度指标及其测定

(1) 抗剪强度指标是指黏聚力 c 和土的内摩擦角 φ。

(2) 直接剪切试验分为快剪、固结快剪、慢剪。

(3) 三轴剪切试验分为不固结不排水剪、固结不排水剪、固结排水剪。

四、土坡稳定分析

(1) 无黏性土坡稳定安全系数 F_s 的确定，$F_s = \frac{\tan\varphi}{\tan\alpha}$。

(2) 砂性土坡的坡角不可能超过内摩擦角，砂性土坡所能形成的最大坡角就是砂土的内摩擦角。

(3) 渗流与坡面不平行的无黏性土坡的稳定安全系数为

$$F_s = \frac{[\gamma'\cos\beta - i\gamma_w \sin(\beta - \theta)]\tan\varphi}{\gamma'\sin\beta + i\gamma_w \cos(\beta - \theta)}$$

(4) 当渗流与坡面平行时，无黏性土坡的稳定安全系数为

$$F_s = \frac{\gamma'\tan\varphi}{\gamma_{sat}\tan\beta}$$

思考练习题

1. 什么是土的抗剪强度？

2. 黏性土和非黏性土的库仑定律表达式有何区别？

3. 土的抗剪强度指标有哪些？

4. 什么是土的抗剪强度直线？土的抗剪强度指标与抗剪强度直线之间的关系是什么？

5. 土的极限平衡表达式有几种？

6. 莫尔应力圆的圆心坐标是什么？半径是多少？

7. 莫尔应力圆与抗剪强度包线的三种位置关系分别是什么？三种关系分别代表土的哪种状态？

8. 土的抗剪强度指标如何测定？

9. 如何判定土坡是否处于稳定状态？

10. 某土样进行三轴剪切试验，剪切破坏时，测得 $\sigma_1 = 600\ \text{kPa}$，$\sigma_3 = 100\ \text{kPa}$，剪切破坏面与水平面夹角为 $60°$。求：

(1) 土的黏聚力 c 和土的内摩擦角 φ。

(2) 计算剪切面上的正应力和剪应力。

11. 一组砂土的直剪试验，$\sigma = 250\ \text{kPa}$，$\tau_f = 100\ \text{kPa}$，求土样剪切面处最大、最小主应力。

12. 某土样的抗剪强度指标为 $\varphi = 26°$，$c = 20\ \text{kPa}$，其中某一点的 $\sigma_1 = 450\ \text{kPa}$，$\sigma_3 = 150\ \text{kPa}$，试判断该土样是否达到极限平衡状态？

13. 已知某土的抗剪强度指标为 $\varphi = 25°$，$c = 15\ \text{kPa}$，若 $\sigma_3 = 100\ \text{kPa}$。求：

(1) 达到极限平衡状态时的大主应力 σ_1。

(2) 极限平衡面与大主应力面的夹角。

(3) 当 $\sigma_1 = 300\ \text{kPa}$，试判断该点所处的应力状态。

项目 5 挡土墙与土压力

【知识要点】

挡土墙的定义;挡土墙的构造;挡土墙的类型;土压力的定义;土压力的分类;静止土压力计算;朗肯主动土压力计算;朗肯被动土压力计算;库仑主动土压力计算;库仑被动土压力计算。

【技能要求】

掌握挡土墙的结构构造,能够认识不同类型挡土墙。

掌握土压力的定义,土压力的分类。

能够计算挡土墙静止土压力。

掌握朗肯理论的假设条件及适用范围,能够进行朗肯主动土压力和被动土压力的计算。

掌握库仑理论的假设条件及适用范围,了解库仑主动土压力和被动土压力的计算。

【思政导引】

挡土墙的发展历史

在古人反复的实践中,人们总结出了关于挡土墙的丰富经验并世代相传,从中国的古长城、古代观星台、古栈道的两侧、古墓及古墓周边的古驿道,均可以看到古人修筑挡土墙的痕迹。在近代,挡土墙更是被广泛应用于各种土木及建筑工程中,特别是公路、铁道的路基工程,市政园林工程,建筑工程,水利水电工程,水土保持工程。挡土墙可以说是随着现代工业、交通、建筑、市政、矿山、水利、环保工程发展而迅速发展起来的。

重力式挡土墙是最古老的一种结构形式,因其料源丰富、形式简单、取材方便、施工简便,所以仍然是目前应用最广泛的结构形式。为了适应多变的地形条件和地基承载力要求,在重力式挡土墙的基础上,发展形成了衡重式与半重力式挡土墙。

悬臂式与扶壁式挡土墙在国外应用非常广泛,但在我国尚未普及,不过随着高等级公路向中西部地区的推进,其应用将越来越多。

加筋土式挡土墙利用了加筋土技术,20 世纪 60 年代法国工程师亨利 · 维达尔在实验中发现,当土中掺有纤维材料时,其强度可以提高到原挡土墙强度的好几倍。他还根据三轴试验的结果提出了加筋土的概念,并发表了计算分析方法的研究成果,为现代加筋土技术开辟了广阔的应用前景,被认为是加筋土技术的创始人。1965 年法国于比利牛斯山的普拉聂耳斯修建了世界上第一座加筋土挡土墙,获得成功后,加筋土式挡土墙很快在欧洲范围内得到了普及,随后日本、美国、加拿大等国家相继应用。我国的加筋土技术研究和应用开始于 20 世纪 70 年代的中期,1978 年在云南田坝贮煤场修建了我国第一座试验性加筋土挡土墙,1980 年在山西晋城陵川公路上修建了第一座公路加筋土挡土墙。加筋土挡土墙已在公路、铁路、水利、建筑和煤矿等部门得到应用,特别是公路部门应用最为广泛。

锚杆技术应用于土木工程已有 100 多年的历史。早在 1890 年北威尔士的煤矿加固工程最先出现钢筋加固岩层,美国于1912年在阿伯施来辛德煤矿使用锚杆支护顶板。20世纪四五十年代,德国、美国、法国等国家就开始利用锚杆加固建筑物边坡、隧道及其洞口边坡等。20世纪50年代我国开始引进锚杆技术,最初在煤炭系统中使用。20世纪60年代以后,锚杆技术迅猛发展并广泛应用于土木工程的许多领域。作为轻型的支挡结构,锚杆式挡土墙现已逐渐取代笨重的重力式挡土墙,并广泛应用于公路、铁路、水利和煤矿等支挡工程中。

锚定板挡土墙是我国铁路部门首创的,它发展于20世纪70年代的初期,1974年首次在太焦铁路上使用,目前在铁路部门应用比较广泛,公路、铁路、水利、煤矿等部门在立交桥台、边坡支撑、坡脚防护等多种工程中亦有应用。

从20世纪70年代开始,法国、美国及原德意志联邦共和国各自独立开发了用于土体开挖和边坡稳定的一种新技术称为土钉支护,并迅速在法、德两国获得推广。特别是20世纪70年代及其稍后的时间内,先后在德国法兰克福和纽伦堡地铁的土体开挖工程中应用获得成功,这一成功对土钉墙的技术出现产生了积极的影响。1972年法国首先在凡尔塞附近的一处铁路路堑的边坡开挖工程中应用了土钉墙。原德意志联邦共和国在1979年首先在斯图加特建造了第一个永久性土钉工程(高14 m),仅次于法国。原德意志联邦共和国还进行了长达10年的工程观测,获得了许多有价值的数据。至1992年德国已建成500个土钉墙工程。美国最早应用土钉墙在1974年,其中一项有名的土钉墙工程是宾夕法尼亚州匹兹堡的PPG工业公司总部的深基开挖:由于与其紧挨的是既有建筑物,所以开挖时对土体用了注浆处理,并对土钉区内已有的建筑物用微型桩作了托换。我国在1980年首次将土钉技术应用于山西柳湾煤矿的边坡稳定。近年来,一些高等学校、科研院和设计院等部门在土钉墙的研究及开发应用方面也做了不少工作。

近年来,在传统挡土墙结构形式的基础上,还研究开发了新结构形式,如倒Y形挡土墙和U形挡土墙。倒Y形挡土墙是日本神户大学田中博士发明的,首先把混凝土预制成1~4 m不同尺寸的砌块,再将预制砌块组合铺筑在碎石基础上,回填碎石构成挡土墙。倒Y形挡土墙在力学上具有抗滑动、抗倾覆性能的特点,另外还具有排水性好,防止地下水侵蚀的优点。

U形挡土墙在结构上类似于悬臂式挡土墙,它把侧壁与底板连成整体,构成似字母“U”的形状。在挖方地段需要将路面铺筑在地下水位以下时,可以采用U形挡土墙。设计时,与传统挡土墙不同之处在于应考虑水压力的影响,同时必须进行上浮稳定性分析。U形挡土墙底板比传统挡土墙宽,可看成弹性地基梁。当地下水位较高时,为保证上浮稳定性也可加厚底板或横向悬出。

在研究开发新结构的同时,开发新材料、新工艺也是挡土墙发展的新趋势。伴随着聚合物的广泛应用,泡沫聚苯乙烯和泡沫砂浆等轻质填料也已开始应用。挪威于1972年就已开始使用,日本也用它来处治滑坡等工程。另外,也可通过添加水泥或石灰等稳定剂来改善土的性质,以降低含水量,从而提高填料的强度和稳定性。一般来说,改善后的填料性质普遍得到了提高,对减小墙后的土压力十分明显。

近年来,随着社会经济的迅猛发展和人民生活水平的不断提高及对环境保护意识的日益加强,人们越来越重视挡土墙的艺术美化,将大面积的挡土墙设计的更加具备生态效益、景观效益和文化艺术效益。目前人们对挡土墙进行设计的常见方法有以下三种类型。

(1)生态性挡土墙。

这种类型的挡土墙是用活的植物或植物与土木工程相结合，以减轻坡面的不稳定性和侵蚀，途径及手段是利用植被进行坡面保护和侵蚀控制。近年来，在我国南方及东南沿海的一些地区，也开始兴建这种环保挡土墙。

(2)景观性挡土墙。

在现代园林设计中，挡土墙及护坡的设计强调立面，注重设计手法的创新，将种植设计与其融为一体，充分发挥造景与生态的协调。

(3)文化艺术性挡土墙。

这种类型的挡土墙是在满足了挡土墙功能的前提下，对挡墙进行艺术形象的塑造，满足观赏者的视觉享受，提升了该挡土墙的艺术性。

挡土墙工程应尽可能做到与自然环境协调，在设计与施工中也应采取墙面的质感、色彩，改变造型单调的墙面构造或类型设计，做到统一中寓有变化，防止产生视觉疲劳；利用泄水管或预制墙体的合理搭配，变墙面的平面构成为立体构成，增强墙体的空间感；利用植物工程使墙体掩映在绿色植被中，融合于自然山林的景观之内等。总之应采取有效的环保措施，提高挡土墙环境质量。

5.1　概　述

码 5-1　典型案例 13-“挡土墙”频成“夺命墙”

5.1.1　挡土墙的定义、构造和类型

5.1.1.1　挡土墙的定义和构造

在土木、水利、交通等工程中，经常会遇到修建挡土结构物的问题，它是用来支撑天然或人工斜坡不致坍塌，保持土体稳定性的一种建筑物，俗称挡土墙，其构造如图 5-1 所示。挡土墙常用砖石、混凝土、钢筋混凝土等建成。

码 5-2　典型案例 14-挡土墙坍塌案例

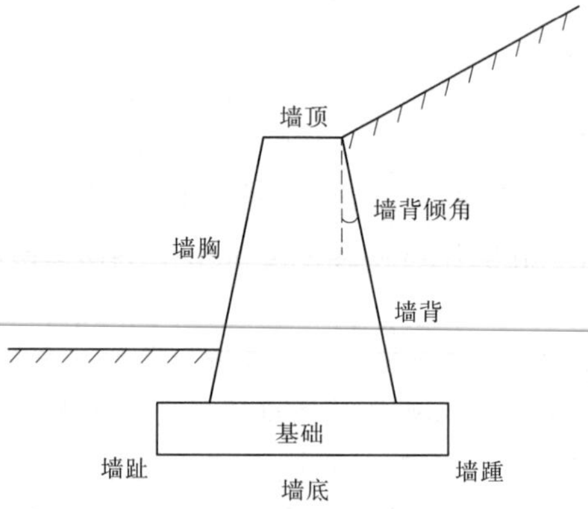

图 5-1　挡土墙构造图

码 5-3　工程图片 2-挡土墙赏析

5.1.1.2　挡土墙的类型

挡土墙按结构类型可分为以下 6 类：

1. 重力式挡土墙

重力式挡土墙是以自重来维持挡土墙在土压力作用下的稳定，多用

砖、石或混凝土材料建成，一般不配钢筋或只在局部范围内配以少量钢筋，如图5-2所示。重力式挡土墙结构简单，施工方便，取材容易，在土建工程中应用极为广泛。

重力式挡土墙适用于高度小于6 m、地层稳定、开挖土石方时不会危及相邻建筑物安全的地段。

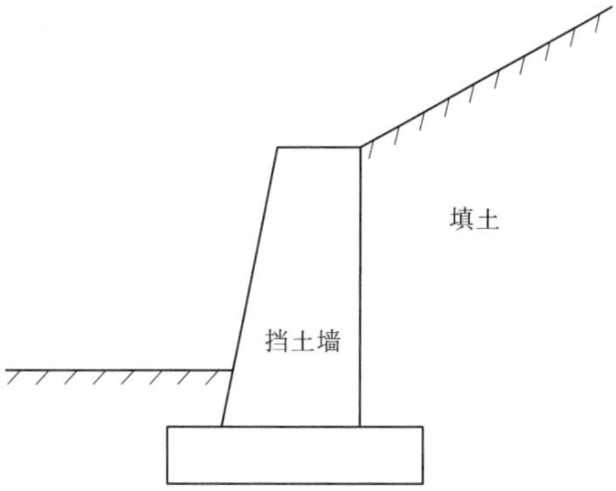

图5-2　重力式挡土墙

2. 悬臂式挡土墙

悬臂式挡土墙一般用钢筋混凝土建造，它由三个悬臂板组成，即立臂、墙趾悬臂和墙踵悬臂，如图5-3所示。墙的稳定主要靠墙踵悬臂以上的土重维持，墙体内的拉应力由钢筋承担。这类挡土墙的优点是能充分利用钢筋混凝土的受力特点，墙体截面较小。在市政工程和厂矿贮库中广泛应用这种挡土墙。

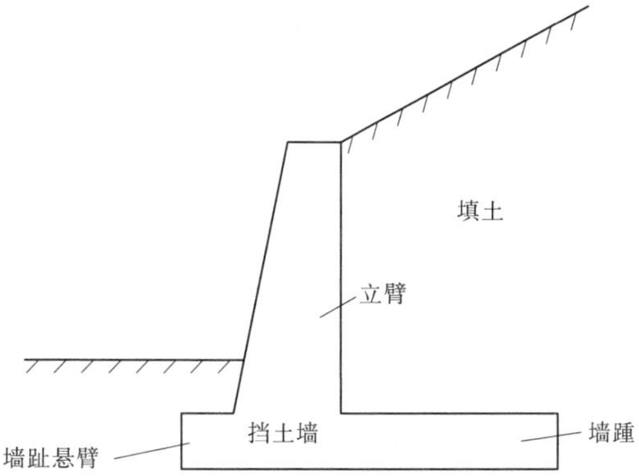

图5-3　悬臂式挡土墙

3. 扶臂式挡土墙

当墙较高时，悬臂式挡土墙的立臂在推力作用下产生的弯矩与挠度较大，为了增加立臂的抗弯性和减少钢筋用量，常沿墙的纵向每隔一定距离设一道扶臂，扶臂间距一般为(1/3~1/2)H(H为墙高)，如图5-4所示，这种挡土墙称为扶臂式挡土墙。墙体稳定主要靠扶臂间的土重维持。

4. 锚杆式挡土墙及锚定板挡土墙

锚杆式挡土墙(见图5-5)与锚定板挡土墙均属于锚拉式挡土结构，为轻型挡土墙，常用于铁路路基、护坡、桥台及基坑开挖支挡邻近建筑等工程。

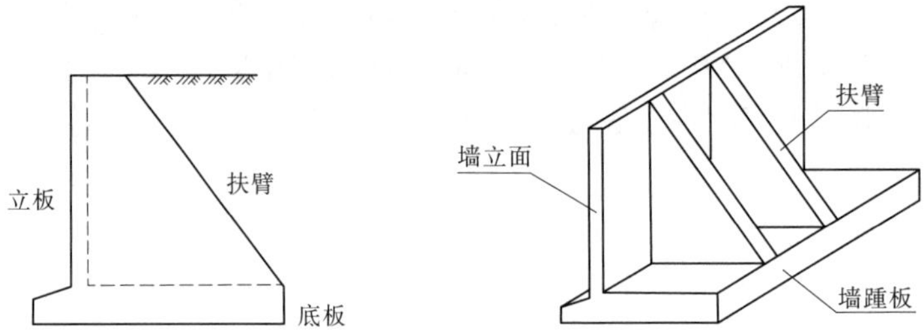

图 5-4 扶臂式挡土墙

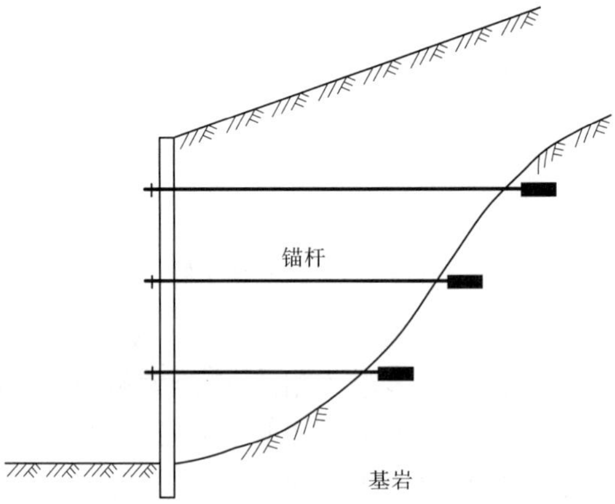

图 5-5 锚杆式挡土墙

5. 加筋土挡土墙

加筋土挡土墙是由填土、拉带和镶面砌块组成的加筋条承受土体侧压力的挡土墙，如图5-6所示。

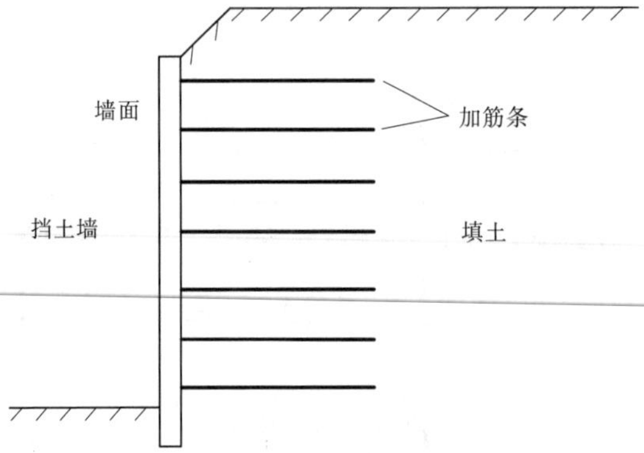

图 5-6 加筋土挡土墙

加筋土挡土墙在土中加入拉筋，利用拉筋与土之间的摩擦作用，改善土体的变形条件和提高土体的工程特性，从而达到稳定土体的目的。加筋土挡土墙由填料、在填料中布置的拉筋以及墙面板三部分组成。一般应用于地形较为平坦且宽敞的填方路段上，在挖方路段或地形陡峭的山坡，由于不利于布置拉筋，一般不宜使用。

加筋土是柔性结构物，能够适应地基轻微的变形，填土引起的地基变形对加筋土挡土墙的稳定性影响比对其他结构物小，地基的处理也较简便。它是一种很好的抗震结构物，节约占地，造型美观，造价比较低，具有良好的经济效益。

6. 桩板式挡土墙

桩板式挡土墙是钢筋混凝土结构，由桩及桩间土的挡土板两部分组成，利用桩埋深部分的锚固作用和被动土压力维护挡土墙的稳定，如图 5-7 所示。桩板式挡土墙适宜于土压力大，墙高超过一般挡土墙限制的情况，地基强度的不足可由桩的埋深得到补偿。桩板式挡土墙可作为路堑、路肩和路堤挡土墙使用，也可用于治理中小型滑坡，多用于地表土及强风化层较薄的均匀岩石地基上。

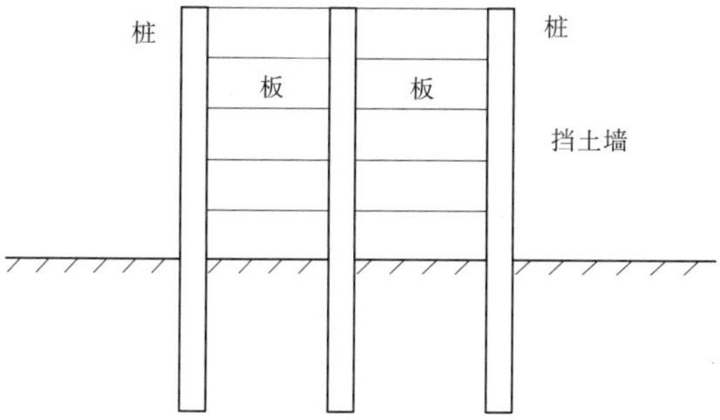

图 5-7　桩板式挡土墙

码 5-4　典型案例 15-拉森钢板桩

5.1.2　土压力的定义和分类

挡土墙承受墙后填土自重或作用在填土表面上的荷载对墙背所产生的侧向压力，称为土压力。土压力是设计挡土墙结构物断面及验算其稳定性的主要外荷载。

土压力的计算是个比较复杂的问题，影响因素很多。土压力的大小和分布，除与土的性质有关外，还和墙体的位移方向、位移量、土体与结构物间的相互作用以及挡土墙的结构类型有关。在影响土压力的诸多因素中，墙体位移条件是最主要的因素。墙体位移的方向和位移量决定着所产生的土压力的性质和大小，因此根据挡土墙的位移方向、大小及墙后填土所处的应力状态，将土压力分为静止土压力、主动土压力、被动土压力三种，如图 5-8 所示。

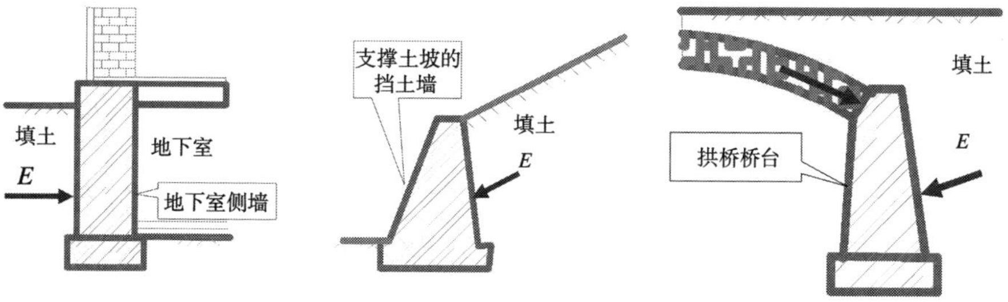

(a)静止土压力　(b)主动图压力　(c)被动土压力

图 5-8　挡土墙的三种土压力

5.1.2.1 **静止土压力**

如图 5-8(a)所示，当挡土墙在墙后填土的推力作用下，不产生任何移动或转动时，墙后土体没有破坏，而处于弹性平衡状态，作用于墙背上的土压力称为静止土压力，用 E_0 表示。如地下室外墙，由于楼面支撑作用，几乎无位移发生，作用在外墙面上的土压力即为静止土压力。

5.1.2.2 **主动土压力**

如图 5-8(b)所示，当挡土墙在土压力作用下，背离填土方向移动或转动时，墙后土体由于侧面所受限制的放松而有下滑趋势，土体内潜在的滑动面上的剪应力增加，使作用在墙背上的土压力逐渐减小，当墙的移动或转动达到一定数值时，墙后土体达到主动极限平衡状态，此时作用在墙背上的土压力，称为主动土压力，用 E_a 表示。

5.1.2.3 **被动土压力**

如图 5-8(c)所示，当挡土墙在外力作用下，向着填土方向移动或转动时，墙后土体由于受到挤压，有上滑趋势，土体内滑动面上的剪应力反向增加，作用在墙背上的土压力逐渐增加，当墙的移动量足够大时，墙后土体达到被动极限平衡状态，这时作用在墙背上的土压力，称为被动土压力，用 E_p 表示。

图 5-9 是挡土墙位移与土压力的关系曲线示意图，从图中可以看出：

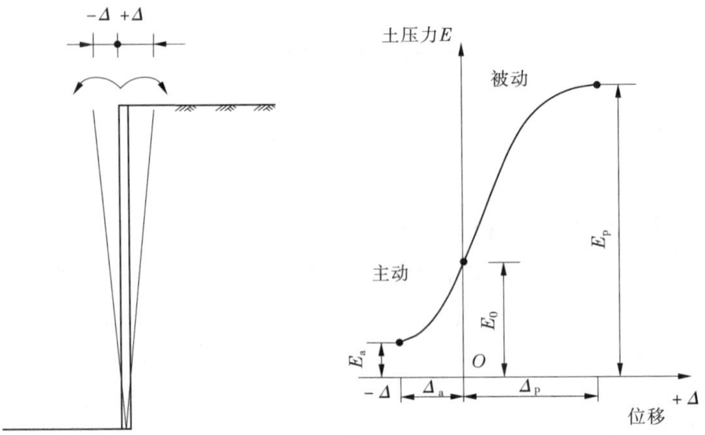

图 5-9 挡土墙的位移与土压力关系

(1)挡土墙所受的土压力类型首先取决于墙体是否发生位移以及位移的方向，可分为静止土压力 E_0、主动土压力 E_a、被动土压力 E_p。

(2)墙所受的土压力的大小并不是常数，随着位移量的变化，墙上所受的土压力值也在变化。

(3)使墙后土体达到主动极限平衡状态，从而产生主动土压力 E_a，所需的墙体位移量很小；产生被动土压力则要比产生主动土压力 E_a 困难得多，其所需位移量很大。

(4)相同的墙高和填土条件下，$E_a<E_0<E_p$。

实际工程中，一般按 E_a、E_0、E_p 的值进行挡土墙设计，此时应根据挡土结构的实际工作条件，主要是墙身的位移情况，决定采用哪一种土压力作为计算依据。在使用被动土压力时，由于达到被动土压力时挡土墙将要发生较大的位移，如对于紧砂，位移要达到墙高的 2%～5%，而这样大的位移一般建筑物是不允许发生的，因为在墙后土体发生破坏之前,结构物可能已先破坏,因此计算时往往只按静止土压力或被动土压力值的一部分来考虑。

练习题

一、判断题

1. 加筋土挡土墙是由填土、拉带和镶面砌块组成的加筋土承受土体侧压力的挡土墙。(　　)

2. 当挡土墙在墙后填土的推力作用下,不产生任何移动或转动时,作用于墙背上的土压力称为主动土压力。(　　)

3. 桩板式挡土墙是利用桩埋深部分的锚固作用和被动土压力维护挡土墙的稳定。(　　)

4. 当挡土墙在外力作用下,向着填土方向移动或转动时,墙后土体达到被动极限平衡状态,这时作用在墙背上的土压力,称为主动土压力。(　　)

5. 挡土墙所受的土压力随着位移量的变化,墙上所受的土压力值保持不变。(　　)

二、选择题

1. 相同条件下,作用在挡土构筑物上的主动土压力 E_a、被动土压力 E_p、静止土压力 E_0 的大小之间存在的关系是(　　)。

A. $E_p>E_a>E_0$　　B. $E_a>E_p>E_0$

C. $E_p>E_0>E_a$　　D. $E_0>E_p>E_a$

2. 作用在地下室外墙上的土压力应采用(　　)。

A. 主动土压力　　B. 被动土压力

C. 静止土压力　　D. 极限土压力

3. 根据挡土墙的位移方向、大小及墙后填土所处的应力状态土压力分为(　　)。

A. 主动土压力　　B. 被动土压力

C. 静止土压力　　D. 极限土压力

4. 挡土墙按结构类型分类,可分为(　　)。

A. 悬臂式挡土墙　　B. 重力式挡土墙

C. 锚杆式挡土墙　　D. 扶臂式挡土墙

E. 桩板式挡土墙　　F. 加筋土挡土墙

5.2　静止土压力

如前所述,当挡土墙静止不动,作用在其上的土压力即为静止土压力,这时墙后土体处于侧限压缩应力状态,与土的自重应力状态相同,因此可用计算自重应力的方法来确定静止土压力的大小。

如图5-10(a)表示半无限土体中深度 z 处一点的应力状态,作用于该土单元体上的竖直向自重应力 $\sigma_{cz}=\gamma z$,水平向自重应力 $\sigma_{cx}=K_0\gamma z$。假想用一垛墙代替单元体左侧的土体,若该墙的墙背竖直光滑,且不发生任何位移,则右侧土体中的应力状态并没有改变,墙后土体仍处于侧限应力状态,σ_{cx} 由原来土体内部的应力变成土对墙的压力,显然作用在该挡土墙上的土压力就相当于图 5-10(b)所示的水平向自重应力 σ_{cx}，即为静止土压力强度 σ_0，故：

$$\sigma_0 = K_0\gamma z \tag{5-1}$$

式中 K_0——土的侧压力系数或静止土压力系数，K_0 值的大小可根据室内试验(例如单向固结试验，三轴剪切试验等)或原位测试确定，由于 K_0 的测试较为困难，也可根据经验公式计算。

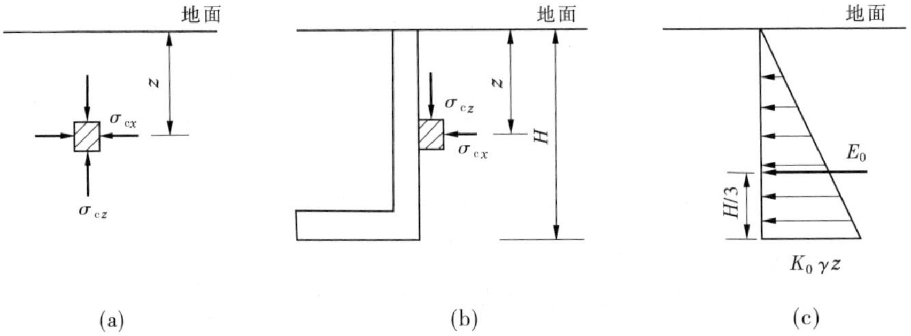

图 5-10 静止土压力计算

研究证明，K_0 除与土的性质及密实度有关外，黏性土的 K_0 还与应力历史有关。对于无黏性土及正常固结黏性土，可用经验公式(5-2)可估算 K_0。

$$K_0 = 1 - \sin\varphi' \tag{5-2}$$

式中 φ'——土的有效内摩擦角。

显然，K_0 均小于 1.0。采用式(5-2)计算的 K_0，与砂性土的试验结果吻合较好，对黏性土会有一定误差，对饱和软黏土更应慎重采用。在实际工程中，也可采用表 5-1 中的经验系数值来计算。

表 5-1 静止土压力系数 K_0 的经验值

土类	坚硬土	硬—可塑黏性土、粉质黏土、砂土	可—软塑黏性土	软塑黏性土	流塑黏性土
K_0	0.2~0.4	0.4~0.5	0.5~0.6	0.6~0.75	0.75~0.8

由式(5-1)可知，静止土压力沿墙高呈三角形分布，若墙高为 H，则作用于单位长度墙上的总静止土压力 E_0 为

$$E_0 = \frac{1}{2}\gamma H^2 K_0 \tag{5-3}$$

E_0 的单位为 kN/m，大小为如图 5-10(c)所示的三角形分布面积，作用点在距墙底部 $H/3$ 处。对于地下水位以下透水性土采用浮重度计算，同时考虑作用于墙上的静水压力。

【例 5-1】 如图 5-11 所示，计算地下室外墙上土压力大小和作用点位置。

解 地下室外墙按静止土压力计算：

$$K_0 = 1 - \sin\varphi' = 1 - \sin25^\circ = 0.577(\text{近似取 } \varphi' = \varphi)$$

在墙底的静止土压力强度为

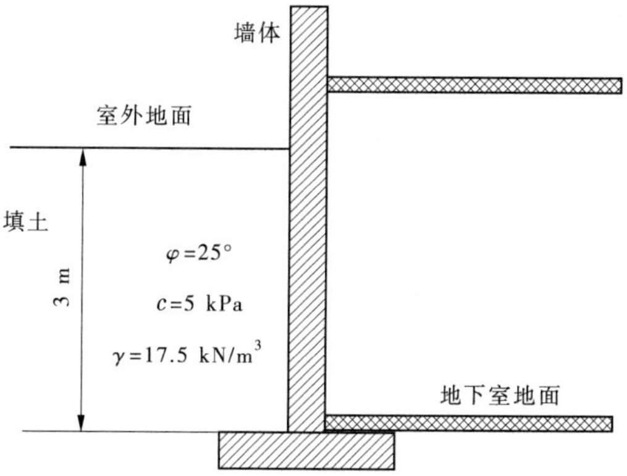

图 5-11 例 5-1 图

$$\sigma_0 = K_0\gamma z = 0.577 \times 17.5 \times 3 = 30.29(\text{kPa})$$

静止土压力合力为

$$E_0 = \frac{1}{2}\sigma_0 H = \frac{1}{2} \times 30.29 \times 3 = 45.4(\text{kN/m})$$

静止土压力 E_0 方向垂直于墙背,作用点距墙底的距离为

$$x = \frac{H}{3} = \frac{3}{3} = 1(\text{m})$$

【例 5-2】 某无黏性土填土的物理力学指标为 $\gamma_w = 9.81\ \text{kN/m}^3$,$\gamma = 18\ \text{kN/m}^3$,$\gamma_{sat} = 19\ \text{kN/m}^3$,$\varphi = 30°$,如图 5-12 所示,计算作用在挡土墙上的静止土压力及其合力。

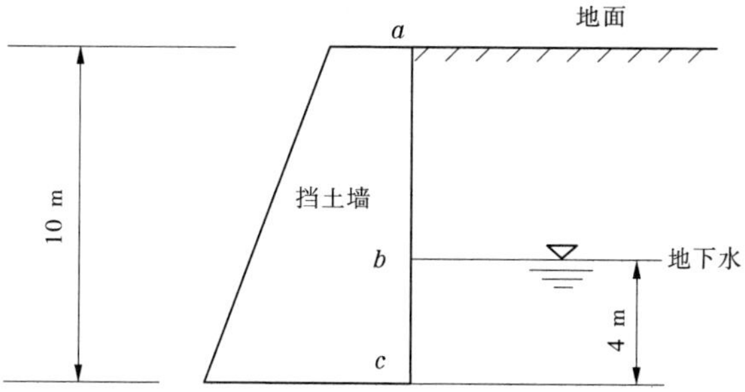

图 5-12 例 5-2 图

解 静止土压力系数为

$$K_0 = 1 - \sin\varphi' = 1 - \sin30° = 0.5(\text{近似取 } \varphi' = \varphi)$$

土中各点静止土压力强度值分别为

a 点: $\sigma_{0a} = 0$

b 点: $\sigma_{0b} = K_0\gamma H_1 = 0.5 \times 18 \times 6 = 54(\text{kPa})$

c 点: $\sigma_{0c} = K_0(\gamma H_1 + \gamma' H_2) = 0.5 \times [18 \times 6 + (19 - 9.81) \times 4] = 72.4(\text{kPa})$

静止土压力合力 E_0 为

$$E_0 = \frac{1}{2}\sigma_{0b}H_1 + \frac{1}{2}(\sigma_{0b} + \sigma_{0c})H_2$$

$$= \frac{1}{2} \times 54 \times 6 + \frac{1}{2} \times (54 + 72.4) \times 4 = 414.8(\text{kN/m})$$

静止土压力 E_0 方向垂直于墙背,作用点距墙底的距离为

$$x = \frac{1}{E_0}\left[\frac{1}{2}\sigma_{0b}H_1\left(\frac{1}{3}H_1 + H_2\right) + \sigma_{0b}H_2 \cdot \frac{H_2}{2} + \frac{1}{2}(\sigma_{0c} - \sigma_{0b}) \cdot \frac{H_2^2}{3}\right]$$

$$= \frac{1}{414.8} \times \left[\frac{1}{2} \times 54 \times 6 \times \left(\frac{1}{3} \times 6 + 4\right) + 54 \times \frac{4^2}{2} + \frac{1}{2} \times (72.4 - 54) \times \frac{4^2}{3}\right]$$

$$= 3.5\ \text{m}$$

此外,作用在墙上的静水压力 P_w 为

$$P_w = \frac{1}{2}\gamma_w H_2^2 = \frac{1}{2} \times 9.81 \times 4^2 = 78.5(\text{kN/m})$$

作用在墙上的压力合力为

$$F = E_0 + P_w = 414.8 + 78.5 = 493.3(\text{kN/m})$$

静止土压力及水压力的分布如图 5-13 所示。

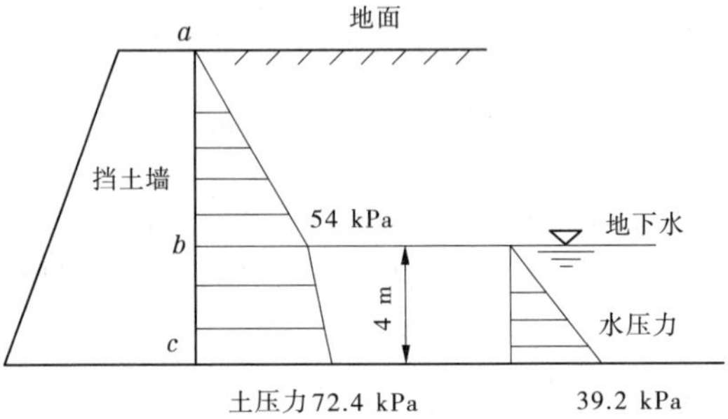

图 5-13　静止土压力及水压力分布图

练习题

一、判断题

1. 静止土压力系数值的大小可根据室内试验(例如单向固结试验、三轴试验等)或原位测试确定。(　　)

2. 半无限土体中某一点作用于土单元体上的竖直向自重应力 $\sigma_{cz} = \gamma z$。(　　)

3. 半无限土体中某一点作用于土单元体上的水平向自重应力 $\sigma_{cx} = K_0\gamma z$。(　　)

4. 静止土压力系数的估算可用经验公式 $K_0 = 1 - \sin\varphi'$ 计算。(　　)

5. 作用在墙上的总静止土压力 E_0 的作用点在距墙底部 $H/3$ 处。(　　)

二、选择题

1. 静止土压力沿墙高的分布图为(　　)。

A. 矩形　　B. 梯形

C. 三角形　　D. 倒梯形

2. 对于硬—可塑黏性土、粉质黏土、砂土的 K_0 取值为(　　)。

A. 0.2~0.4　　B. 0.4~0.5

C. 0.5~0.6　　D. 0.6~0.75

3. 静止土压力沿墙高呈三角形分布，土压力大小为(　　)。

A. 三角形面积的1/2　　B. 三角形面积

C. 三角形面积的1/3　　D. 三角形面积的1/4

4. 对于地下水位以下透水性土，计算静止土压力时采用(　　)。

A. 天然重度　　B. 饱和重度

C. 浮重度　　D. 干重度

三、计算题

某挡土墙高为6 m，墙背竖直光滑，如图5-14所示。计算静止土压力，并绘制静止土压力分布图。

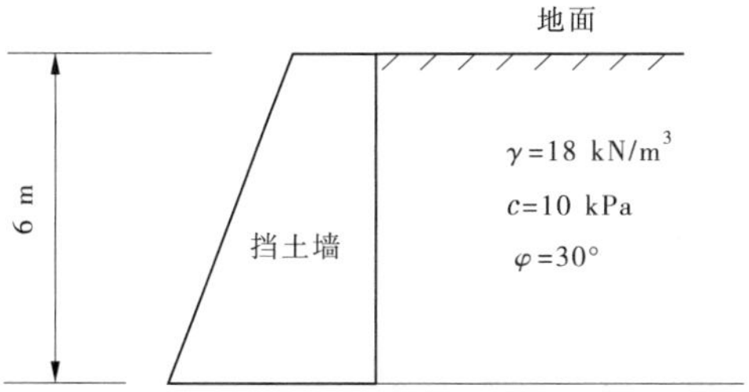

图5-14　计算题图

5.3　朗肯土压力

5.3.1　朗肯土压力理论

朗肯土压力理论是土压力计算中两个著名的古典土压力理论之一，由英国科学家朗肯(RanKine)于1857年提出。它是根据墙后填土处于极限平衡状态，应用极限平衡条件，推导出主动土压力和被动土压力的计算公式。

码5-5　人物简介3-土力学早期奠基者—朗肯

朗肯土压力理论的基本假设条件是：挡土墙墙背竖直、光滑，墙后填土面水平。

如前所述，表示半无限土体中深度z处一点的应力状态，由于土体内任一竖直面都是对称面，对称面上的剪应力均为零，按照剪应力互等定理，可知任意水平面上的剪应力也等于零，因此竖直面和水平面上的剪应力都等于零，相应截面上的法向应力σ_{cz}和σ_{cx}都是主应力，大主应力$\sigma_1 = \sigma_{cz} = \gamma z$，小主应力$\sigma_3 = \sigma_{cx} = K_0\gamma z$，此时的应力状态用摩尔应力圆表示为如图5-15(c)所示的圆①，由于该点处于弹性平衡状态，故莫尔应力圆没有和抗剪强度包线相切。

若由于某种原因使整个土体在水平方向均匀地伸展，如图5-15(a)所示，则作用在微分体上的竖向应力γz保持不变，而水平向应力逐渐减小，直至土体达到主动极限平衡状

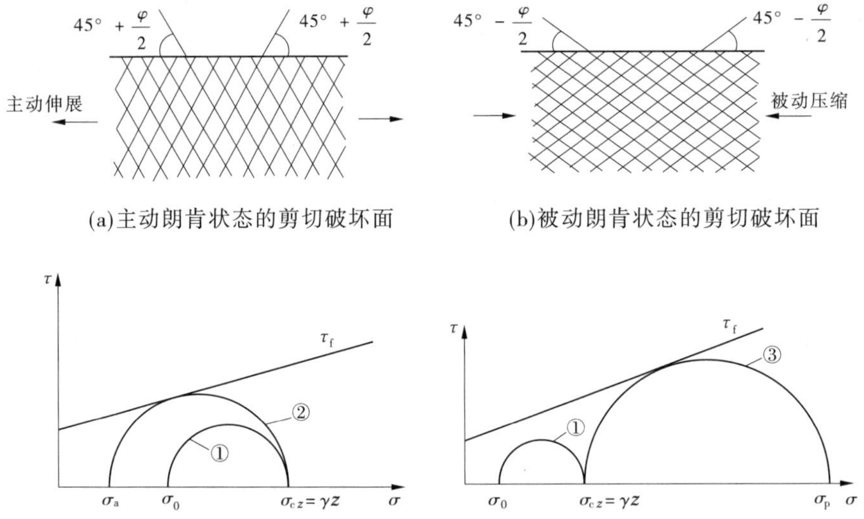

(a)主动朗肯状态的剪切破坏面　　(b)被动朗肯状态的剪切破坏面

(c)用莫尔应力圆表示主动朗肯状态　　(d)用莫尔应力圆表示被动朗肯状态

图 5-15　半空间的极限平衡状态

态(称为主动朗肯状态),此时 σ_{cx} 达到最小值 σ_a 。因此, σ_a 是小主应力,而 σ_{cz} 是大主应力。若土体继续伸展,土压力也不会进一步减少。此时,莫尔应力圆与土的抗剪强度包线相切,如图 5-15(c)中的圆②所示,这时土体进入破坏状态,土体中的抗剪强度已全部发挥出来。土体达到极限平衡时形成的剪切破坏面与水平线的夹角为 $45° + \varphi/2$,形成如图 5-15(a)所示的两簇互相平行的破坏面。

反之,如果土体在水平方向压缩,这时作用在微分体上的竖向应力 σ_{cz} 保持不变,而水平向应力则逐渐增大,直至土体达到极限平衡状态(称为被动朗肯状态),此时 σ_{cx} 达最大值 σ_p,σ_p 是大主应力,而σ_{cz} 是小主应力,应力圆与土的抗剪强度包线相切,如图 5-11(d)中的圆③所示。土体达到极限平衡时形成的剪切破坏面与水平面的夹角为 $45° - \varphi/2$,如图 5-15(b)所示形成两簇互相平行的破坏面。

朗肯将上述原理应用于挡土墙土压力计算中,若忽略墙背与填土之间的摩擦作用(为了满足剪应力为零的边界条件),对于挡土墙墙背竖直、墙后填土面水平的情况(为了满足水平面与竖直面上的正应力分别为大、小主应力),作用于其上的土压力大小可用朗肯土压力理论计算。

5.3.2　主动土压力

根据前述分析可知,挡土墙后填土达主动极限平衡状态时,作用于任一深度 z 处土单元上的大主应力 $\sigma_1 = \gamma z$,小主应力 $\sigma_3 = \sigma_a$ (σ_a 为作用于墙背上的主动土压力强度)。同时,利用前面所述的极限平衡条件下 σ_1 与 σ_3 的关系,即可直接求出主动土压力强度 σ_a。

在极限平衡状态下,黏性土中任一点的大、小主应力 σ_1 和 σ_3 之间应满足以下关系式,即

$$\sigma_3 = \sigma_1 \tan^2\left(45° - \frac{\varphi}{2}\right) - 2c\tan\left(45° - \frac{\varphi}{2}\right) \tag{5-4}$$

将 $\sigma_3 = \sigma_a$、$\sigma_1 = \gamma z$ 代入式(5-4),并令 $K_a = \tan^2(45° - \frac{\varphi}{2})$,则有:

$$\sigma_a = \gamma z K_a - 2c\sqrt{K_a} \tag{5-5}$$

式(5-5)适合于墙后土体为黏性土的情况,对于非黏性填土,由于 $c=0$,则有:

$$\sigma_a = \gamma z K_a \tag{5-6}$$

式中 σ_a ——主动土压力强度,kPa;

K_a ——主动土压力系数, $K_a = \tan^2(45° - \frac{\varphi}{2})$;

γ——墙后填土重度,kN/m^3;

c——填土的黏聚力,kPa;

φ ——填土的内摩擦角,(°);

z——计算点离填土表面的距离,m。

由式(5-6)可知,无黏性土的主动土压力强度 σ_a 与 z 成正比,与5.2节所述的静止土压力分布形式相同,即沿墙高呈三角形分布,如图5-16(b)所示。作用在单位墙长上的主动土压力 E_a 为

$$E_a = \frac{1}{2}\gamma H^2 K_a \tag{5-7}$$

式中 H——挡土墙的高度,m。

E_a ——主动土压力合力,作用点通过三角形的形心,距墙底 $H/3$ 高度处。

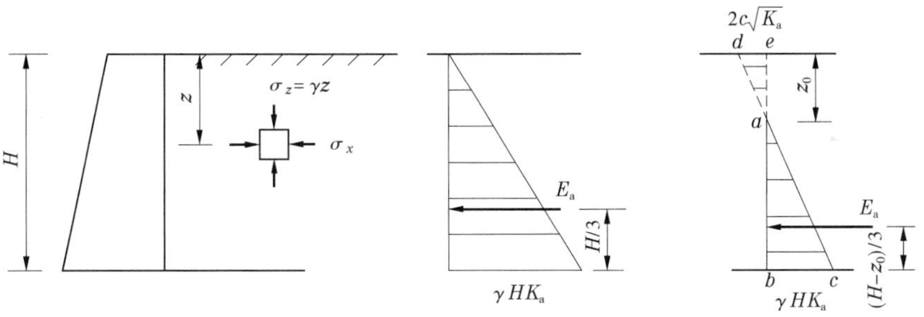

(a)主动土压力计算条件 (b)无黏性土主动土压力分布 (c)黏性土主动土压力分布

图5-16 朗肯主动土压力强度分布图

由式(5-5)可知,黏性土的主动土压力强度包括两部分:一部分是由土的自重引起的土压力强度 $\gamma z K_a$,另一部分是由黏聚力 c 引起的负侧压力 $2c\sqrt{K_a}$,这两部分土压力叠加的结果如图5-16(c)所示,实际上虚线部分不存在,因为墙背与填土之间没有抗拉强度,不能承受拉应力,拉应力的存在会使填土与墙背脱开,出现 z_0 深度的裂缝,因此,在 z_0 以上可以认为土压力为零。作用于墙背的土压力只是图5-16(c)中的三角形 abc 部分。

土压力分布图顶点 a 在填土面下的深度 z_0 称为临界深度。在填土面无荷载的条件下,可令式(5-5)为零求得 z_0 值,即:

$$\sigma_a = \gamma z K_a - 2c\sqrt{K_a} = 0$$

$$z_0 = \frac{2c}{\gamma\sqrt{K_a}} \tag{5-8}$$

取单位墙长计算，黏性土的主动土压力 E_a 应为图 5-16(c) 中三角形 abc 的面积，即：

$$E_a = \frac{1}{2}(H - z_0)(\gamma H K_a - 2c\sqrt{K_a}) \tag{5-9}$$

将式(5-8)代入式(5-9)得：

$$E_a = \frac{1}{2}\gamma H^2 K_a - 2cH\sqrt{K_a}\,\frac{2c^2}{\gamma} \tag{5-10}$$

主动土压力 E_a 垂直挡土墙，通过三角形 abc 的形心，即作用点在离墙底 $(H-z_0)/3$ 处。

【例 5-3】 有一挡土墙，高 6 m，墙背直立、光滑，墙后填土面水平。填土为黏性土，其重度、内摩擦角、黏聚力如图 5-17 所示，求主动土压力及其作用点，并绘出主动土压力分布图。

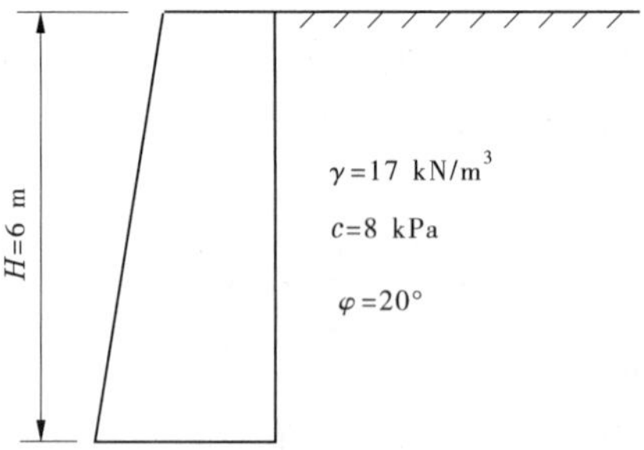

图 5-17 例 5-3 图

解 主动土压力系数为

$$K_a = \tan^2\left(45° - \frac{\varphi}{2}\right) = \tan^2(45° - \frac{20°}{2}) = 0.49$$

墙底处土压力强度为

$$\sigma_{ca} = \gamma H K_a - 2c\sqrt{K_a} = 17 \times 6 \times 0.49 - 2 \times 8 \times \sqrt{0.49} = 38.8(\text{kPa})$$

临界深度 z_0 为

$$z_0 = \frac{2c}{\gamma\sqrt{K_a}} = \frac{2 \times 8}{17 \times \sqrt{0.49}} = 1.34(\text{m})$$

主动土压力为

$$E_a = \frac{(H - z_0)(\gamma H K_a - 2c\sqrt{K_a})}{2}$$

$$= \frac{(6 - 1.34) \times (17 \times 6 \times 0.49 - 2 \times 8 \times \sqrt{0.49})}{2} = 90.4(\text{kN/m})$$

主动土压力作用点距墙底的距离为

$$\frac{1}{3}(H - z_0) = \frac{1}{3} \times (6 - 1.34) = 1.55(\text{m})$$

主动土压力分布如图 5-18 所示。

工程上所遇到的挡土墙及墙后土体的条件，要比朗肯土压力理论所假定的条件复杂得多。例如，填土面上有荷载作用，填土本身可能是性质不同的成层土，墙后填土有地下

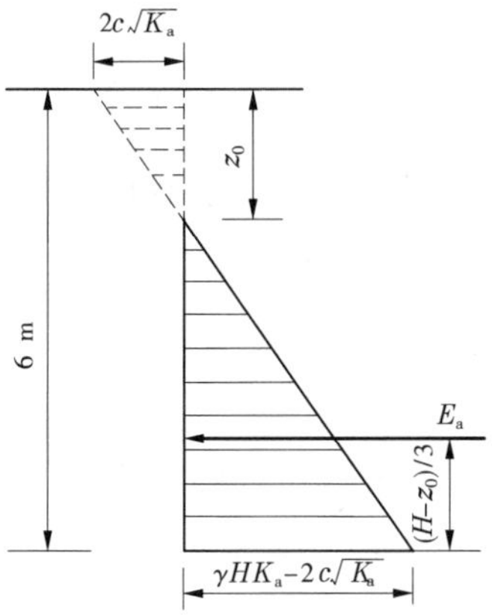

图 5-18　主动土压力分布

水等。对于这些情况，只能在前述理论基础上做些近似处理。现介绍几种常见情况下的主动土压力计算方法。

5.3.2.1　填土面有均布荷载

如图 5-19 所示，挡土墙后填土面有连续均布荷载 q 作用时，用朗肯土压力理论计算主动土压力，此时填土面下墙背面 z 深度处土单元所受的大主应力 $\sigma_1 = q + \gamma z$，小主应力 $\sigma_3 = \sigma_a = \sigma_1 K_a - 2c\sqrt{K_a}$，即

无黏性土　$$\sigma_a = (q + \gamma z)K_a \tag{5-11}$$

黏性土　$$\sigma_a = (q + \gamma z)K_a - 2c\sqrt{K_a} \tag{5-12}$$

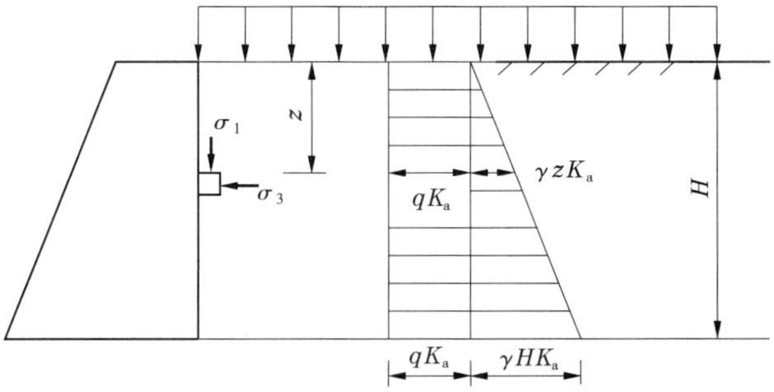

图 5-19　填土面有连续均布荷载的土压力计算

由式(5-11)可以看出，对于无黏性土此时作用在墙背面的土压力强度 σ_a 由两部分组成：一部分由均布荷载 q 引起，其分布与深度 z 无关，是常数；另一部分由土重引起，与深度 z 成正比。土压力合力 E_a 即为图 5-19 所示的梯形分布的面积，作用点过梯形形心垂直于墙背。

由式(5-12)可以看出，对于黏性土此时的主动土压力由三部分组成：①由土重引起的压力，与深度成正比，沿墙高呈三角形分布；②由均布荷载引起的压力，与深度无关，沿墙高呈矩形分布；③由黏聚力引起的拉力，与深度无关，沿墙高成矩形分布。

【例 5-4】　某挡土墙高为 5 m，墙背直立、光滑，墙后填土面水平，作用有连续均布荷载 $q = 20\ \text{kN/m}^2$，土的物理力学性质如图 5-20 所示，试求主动土压力。

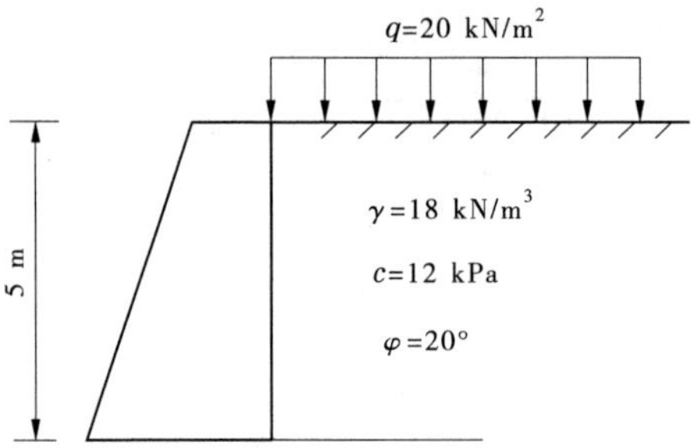

图 5-20　例 5-4 图

解　将地面均布荷载换算成填土的当量土层厚度,即:

$$h = \frac{q}{\gamma} = \frac{20}{18} = 1.11(\mathrm{m})$$

在墙底面处的土压力强度为

$$\begin{aligned}\sigma_a &= \gamma(h + H)\tan^2\left(45° - \frac{\varphi}{2}\right) - 2c\tan\left(45° - \frac{\varphi}{2}\right)\\ &= 18 \times (1.11 + 5) \times \tan^2\left(45° - \frac{20°}{2}\right) - 2 \times 12 \times \tan\left(45° - \frac{20°}{2}\right)\\ &= 37.12(\mathrm{kPa})\end{aligned}$$

临界点距离地表面的深度为

$$z_0 = \frac{2c}{\gamma\sqrt{K_a}} - h = \frac{2 \times 12}{18 \times \tan\left(45° - \frac{20°}{2}\right)} - 1.11 = 0.79(\mathrm{m})$$

总土压力为

$$E_a = \frac{1}{2}\sigma_a(H - z_0) = \frac{1}{2} \times 37.12 \times (5 - 0.79) = 78.1(\mathrm{kN/m})$$

【例 5-5】　某挡土墙高为 4 m,墙背直立、光滑,墙后填土面水平,作用有连续均布荷载 q=20 kPa,土的物理力学性质如图 5-21 所示,试求主动土压力大小及绘制土压力分布图。

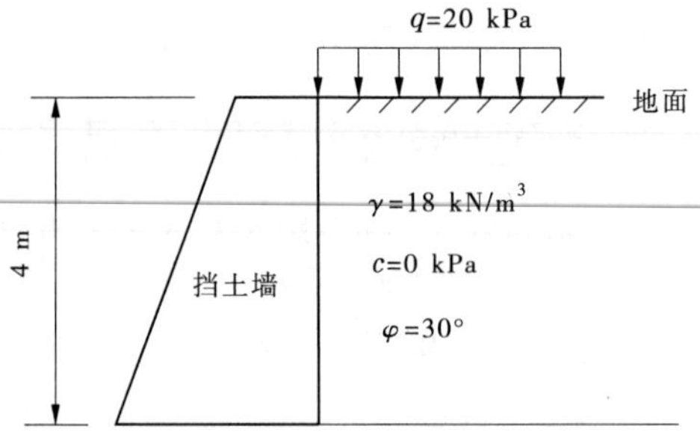

图 5-21　例 5-5 图

解　主动土压力系数为

$$K_a = \tan^2(45° - \frac{\varphi}{2}) = \tan^2(45° - \frac{30°}{2}) = 0.333$$

表面土压力强度为

$$\sigma_a = (q + \gamma H_1) K_a - 2c\sqrt{K_a} = (20 + 0) \times 0.333 - 0 = 6.66(\text{kPa})$$

墙底土压力强度为

$$\sigma_b = (q + \gamma H_2) K_a - 2c\sqrt{K_a} = (20 + 18 \times 4) \times 0.333 - 0 = 30.64(\text{kPa})$$

挡土墙上的土压力为

$$E_a = (\sigma_a + \sigma_b) \times H_2 \times \frac{1}{2} = (6.66 + 30.64) \times 4 \times \frac{1}{2} = 74.6(\text{kN/m})$$

主动土压力分布如图 5-22 所示。

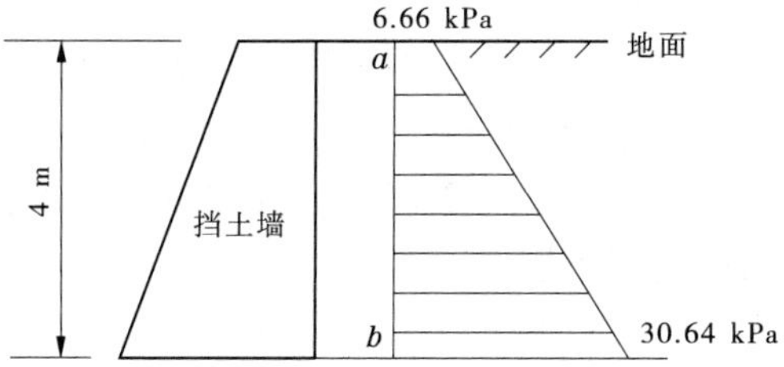

图 5-22　主动土压力分布

5.3.2.2　**成层填土**

当墙后填土是由多层不同种类的水平分布的土层组成时,可用朗肯土压力理论计算土压力。此时,填土面下任意深度 z 处土单元所受的竖向应力为其上覆土的自重应力之和,即 $\sum_{i=1}^{n} \gamma_i H_i$,$\gamma_i$、$H_i$ 分别为第 i 层土的重度和厚度。以无黏性土为例,如图 5-23 所示,挡土墙各层面的主动土压力强度如下。

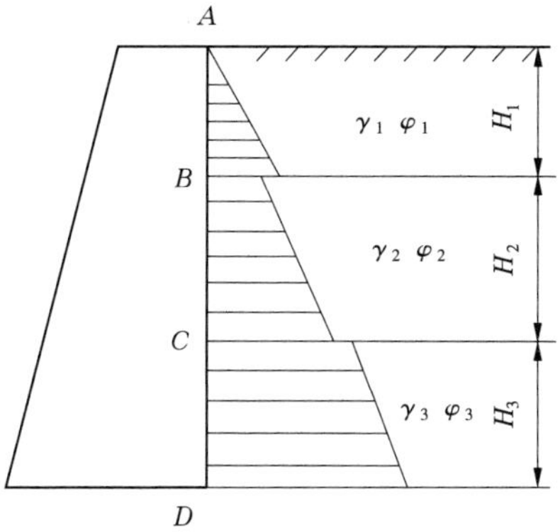

图 5-23　成层填土的土压力计算

第一层土填土表面 A 处:

$$\sigma_{aA} = 0$$

第一层层底 B 处:

$$\sigma_{aB}^{上} = \gamma_1 H_1 K_{a1}$$

第二层土:

$$\sigma_{aB}^{下} = \gamma_1 H_1 K_{a2}$$

$$\sigma_{aC}^{上} = (\gamma_1 H_1 + \gamma_2 H_2) K_{a2}$$

第三层土:

$$\sigma_{aC}^{下} = (\gamma_1 H_1 + \gamma_2 H_2) K_{a3}$$

$$\sigma_{aD} = (\gamma_1 H_1 + \gamma_2 H_2 + \gamma_3 H_3) K_{a3}$$

由于各层土的性质不同，主动土压力系数 K_a 也不同，因此在土层的分界面处，主动土压力强度会出现两个值。如图 5-23 所示为 $\varphi_2 > \varphi_1$、$\varphi_2 > \varphi_3$ 时的土压力强度分布图。

总结以上计算方法可得出如下规律，作用在第一层土范围内的墙背 AB 段上的土压力分布仍按均质土层挡墙计算，并采用第一层土的指标和土压力系数 K_{a1}；考虑作用在第二层土范围内的墙背 BC 段上的土压力分布时，可将第一层土的重力 $\gamma_1 H_1$ 看成作用在第二层土面上的超载，用第二层土的指标和土压力系数 K_{a2} 计算，但仅适用于第二层土范围，这样在 B 点土压力强度有一个突变：在第一层土底面土压力强度为 $\gamma_1 H_1 K_{a1} - 2c_1\sqrt{K_{a1}}$，在第二层土顶面为 $\gamma_1 H_1 K_{a2} - 2c_2\sqrt{K_{a2}}$；同样地，考虑第三层土范围内的墙背 CD 段时，将第一、第二层土的重力 $\gamma_1 H_1 + \gamma_2 H_2$ 作为超载作用在第三层土面上，用第三层土的指标和土压力系数 K_{a3} 计算，但仅适用于第三层土，当有更多土层时，依此进行。

【例 5-6】 某挡土墙高为 6 m，墙背直立、光滑，墙后填土面水平，填土分两层，第一层为砂土，第二层为黏性土，各层土的物理力学性质指标如图 5-24 所示，试求主动土压力强度、主动土压力大小，并绘出土压力沿墙高分布图。

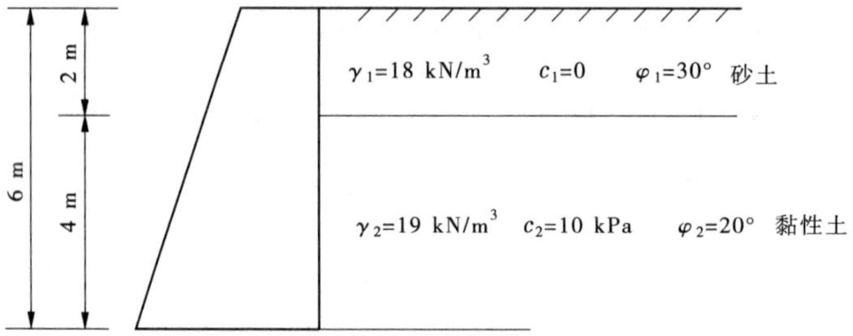

图 5-24　例 5-6 图

解　计算第一层填土的土压力强度为

$$\sigma_{a0} = \gamma_1 z \tan^2\left(45° - \frac{\varphi_1}{2}\right) = 0$$

$$\sigma_{a1} = \gamma_1 H_1 \tan^2\left(45° - \frac{\varphi_1}{2}\right) = 18 \times 2 \times \tan^2\left(45° - \frac{30°}{2}\right) = 12(\text{kPa})$$

第二层填土顶面和底面的土压力强度分别为

$$\sigma_{a1} = \gamma_1 H_1 \tan^2\left(45° - \frac{\varphi_2}{2}\right) - 2c_2 \tan\left(45° - \frac{\varphi_2}{2}\right)$$

$$= 18 \times 2 \times \tan^2\left(45° - \frac{20°}{2}\right) - 2 \times 10 \times \tan\left(45° - \frac{20°}{2}\right)$$

$$= 3.6(\text{kPa})$$

$$\sigma_{a2} = (\gamma_1 H_1 + \gamma_2 H_2)\tan^2\left(45° - \frac{\varphi_2}{2}\right) - 2c_2 \tan\left(45° - \frac{\varphi_2}{2}\right)$$

$$= (18 \times 2 + 19 \times 4) \times \tan^2\left(45° - \frac{20°}{2}\right) - 2 \times 10 \times \tan\left(45° - \frac{20°}{2}\right)$$

$= 40.9(kPa)$

挡土墙上土压力合力为

$$E_a = \frac{1}{2} \times 12 \times 2 + \frac{1}{2} \times (3.6 + 40.9) \times 4 = 12 + 89 = 101(kN/m)$$

挡土墙上土压力分布如图 5-25 所示。

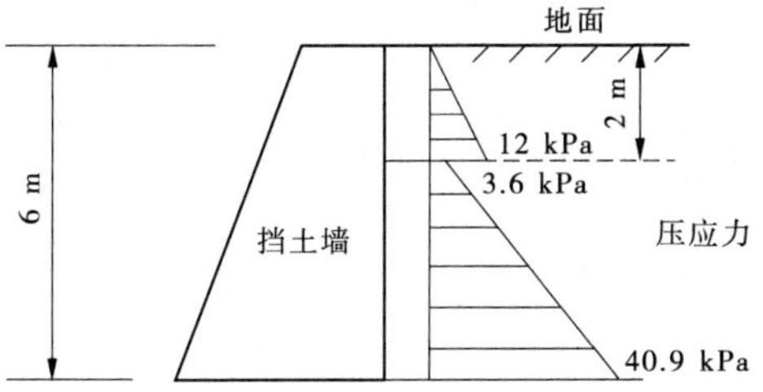

图 5-25 土压力分布

【例 5-7】 挡土墙高为 5 m,墙背直立、光滑,墙后填土面水平,共分两层。各层的物理力学性质指标如图 5-26 所示,试求主动土压力 E_a,并绘出土压力分布图、合力的作用点。

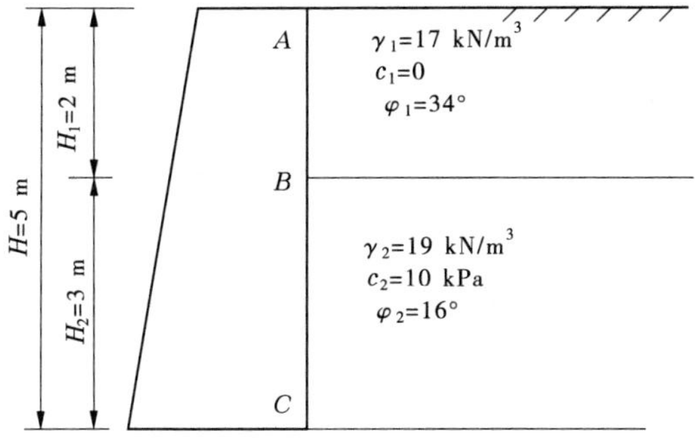

图 5-26 例 5-7 图

解 先求各层土主动土压力系数为

$$K_{a1} = \tan^2\left(45° - \frac{34°}{2}\right) = 0.28, K_{a2} = \tan^2\left(45° - \frac{16°}{2}\right) = 0.57$$

A 点:

$$\sigma_{aA} = \gamma z K_{a1} = 0$$

B 点上界面:

$$\sigma_{aB上} = \gamma_1 H_1 K_{a1} - 2c_1\sqrt{K_{a1}} = 17 \times 2 \times 0.28 - 0 = 9.52(kPa)$$

B 点下界面:

$$\sigma_{aB下} = \gamma_1 H_1 K_2 - 2c_2\sqrt{K_{a2}} = 17 \times 2 \times 0.57 - 2 \times 10 \times \sqrt{0.57} = 4.28(kPa)$$

C 点:

$$\sigma_{aC} = (\gamma_1 H_1 + \gamma_2 H_2)K_{a2} - 2c_2\sqrt{K_{a2}}$$
$$= (17 \times 2 + 19 \times 3) \times 0.57 - 2 \times 10 \times \sqrt{0.57} = 36.77(kPa)$$

主动土压力合力为

$$E_a = \frac{1}{2} \times 9.52 \times 2 + \frac{1}{2} \times (4.28 + 36.77) \times 3 = 71.1(\text{kN/m})$$

合力的作用点,对墙底取矩(分解为两个三角形和一个矩形):

$$x = \frac{9.52 \times 2 \times \frac{1}{2} \times \left(\frac{2}{3} + 3\right) + 4.28 \times 3 \times \frac{3}{2} + (36.77 - 4.28) \times 3 \times \frac{1}{2} \times \frac{3}{3}}{E_a}$$

$$= \frac{102.90}{71.1} = 1.45(\text{m})$$

合力作用点距 C 点 1.45 m,土压力的分布如图 5-27 所示。

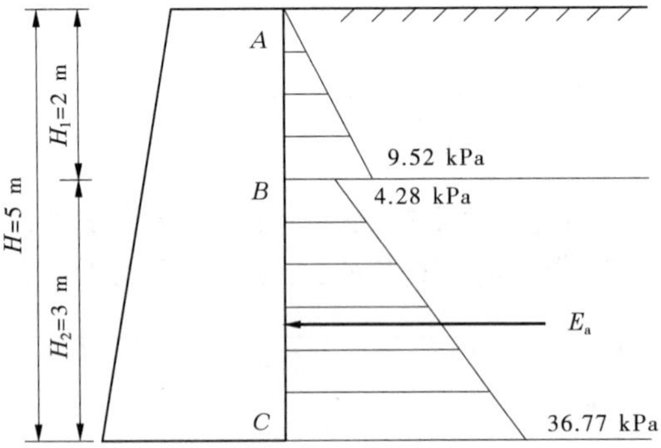

图 5-27 土压力分布图

5.3.2.3 挡土墙后填土有地下水

挡土墙后的填土常会部分或全部处于地下水位以下,此时要考虑地下水位对土压力的影响,具体表现在:①地下水位以下填土重量因受到水的浮力而减小,计算土压力时要用浮重度 γ';②由于地下水的存在使土的含水率增加,抗剪强度降低,而土压力增大;③地下水对墙背产生静水压力。

当挡土墙后填土有地下水时,作用在墙背上的侧压力有土压力和水压力两部分,计算土压力时,假设水位上、下土的内摩擦角、黏聚力都相同,水位以下取浮重度进行计算。以图 5-28 所示的挡土墙为例,若墙后填土为无黏性土,地下水位在填土表面下 H_1 处,作用在墙背上的水压力 $P_w = \frac{1}{2}\gamma_w H_2^2$,其中 γ_w 为水的重度,H_2 为水位以下的墙高。作用在挡土墙上的总压力为主动土压力 E_a 与水压力 P_w 之和。

【例 5-8】 挡土墙高度为 H=10 m,填土为砂土,墙后有地下水位存在,填土的物理力学性质指标如图 5-29 所示。试计算挡土墙上的主动土压力、水压力的分布及其合力。

解 主动土压力系数为

$$K_a = \tan^2\left(45° - \frac{\varphi}{2}\right) = \tan^2\left(45° - \frac{30°}{2}\right) = 0.333$$

于是可得挡土墙上各点的主动土压力分别为

a 点:$\sigma_{a1} = \gamma_1 z K_a = 0$

b 点:$\sigma_{a2} = \gamma_1 H_1 K_a = 18 \times 6 \times 0.333 = 36(\text{kPa})$

由于水下土的 φ 值与水上土的 φ 值相同,故在 b 点处的主动土压力无突变现象。

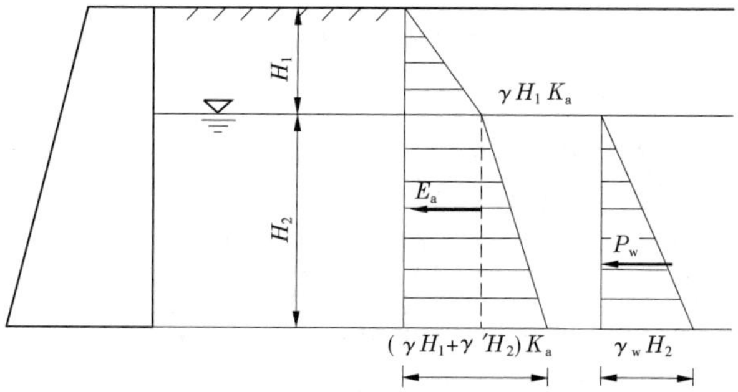

图 5-28 挡土墙后有地下水时土压力计算

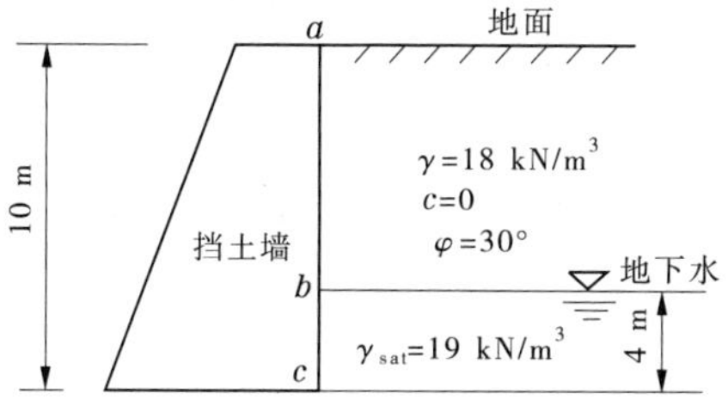

图 5-29 例 5-8 图

c 点：

$$\sigma_{a3} = (\gamma_1 H_1 + \gamma' H_2)K_a = [18 \times 6 + (19 - 10) \times 4] \times 0.333 = 48(\text{kPa})$$

主动土压力分布如图 5-30 所示，同时可求得其合力 E_a 为

$$E_a = \frac{1}{2} \times 36 \times 6 + 36 \times 4 + \frac{1}{2} \times (48 - 36) \times 4 = 108 + 144 + 24 = 276(\text{kN/m})$$

合力 E_a 作用点距墙底距离 x 为

$$x = \frac{1}{276} \times (108 \times 6 + 144 \times 2 + 24 \times \frac{4}{3}) = 3.51(\text{m})$$

此外，c 点水压力为

$$p_w = \gamma_w H_2 = 10 \times 4 = 40(\text{kPa})$$

作用在墙上的水压力合力 P_w 为

$$P_w = \frac{1}{2} \times 40 \times 4 = 80(\text{kN/m})$$

水压力合力 P_w 作用在距墙底 $\frac{H_2}{3} = \frac{4}{3} = 1.33(\text{m})$ 处。

土压力的分布如图 5-30 所示。

5.3.2.4 多种组合情况

【例 5-9】 如图 5-31 所示，某挡土墙高为 6 m，墙背竖直光滑，墙后填土面水平，并作用均布荷载 $q = 30$ kPa，填土分两层，上层 $\gamma_1 = 17$ kN/m³，$\varphi_1 = 26°$，$c_1 = 0$；下层 $\gamma_2 = 19$ kN/m³，$\varphi_2 = 16°$，$c_2 = 10$ kPa。试求墙背主动土压力 E_a 及作用点位置，并绘制土压力强度分布图。

解 墙背竖直光滑，填土面水平，符合朗肯条件，故：

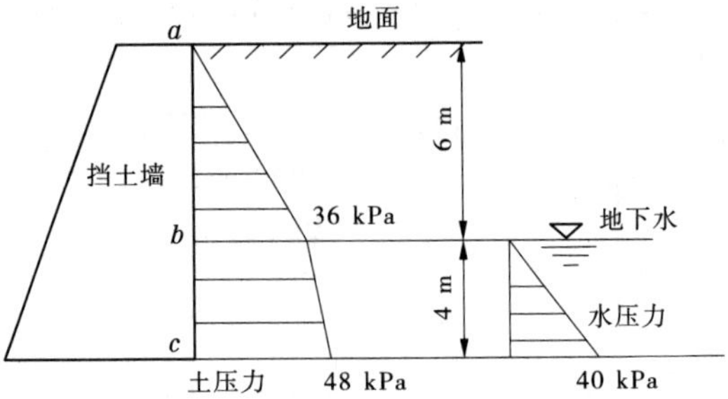

图 5-30　土压力分布

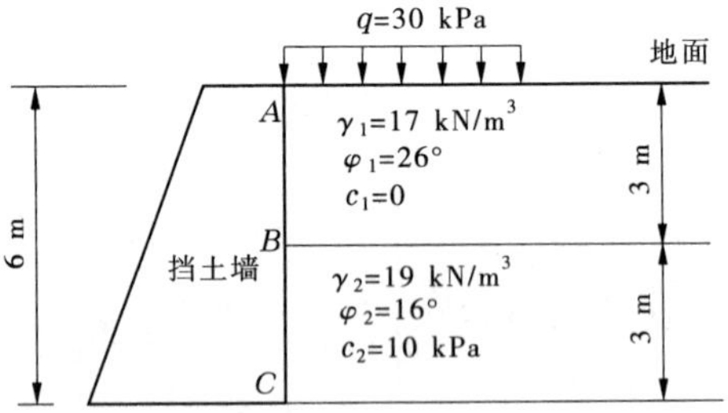

图 5-31　例 5-9 图

$$K_{a1}=\tan^2(45°-\frac{\varphi_1^2}{2})=\tan^2(45°-\frac{26°}{2})=0.390$$

$$K_{a2}=\tan^2(45°-\frac{\varphi_2^2}{2})=\tan^2(45°-\frac{16°}{2})=0.568$$

计算第一层土的主动土压力强度为

$$\sigma_{aA}=qK_{a1}=30\times0.390=11.7(\text{kPa})$$

$$\sigma_{aB}^{上}=(q+\gamma_1H_1)K_{a1}=(30+17\times3)\times0.390=31.6(\text{kPa})$$

第一层土的主动土压力为

$$E_{a1}=\frac{1}{2}\times(11.7+31.6)\times3=65.0(\text{kN/m})$$

E_{a1} 距墙底的距离为

$$x_1=3+\frac{11.7\times3\times\frac{3}{2}+\frac{1}{2}\times(31.6-11.7)\times3\times\frac{3}{3}}{65}=4.27(\text{m})$$

计算第二层土的主动土压力强度为

$$\begin{aligned}\sigma_{aB}^{下}&=(q+\gamma_1H_1)K_{a2}-2c_2\sqrt{K_{a2}}\\&=(30+17\times3)\times0.568-2\times10\times\sqrt{0.568}=30.9(\text{kPa})\end{aligned}$$

$$\begin{aligned}\sigma_{aC}&=(q+\gamma_1H_1+\gamma_2H_2)K_{a2}-2c_2\sqrt{K_{a2}}\\&=(30+17\times3+19\times3)\times0.568-2\times10\times\sqrt{0.568}=63.3(\text{kPa})\end{aligned}$$

第二层土的主动土压力为

$$E_{a2}=\frac{1}{2}\times(30.9+63.3)\times 3=141.3(\text{kN/m})$$

E_{a2} 距墙底的距离为

$$x_2=\frac{30.9\times 3\times\frac{3}{2}+\frac{1}{2}\times(63.3-30.9)\times 3\times\frac{3}{3}}{141.3}=1.33(\text{m})$$

各点土压力强度绘于图 5-32 中,故总土压力为图中的阴影面积,即

$$E_a=\frac{1}{2}\times(11.7+31.6)\times 3+\frac{1}{2}\times(30.9+63.3)\times 3=206.3(\text{kN/m})$$

总土压力距墙底的距离为

$$x=\frac{E_{a1}x_1+E_{a2}x_2}{E_a}=\frac{65.0\times 4.27+141.3\times 1.33}{206.3}=2.26(\text{m})$$

土压力的分布如图 5-32 所示。

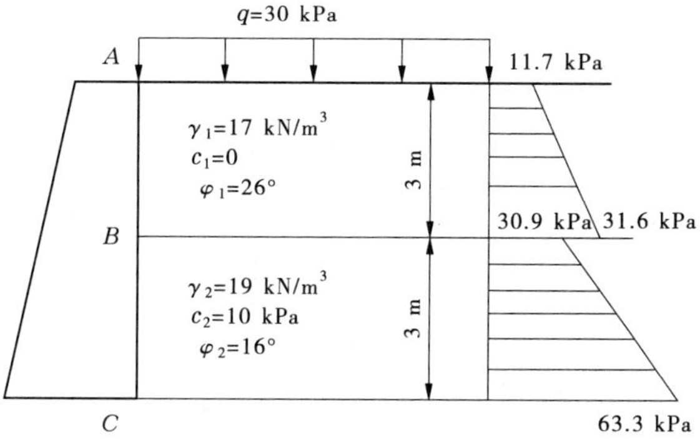

图 5-32　土压力分布

【例 5-10】　某重力式挡土墙墙高为 $H=6$ m,墙背竖直、光滑,填土面水平,填土的有关物理力学指标如图 5-33 所示。试求挡土墙的总侧向压力(水上、水下的 c、φ 相同)。

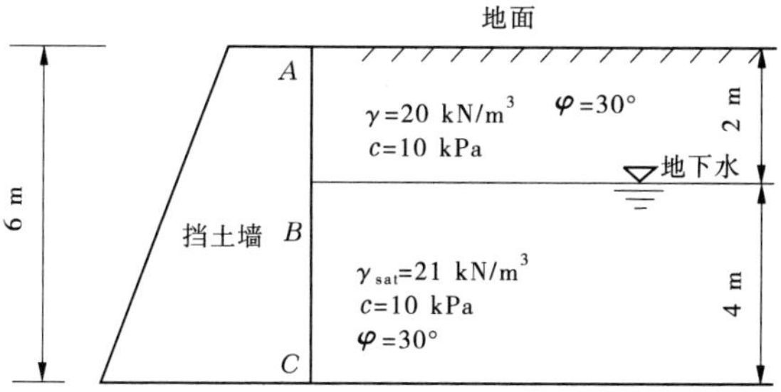

图 5-33　例 5-10 图

解　主动土压力系数为

$$K_a=\tan^2\left(45^\circ-\frac{\varphi}{2}\right)=\tan^2\left(45^\circ-\frac{30^\circ}{2}\right)=0.333$$

填土表面的主动土压力强度为

$$\sigma_{aA} = -2c\sqrt{K_a} = -2 \times 10 \times \sqrt{0.333} = -11.5(\text{kPa})$$

地下水位处的主动土压力强度为

$$\sigma_{aB} = \gamma H_1 K_a - 2c\sqrt{K_a} = 20 \times 2 \times 0.333 - 11.5 = 1.82(\text{kPa})$$

墙底处的主动土压力强度为

$$\sigma_{aC} = (\gamma H_1 + \gamma' H_2)K_a - 2c\sqrt{K_a} = (20 \times 2 + 11 \times 4) \times 0.333 - 11.5 = 16.47(\text{kPa})$$

设临界深度为 z_0,则有:

$$\sigma_a = \gamma z_0 K_a - 2c\sqrt{K_a} = 0$$

$$z_0 = \frac{2c}{\gamma\sqrt{K_a}} = \frac{2 \times 10}{20 \times \sqrt{0.333}} = 1.73(\text{m})$$

总的主动土压力为

$$E_a = \frac{1}{2} \times 1.82 \times (2 - 1.73) + \frac{1}{2} \times (1.82 + 16.47) \times 4 = 36.8(\text{kN/m})$$

静水压力强度为

$$p_w = \gamma_w H_2 = 10 \times 4 = 40(\text{kPa})$$

静水压力为

$$P_w = \frac{1}{2} \times 40 \times 4 = 80(\text{kN/m})$$

总侧向压力为

$$E = E_a + P_w = 36.8 + 80 = 116.8(\text{kN/m})$$

练习题

一、判断题

1. 当挡土墙向离开土体方向移动或转动时,作用在墙背上的土压力就是主动土压力。(　　)

2. 朗肯土压力理论的基本假设是:墙背直立、粗糙且墙后填土面水平。(　　)

3. 按朗肯土压力理论计算主动土压力时,墙后填土中破裂面与水平面的夹角为 $45° - \frac{\varphi}{2}$。(　　)

4. 墙后填土愈松散,其对挡土墙的主动土压力愈小。(　　)

二、计算题

1. 挡土墙后填土性质如图 5-34 所示,计算挡土墙主动土压力并绘制土压力分布图。

2. 挡土墙后填土表面有均布荷载作用,性质如图 5-35 所示,计算挡土墙主动土压力并绘制土压力分布图。

3. 挡土墙后填土分为两层,各层土性质如图 5-36 所示,计算挡土墙主动土压力、合力作用点位置并绘制土压力分布图。

4. 挡土墙后填土中有地下水,各层土性质如图 5-37 所示,计算挡土墙主动土压力、合力作用点位置并绘制土压力分布图(水上、水下的 c、φ 相同)。

5.3.3　被动土压力

当墙后土体达到被动极限平衡状态时,作用于任意深度 z 处土单元上的大主应力

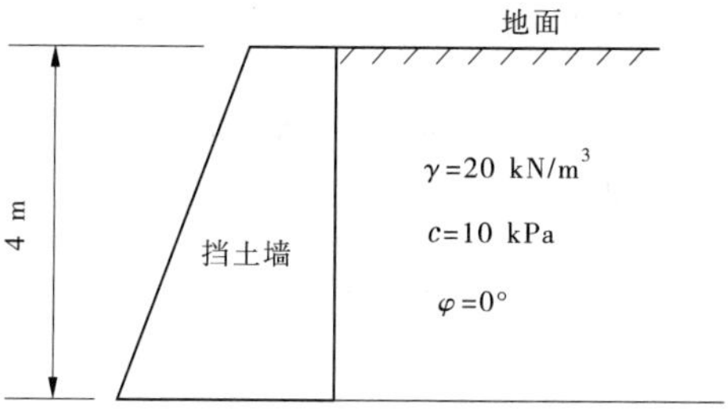

图 5-34 计算题第 1 题图

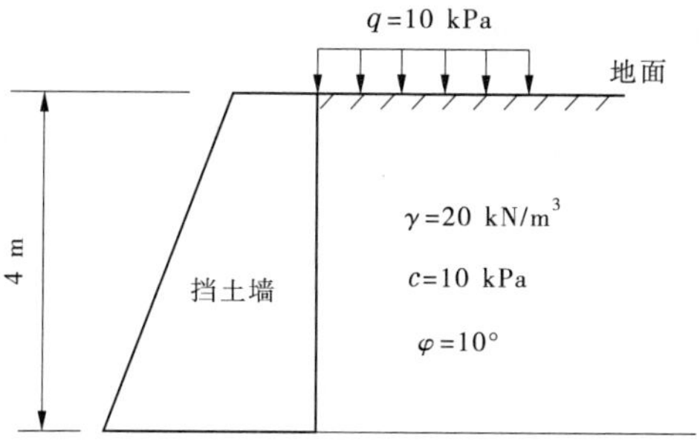

图 5-35 计算题第 2 题图

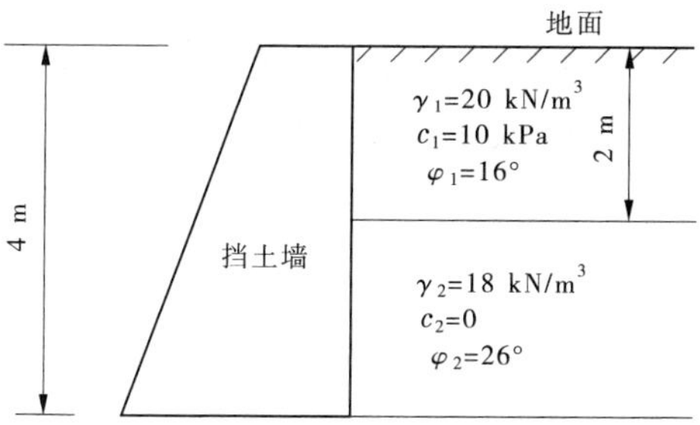

图 5-36 计算题第 3 题图

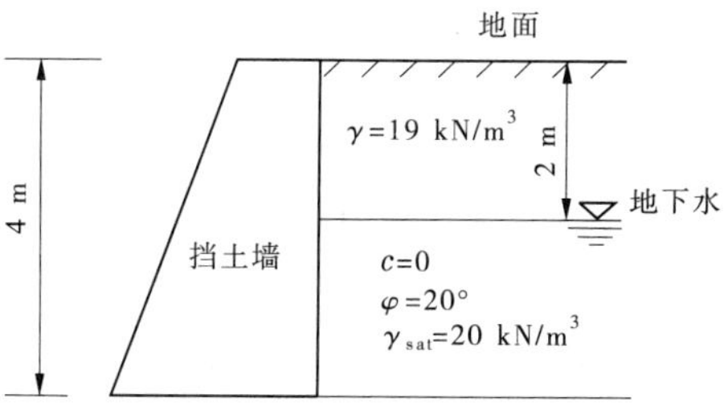

图 5-37 计算题第 4 题图

$\sigma_1=\sigma_x=\sigma_p$($\sigma_p$ 为作用于墙背上的被动土压力强度)，小主应力 $\sigma_3=\sigma_{cz}=\gamma z$，如图 5-38(a)所示。在极限平衡状态下，黏性土中任一点的大、小主应力之间应满足以下关系，即：

$$\sigma_1=\sigma_3\tan^2(45°+\frac{\varphi}{2})+2c\tan(45°+\frac{\varphi}{2}) \tag{5-13}$$

将 $\sigma_1 = \sigma_p$，$\sigma_3 = \gamma z$ 代入式(5-13)，并令 $K_p = \tan^2(45° + \frac{\varphi}{2})$，则有：

$$\sigma_p = \gamma z K_p + 2c\sqrt{K_p} \tag{5-14}$$

对于无黏性土，由于 $c=0$，则有：

$$\sigma_p = \gamma z K_p \tag{5-15}$$

式中 K_p——被动土压力系数；

σ_p——被动土压力强度，kPa。

由式(5-14)和式(5-15)可知，无黏性土的被动土压力呈三角形分布，如图5-38(b)所示；黏性土的被动土压力强度呈梯形分布，如图5-38(c)所示。如取单位墙长计算，则被动土压力合力 E_p 为分布图形的面积，即：

黏性土
$$E_p = \frac{1}{2}\gamma H^2 K_p + 2cH\sqrt{K_p} \tag{5-16}$$

无黏性土
$$E_p = \frac{1}{2}\gamma H^2 K_p \tag{5-17}$$

式中 E_p——单位墙长的被动土压力值，kN/m。

被动土压力合力 E_p 的作用方向垂直于墙背，作用点位于三角形或梯形分布图的形心，可通过一次求矩得到。黏性土的被动土压力合力作用点与墙底距离由式(5-18)计算：

$$x = \frac{H}{3} \cdot \frac{2\sigma_{pA} + \sigma_{pB}}{\sigma_{pA} + \sigma_{pB}} \tag{5-18}$$

式中 x——黏性土产生的被动土压力合力距墙底的距离，m；

σ_{pA}、σ_{pB}——作用于墙背顶、底面的被动土压力强度，kPa，$\sigma_{pA} = 2c\sqrt{K_p}$，$\sigma_{pB} = \gamma h K_p + 2c\sqrt{K_p}$。

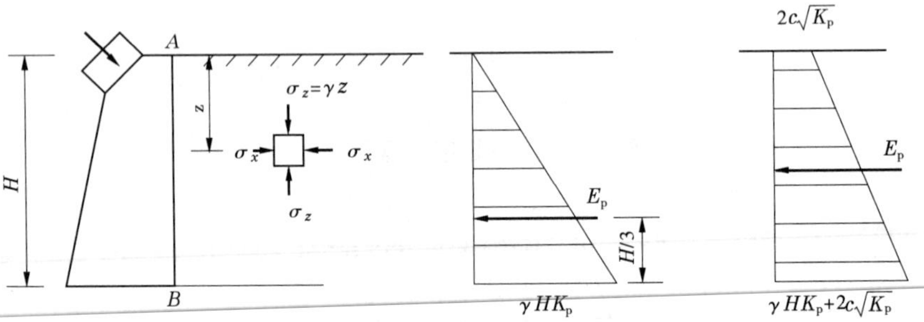

(a)被动土压力计算条件　(b)无黏性土被动土压力　(c)黏性土被动土压力

图5-38　被动土压力强度分布

【例5-11】 如图5-39所示，某挡土墙高为5 m，墙背竖直光滑，填土面水平，$\gamma = 18.0$ kN/m^3、$\varphi = 22°$、$c = 15$ kPa。若该挡土墙在外力作用下，向填土方向产生较大的位移时，计算作用在墙背的土压力、作用点位置并绘制土压力分布图。

解 被动土压力系数为

$$K_p = \tan^2(45° + \frac{\varphi}{2}) = \tan^2(45° + \frac{22°}{2}) = 2.20$$

在填土表面的被动土压力强度为

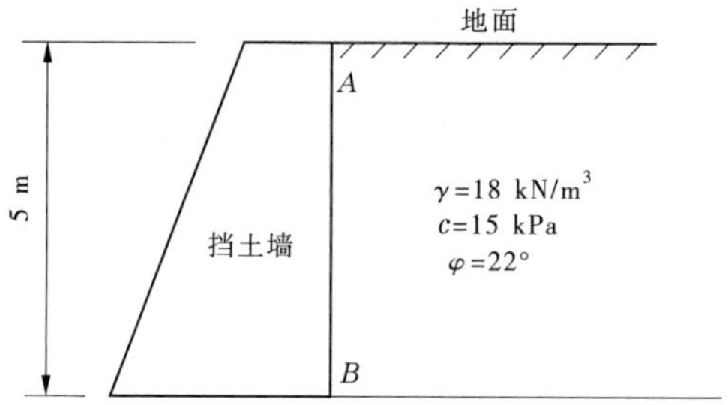

图 5-39　例 5-11 图

$$\sigma_{pA}=\gamma H_A K_p+2c\sqrt{K_p}=18\times 0\times 2.20+2\times 15\times\sqrt{2.20}=44.50(\mathrm{kPa})$$

在墙底处的被动土压力强度：

$$\sigma_{pB}=\gamma H_B K_p+2c\sqrt{K_p}=18\times 5\times 2.20+2\times 15\times\sqrt{2.20}=242.50(\mathrm{kPa})$$

被动土压力合力为

$$E_p=(\sigma_{pA}+\sigma_{pB})\times H\times\frac{1}{2}=(44.50+242.50)\times 5\times\frac{1}{2}=717.5(\mathrm{kN/m})$$

被动土压力 E_p 距墙底距离 x 为

$$x=\frac{44.50\times 5\times\frac{5}{2}+(242.50-44.50)\times\frac{1}{2}\times 5\times\frac{5}{3}}{E_p}=\frac{1\ 381.25}{717.5}=1.93(\mathrm{m})$$

土压力的分布如图 5-40 所示。

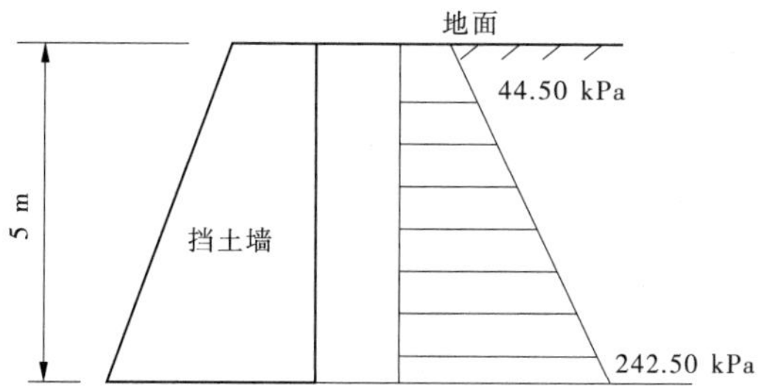

图 5-40　土压力分布图

【例 5-12】　某挡土墙高为 4 m，墙背直立、光滑，墙后填土面水平，填土分两层，第一层为黏性土，第二层为砂土，各层土的物理力学性质指标如图 5-41 所示，试求被动土压力大小，并绘出土压力沿墙高分布图。

解　计算被动土压力系数为

$$K_{p1}=\tan^2(45°+\frac{\varphi_1}{2})=\tan^2(45°+\frac{30°}{2})=3$$

$$K_{p2}=\tan^2(45°+\frac{\varphi_2}{2})=\tan^2(45°+\frac{30°}{2})=3$$

计算第一层填土顶面的土压力强度为

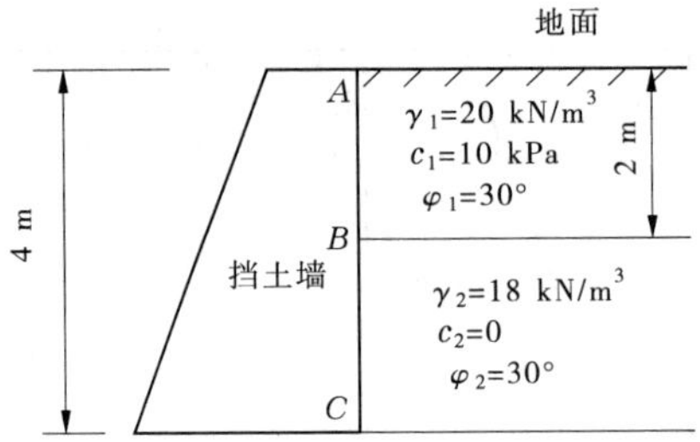

图 5-41 例 5-12 图

$$\sigma_{pA} = \gamma H K_{p1} + 2c\sqrt{K_{p1}} = 20 \times 0 \times 3 + 2 \times 10 \times \sqrt{3} = 34.64(\text{kPa})$$

第二层填土顶面的土压力强度分别为

$$\sigma_{pB}^{上} = \gamma H_1 K_{p1} + 2c_1\sqrt{K_{p1}} = 20 \times 2 \times 3 + 2 \times 10 \times \sqrt{3} = 120 + 34.64 = 154.64(\text{kPa})$$

$$\sigma_{pB}^{下} = \gamma H_1 K_{p2} + 2c_2\sqrt{K_{p2}} = 20 \times 2 \times 3 + 2 \times 0 \times \sqrt{3} = 120 + 0 = 120(\text{kPa})$$

第二层填土底面的土压力强度分别为

$$\sigma_{pC} = (\gamma_1 H_1 + \gamma_2 H_2)K_{p2} + 2c_2\sqrt{K_{p2}}$$
$$= (20 \times 2 + 18 \times 2) \times 3 + 2 \times 0 \times \sqrt{3} = 228 + 0 = 228(\text{kPa})$$

被动土压力合力为

$$E_p = \frac{1}{2}(\sigma_{pA} + \sigma_{pB}^{上})H_1 + \frac{1}{2}(\sigma_{pB}^{下} + \sigma_{pC})H_2$$
$$= \frac{1}{2} \times (34.64 + 154.64) \times 2 + \frac{1}{2} \times (120 + 228) \times 2 = 537.28(\text{kN/m})$$

土压力的分布如图 5-42 所示。

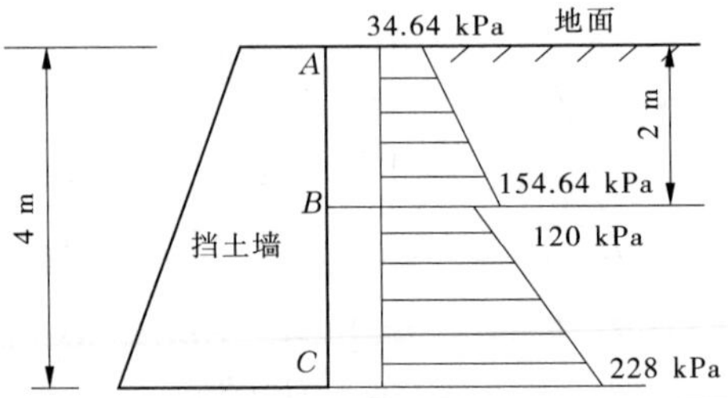

图 5-42 土压力分布

练习题

一、判断题

1. 按朗肯土压力理论计算被动土压力时，被动土压力系数为 $K_p = \tan^2(45° + \frac{\varphi}{2})$。(　　)

2. 计算挡土墙被动土压力时，墙后土中永远不会出现拉应力区。(　　)

3. 被动土压力任何情况下都小于主动土压力。(　　)

二、计算题

1. 挡土墙后填土性质如图 5-43 所示,计算挡土墙被动土压力并绘制土压力分布图。

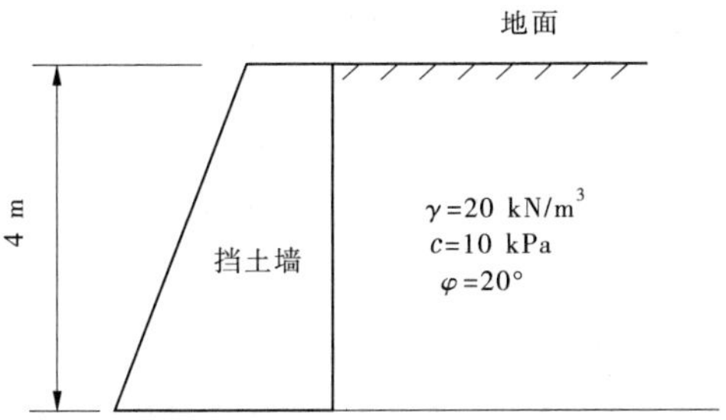

图 5-43　计算题第 1 题图

2. 挡土墙后填土分为两层,各层土性质如图 5-44 所示,计算挡土墙被动土压力、合力作用点位置并绘制土压力分布图。

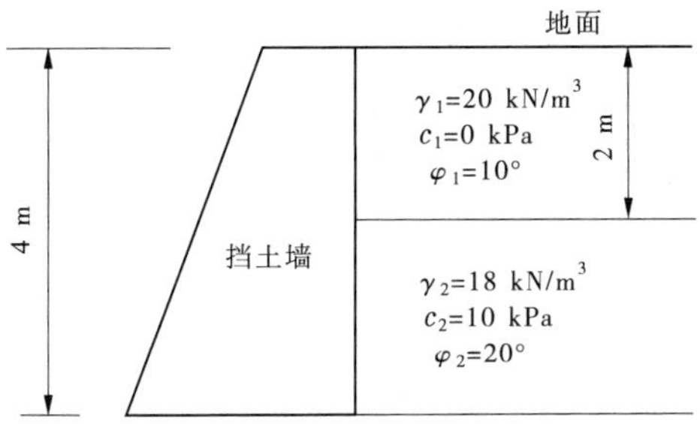

图 5-44　计算题第 2 题图

5.4　库仑土压力

5.4.1　库仑土压力理论

库仑土压力理论是由法国科学家库仑(Coulomb)于 1776 年提出的。它是根据墙后土体处于极限平衡状态并形成一滑动土楔体,根据楔体的静力平衡条件得出的土压力计算理论。

码 5-6　人物简介 4-土力学之始祖—库伦

库仑土压力理论的基本假设是:

(1)墙后填土是均质的无黏性土($c=0$)。

(2)挡土墙产生主动土压力或被动土压力时,如图 5-45(a)所示,墙后填土形成滑动土楔,其滑裂面为通过墙踵 B 点的平面 BC。

(3)滑动楔体为刚体,即本身无变形。

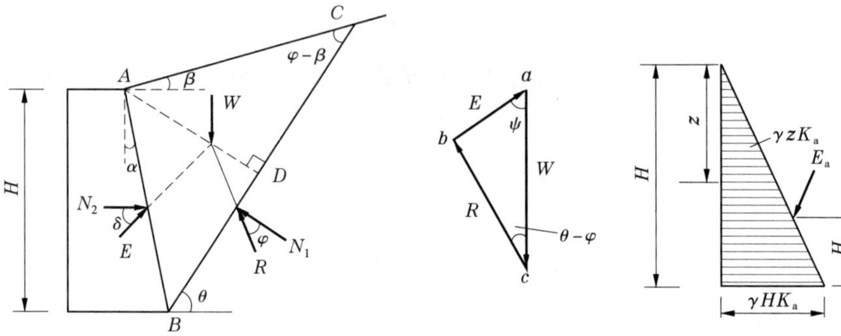

(a)土楔体ABC上的作用力　(b)力矢三角形　(c)土压力分布图

图 5-45　库仑主动土压力计算

5.4.2　主动土压力

取单位长度挡土墙进行分析，如图 5-45(a)所示，设挡土墙高为 H，墙背俯斜，与垂线夹角为 α，墙后填土为砂土，填土重度为 γ，内摩擦角为 φ，填土表面与水平面成 β 角，墙背与填土的摩擦角为 δ。

挡土墙在土压力作用下背离填土方向移动，当墙后填土处于极限平衡状态时，墙后填土形成一滑动土楔 ABC，其滑裂面为平面 BC，与水平面成 θ 角。

取处于极限平衡状态的滑动楔体△ABC 作为隔离体来进行分析，作用在△ABC 上的作用力有：

(1)土楔△ABC 的自重为 W，方向竖直向下。

$$W = \frac{1}{2}\overline{BC} \cdot \overline{AD} \cdot \gamma = \frac{\gamma H^2}{2} \cdot \frac{\cos(\alpha - \beta)\cos(\theta - \alpha)}{\cos^2\alpha\sin(\theta - \beta)} \tag{5-19}$$

(2)滑动面 BC 对楔体△ABC 的反力为 R，与滑动面 BC 的法线 N_1 的夹角为土的内摩擦角 φ，当土体处于主动极限平衡状态时，为阻止楔体下滑，R 位于 N_1 的下方。

(3)墙背对楔体的反力 E，与墙背的法线 N_2 的夹角为 δ，为阻止楔体下滑，E 位于 N_2 的下方，δ 为墙背与填土的摩擦角。与 E 大小相等、方向相反的反作用力就是作用在挡土墙上的主动土压力。

土楔体 ABC 在以上三力作用下处于静力平衡状态，因此三力形成一个闭合的力矢三角形，如图 5-45(b)所示。

由正弦定律可得：

$$E = W \cdot \frac{\sin(\theta - \varphi)}{\sin[180° - (\theta - \varphi - \psi)]} = W \cdot \frac{\sin(\theta - \varphi)}{\sin(\theta - \varphi - \psi)} \tag{5-20}$$

其中，$\psi = 90 - \alpha - \delta$。

将式(5-19)代入式(5-20)得：

$$E = \frac{\gamma H^2}{2} \cdot \frac{\cos(\alpha - \beta)\cos(\theta - \alpha)\sin(\theta - \varphi)}{\cos^2\alpha\sin(\theta - \beta)\sin(\theta - \varphi - \psi)} \tag{5-21}$$

在式(5-21)中，γ、H、α、β 和 φ、δ 都是已知的，即滑裂面 BC 与水平面的倾角 θ 则是任意假定的，所以给出不同的滑裂面可以得出一系列相应的土压力值。只有 E 值最大的滑裂面是最容易下滑的面，也是真正的滑裂面，其他的面都不会滑裂。因此，令 $\frac{dE}{d\theta}=0$，解出使 E 为最大值时所对应的破坏角 θ_{cr}，即为真正滑动面的倾角，然后将 θ_{cr} 代入式(5-21)得出最后作用于墙背上的总主动土压力 E_a 的大小。其表达式为

$$E_a=\frac{1}{2}\gamma H^2 K_a \tag{5-22}$$

$$K_a=\frac{\cos^2(\varphi-\alpha)}{\cos^2\alpha\cos(\alpha+\delta)\left[1+\sqrt{\frac{\sin(\varphi+\delta)\sin(\varphi-\beta)}{\cos(\alpha+\delta)\cos(\alpha-\beta)}}\right]^2} \tag{5-23}$$

式中　K_a——库仑主动土压力系数，由式(5-23)计算或查表 5-2 确定；

H——挡土墙高度，m；

γ——墙后填土的重度，kN/m³；

φ——墙后填土的内摩擦角，(°)；

α——墙背的倾斜角，(°)，俯斜时取正号，仰斜时取负号；

β——墙后填土面的倾角，(°)；

δ——土对挡土墙墙背的摩擦角，(°)，其值可由试验确定，无试验资料时，也可按表 5-3 选用。

表 5-2　库仑主动土压力系数 K_a 值

δ	α	β	φ							
			15°	20°	25°	30°	35°	40°	45°	50°
0°	−20°	0°	0.497	0.380	0.287	0.212	0.153	0.106	0.070	0.043
		10°	0.595	0.439	0.323	0.234	0.166	0.114	0.074	0.045
		20°		0.707	0.401	0.274	0.188	0.125	0.080	0.047
		30°				0.498	0.239	0.147	0.090	0.051
	−10°	0°	0.540	0.433	0.344	0.270	0.209	0.158	0.117	0.083
		10°	0.644	0.500	0.389	0.301	0.229	0.171	0.125	0.088
		20°		0.785	0.482	0.353	0.261	0.190	0.136	0.094
		30°				0.614	0.331	0.226	0.155	0.104
	0°	0°	0.589	0.490	0.406	0.333	0.271	0.271	0.172	0.132
		10°	0.704	0.569	0.462	0.374	0.300	0.238	0.186	0.142
		20°		0.883	0.573	0.441	0.344	0.267	0.204	0.154
		30°				0.750	0.436	0.318	0.235	0.172
	10°	0°	0.562	0.560	0.478	0.407	0.343	0.288	0.238	0.194
		10°	0.784	0.655	0.550	0.461	0.384	0.318	0.261	0.211
		20°		1.015	0.685	0.548	0.444	0.360	0.291	0.231
		30°				0.925	0.566	0.433	0.337	0.262
	20°	0°	0.736	0.648	0.569	0.498	0.434	0.375	0.322	0.274
		10°	0.896	0.768	0.663	0.572	0.492	0.421	0.358	0.302
		20°		1.205	2.834	0.688	0.576	0.484	0.405	0.337
		30°				1.169	0.740	0.586	0.474	0.385

续表 5-2

δ	α	β	φ 15°	20°	25°	30°	35°	40°	45°	50°
10°	−20°	0°	0. 427	0. 330	0. 252	0. 188	0. 137	0. 096	0. 064	0. 039
		10°	0. 529	0. 388	0. 286	0. 209	0. 149	0. 103	0. 068	0. 041
		20°		0. 675	0. 364	0. 248	0. 170	0. 114	0. 073	0. 044
		30°				0. 475	0. 220	0. 135	0. 082	0. 047
	−10°	0°	0. 477	0. 385	0. 309	0. 245	0. 191	0. 146	0. 109	0. 078
		10°	0. 590	0. 455	0. 354	0. 275	0. 211	0. 159	0. 116	0. 082
		20°		0. 773	0. 450	0. 328	0. 242	0. 177	0. 127	0. 088
		30°				0. 605	0. 313	0. 212	0. 146	0. 098
	0°	0°	0. 533	0. 447	0. 373	0. 309	0. 253	0. 204	0. 163	0. 127
		10°	0. 664	0. 531	0. 431	0. 350	0. 282	0. 225	0. 177	0. 136
		20°		0. 897	0. 549	0. 420	0. 326	0. 254	0. 195	0. 148
		30°				0. 762	0. 423	0. 306	0. 226	0. 166
	10°	0°	0. 603	0. 520	0. 448	0. 384	0. 326	0. 275	0. 230	0. 185
		10°	0. 759	0. 626	0. 524	0. 440	0. 369	0. 307	0. 253	0. 206
		20°		1. 064	0. 674	0. 534	0. 432	0. 351	0. 284	0. 227
		30°				0. 969	0. 564	0. 427	0. 332	0. 258
	20°	0°	0. 695	0. 615	0. 543	0. 478	0. 419	0. 365	0. 316	0. 271
		10°	0. 890	0. 752	0. 646	0. 558	0. 482	0. 414	0. 354	0. 300
		20°		1. 308	0. 844	0. 687	0. 573	0. 481	0. 403	0. 337
		30°				1. 268	0. 758	0. 594	0. 478	0. 388
15°	−20°	0°	0. 405	0. 314	0. 240	0. 180	0. 132	0. 093	0. 062	0. 038
		10°	0. 509	0. 372	0. 275	0. 201	0. 144	0. 100	0. 066	0. 040
		20°		0. 667	0. 352	0. 239	0. 164	0. 110	0. 071	0. 042
		30°				0. 470	0. 214	0. 131	0. 080	0. 046
	−10°	0°	0. 458	0. 371	0. 298	0. 237	0. 186	0. 142	0. 106	0. 076
		10°	0. 576	0. 442	0. 344	0. 267	0. 205	0. 155	0. 114	0. 081
		20°		0. 776	0. 441	0. 320	0. 237	0. 174	0. 125	0. 087
		30°				0. 607	0. 308	0. 209	0. 143	0. 097
	0°	0°	0. 518	0. 434	0. 363	0. 301	0. 248	0. 201	0. 160	0. 125
		10°	0. 656	0. 522	0. 423	0. 343	0. 277	0. 222	0. 174	0. 135
		20°		0. 914	0. 546	0. 415	0. 323	0. 251	0. 194	0. 147
		30°				0. 777	0. 422	0. 305	0. 225	0. 165
	10°	0°	0. 592	0. 511	0. 441	0. 378	0. 323	0. 273	0. 228	0. 189
		10°	0. 760	0. 623	0. 520	0. 437	0. 366	0. 305	0. 252	0. 206
		20°		1. 103	0. 679	0. 535	0. 432	0. 351	0. 284	0. 228
		30°				1. 005	0. 571	0. 430	0. 334	0. 260
	20°	0°	0. 690	0. 611	0. 540	0. 476	0. 419	0. 366	0. 317	0. 273
		10°	0. 904	0. 757	0. 649	0. 560	0. 484	0. 416	0. 357	0. 303
		20°		1. 383	0. 862	0. 697	0. 579	0. 486	0. 408	0. 341
		30°				1. 341	0. 778	0. 606	0. 487	0. 395

续表 5-2

δ	α	β	φ 15°	20°	25°	30°	35°	40°	45°	50°
20°	−20°	0°			0.231	0.174	0.128	0.090	0.061	0.038
		10°			0.266	0.195	0.140	0.097	0.064	0.039
		20°			0.344	0.233	0.160	0.108	0.069	0.042
		30°				0.468	0.210	0.129	0.079	0.045
	−10°	0°			0.291	0.232	0.182	0.140	0.105	0.076
		10°			0.337	0.262	0.202	0.153	0.113	0.080
		20°			0.437	0.316	0.233	0.171	0.124	0.086
		30°				0.614	0.306	0.207	0.142	0.096
	0°	0°			0.357	0.297	0.245	0.199	0.160	0.125
		10°			0.419	0.340	0.275	0.220	0.174	0.135
		20°			0.547	0.414	0.322	0.251	0.193	0.147
		30°				0.798	0.425	0.306	0.225	0.166
	10°	0°			0.438	0.377	0.322	0.273	0.229	0.190
		10°			0.521	0.438	0.367	0.306	0.254	0.208
		20°			0.690	0.540	0.436	0.354	0.286	0.230
		30°				1.051	0.582	0.437	0.338	0.264
	20°	0°			0.543	0.479	0.422	0.370	0.321	0.277
		10°			0.659	0.568	0.490	0.423	0.363	0.309
		20°			0.891	0.715	0.592	0.496	0.417	0.349
		30°				1.434	0.807	0.624	0.501	0.406

表 5-3 土对挡土墙墙背的摩擦角 δ

挡土墙情况	摩擦角 δ
墙背平滑，排水不良	$(0\sim0.33)\varphi_k$
墙背粗糙，排水良好	$(0.33\sim0.50)\varphi_k$
墙背很粗糙，排水良好	$(0.50\sim0.67)\varphi_k$
墙背与填土间不可能滑动	$(0.67\sim1.00)\varphi_k$

注：φ_k 为墙背填土的内摩擦角标准值。

当挡土墙满足朗肯土压力理论假设，即墙背垂直（$\alpha=0$）、光滑（$\delta=0$），填土面水平（$\beta=0$）时，式(5-22)可简化为

$$E_a=\frac{1}{2}\gamma H^2\tan^2(45°-\frac{\varphi}{2}) \tag{5-24}$$

可见，满足朗肯土压力理论假设时，库仑土压力理论与朗肯土压力理论的主动土压力计算公式相同，朗肯土压力理论是库仑土压力理论的特殊情况。

关于土压力强度沿墙高的分布形式，可通过对式(5-22)求导得出，即：

$$\sigma_a=\frac{dE_a}{dz}=\frac{d}{dz}(\frac{1}{2}\gamma z^2K_a)=\gamma zK_a \tag{5-25}$$

由式(5-25)可见，库仑主动土压力强度沿墙高呈三角形分布。值得注意，这种分布形式

只表示土压力大小，并不代表实际作用于墙背上的土压力方向。土压力合力 E_a 的作用方向仍在墙背法线上方，并与法线成 δ 角或与水平面成 $\alpha+\delta$ 角，如图 5-45(c)所示；E_a 作用点在距墙底 $H/3$ 处。

【例 5-13】 如图 5-46 所示，某重力式挡土墙 $H=4.0$ m，墙后回填砂土，$c=0$，$\varphi=30°$，$\gamma=18\,kN/m^3$。试分别求出当 $\delta=\frac{1}{2}\varphi$ 和 $\delta=0$ 时，作用于墙背上的总主动土压力 E_a 的大小、方向及作用点。

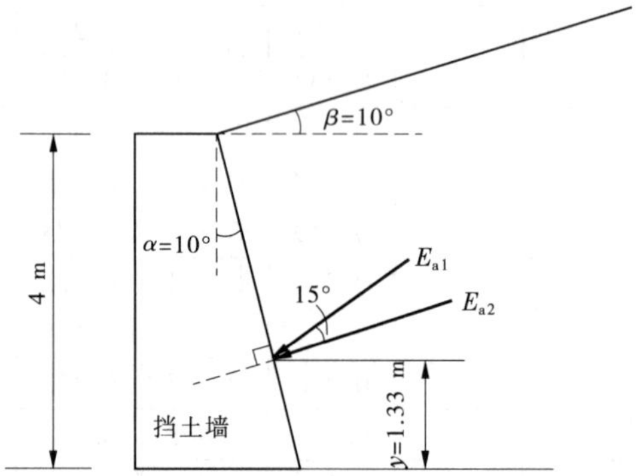

图 5-46 例 5-13 图

解 (1)求 $\delta=\frac{1}{2}\varphi$ 时的 E_{a1}。

用库仑土压力理论计算。根据 $\alpha=10°$，$\beta=10°$，$\varphi=30°$，$\delta=\frac{1}{2}\varphi=15°$，查表 5-2，得 $K_{a1}=0.437$。

$$E_{a1}=\frac{1}{2}\gamma H^2K_{a1}=\frac{1}{2}\times 18\times 4^2\times 0.437=62.9(\text{kN/m}))$$

E_{a1} 作用点位置在距墙底 $H/3$ 处，即 $x=\frac{1}{3}\times 4=1.33(\text{m})$。

E_{a1} 作用方向与墙背法线成 $\delta=15°$ 角，如图 5-46 所示。

(2)求 $\delta=0$ 时的 E_{a2}。

根据 $\alpha=10°$，$\beta=10°$，$\varphi=30°$，$\delta=0°$，查表 5-2，得 $K_{a2}=0.461$。

$$E_{a2}=\frac{1}{2}\gamma H^2K_{a2}=\frac{1}{2}\times 18\times 4^2\times 0.461=66.4(\text{kN/m})$$

E_{a2} 作用点同 E_{a1}，作用方向与墙背垂直。

(3)经上述计算比较得知，当墙背与填土之间的摩擦角 δ 减小时，作用于墙背上的总主动土压力将增大。

5.4.3 被动土压力

与产生主动土压力情况相反，当挡土墙受外力向填土方向移动直至墙后土体达到被动极限平衡状态时，产生沿平面 BC 向上滑动的土楔 ABC，如图 5-47(a)所示。此时，土楔 ABC

在其自重 W、反力 R 和土压力 E 的作用下平衡,组成力矢三角形,如图 5-47(b)所示。为阻止楔体上滑,土压力 E 和反力 R 均位于法线的上侧。按上述求主动土压力时同样的方法,可求得被动土压力合力 E_p 的表达式,如式(5-26)所示,但要注意与求主动土压力不同的地方,就是相应于 E 为最小值时的滑动面才是真正的滑动面,因为楔体在这时所受的阻力最小,最容易向上滑动。

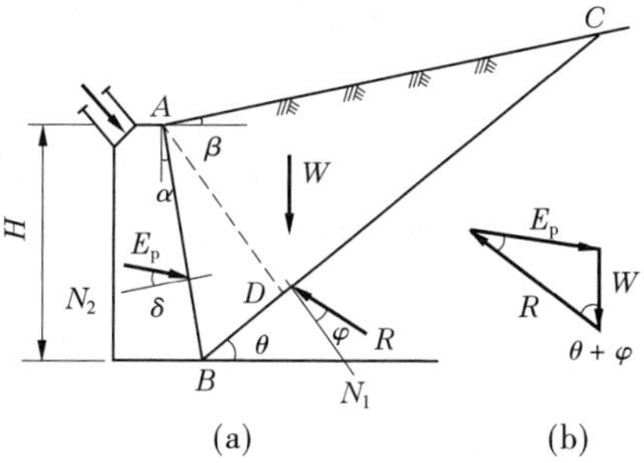

图 5-47　库仑被动土压力计算图

被动土压力合力 E_p 的表达式如下:

$$E_p = \frac{1}{2}\gamma H^2 K_p \tag{5-26}$$

$$K_p = \frac{\cos^2(\varphi + \alpha)}{\cos^2\alpha\cos(\alpha - \delta)\left[1 - \sqrt{\dfrac{\sin(\varphi + \delta)\sin(\varphi + \beta)}{\cos(\alpha - \delta)\cos(\alpha - \beta)}}\right]^2} \tag{5-27}$$

式中　K_p ——库仑被动土压力系数;

其他符号意义同前。

当挡土墙满足朗肯土压力理论假设,即墙背垂直($\alpha = 0$)、光滑($\delta = 0$),填土面水平($\beta=0$)时,式(5-26)可简化为

$$E_p = \frac{1}{2}\gamma H^2 \tan^2(45° + \frac{\varphi}{2}) \tag{5-28}$$

显然,满足朗肯土压力理论假设时,库仑土压力理论与朗肯土压力理论的被动土压力的计算公式也相同。

同样可得土压力强度沿墙高的分布形式,即:

$$\sigma_p = \frac{dE_p}{dz} = \frac{d}{dz}(\frac{1}{2}\gamma z^2 K_p) = \gamma z K_p \tag{5-29}$$

被动土压力强度 σ_p 沿墙高也呈三角形分布,合力 E_p 的作用方向在墙背法线下方,与法线成 δ 角,与水平面成 $\delta - \alpha$ 角,如图 5-48 所示,作用点在距墙底 $H/3$ 处。

5.4.4　黏性土的库仑土压力理论

库仑理论假设墙后填土是均质的无黏性土,也就是填土只有内摩擦角而没有黏聚力 c。但在实际工程中墙后土体有时为黏性土,为了考虑黏性土的黏聚力 c 对土压力数值的影响,就必须采取一些办法进行修正,使库仑土压力理论公式也可用来计算黏性土土压力。目前已提出了多种修正方法,下面对以下两种方法进行简要介绍。

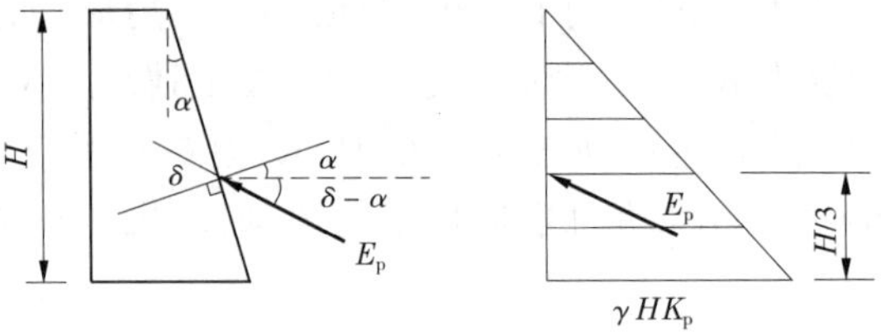

图 5-48　库仑被动土压力强度分布

5.4.4.1　**等值内摩擦角法**

这是一种近似计算方法，即把原具有 c、φ 值的黏性填土替换成仅具有等值内摩擦角 φ_D 的无黏性土，然后用库仑公式求解，这样计算的关键在于怎样确定等值内摩擦角。理论上该法是解释不通的，实际上对一般黏性土，地下水位以上土的内摩擦角常取 35°或 30°，地下水位以下用 30°~25°。但是，等值内摩擦角并非是一个定值，随墙高而变化，墙高越小，等值内摩擦角越大。如墙高为定值，则等值内摩擦角将随黏聚力的增加而迅速递增。计算表明：对于高墙而填土土质较差时，用 $\varphi_D = 35°$ 计算偏于不安全；对于低墙而填土土质较好时，用 $\varphi_D = 35°$ 计算却又偏于保守。可见用一个等值内摩擦角来代替填土的实际抗剪强度，不能很好符合实际情况，也并不都偏于安全。

5.4.4.2　**图解法——楔体试算法**

楔体试算法假设填土中的破裂面是平面，以代替实际的曲面破裂面，这使计算黏性填土的库仑主动土压力不致引起太大的误差，但在计算库仑被动土压力时误差较大。

根据前述朗肯土压力理论可知，在无荷载作用的黏性土半无限体表层 z_0 深度内，由于存在拉应力，将导致裂缝出现，如图 5-49(a)所示，故在 z_0 深度内的墙背面上和破裂面上无黏聚力 c 的作用。$z_0 = \dfrac{2c}{\gamma\sqrt{K_a}}$ 不因地表倾角不同而变化。

假设破裂面为 BD，作用在滑动楔体 EBD 上的力有：

(1)土楔体自重为 W，大小已知，方向竖直向下。

(2)滑动面 $\overline{BD}$ 上的反力为 R，与 $\overline{BD}$ 面的法线成 φ 角。

(3) $\overline{BD}$ 面上的总黏聚力 $C = c \cdot \overline{BD}$，$c$ 为填土内单位面积上的黏聚力，方向沿接触面。

(4)墙背与土接触面 AB 上的总黏聚力 $C_a = c_a \cdot \overline{AB}$，$c_a$ 为墙背与填土之间的黏聚力。

(5)墙背对填土的反力为 E，与墙背法线方向成 δ 角。

上述五个力的作用方向均为已知，且 W、c_a 和 C 的大小也已知。根据力系平衡的力多边形闭合的条件，即可确定出 E 的大小，如图 5-49(b)所示。

试算多个滑裂面，根据矢量 E 与 R 的交点的轨迹，画出一条光滑曲线，找到最大 E 值，即为主动土压力合力 E_a。

5.4.5　朗肯土压力理论与库仑土压力理论的比较

(1)从前面的分析可以看出，朗肯土压力理论和库仑土压力理论都是在做出一些假设后得到的，因此计算挡土墙土压力时，必须注意针对实际情况合理选择，否则将会造成不同程度的误差。

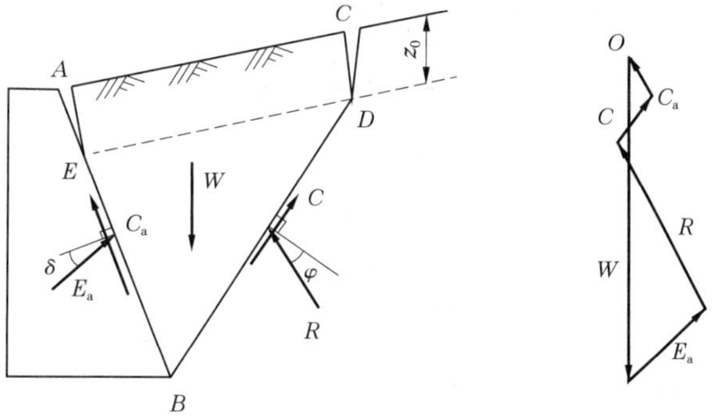

(a)作用在滑动土楔体上的力　　(b)力多边形

图5-49　用图解法求黏性土主动土压力

(2)朗肯土压力理论根据弹性半空间的应力状态和极限平衡理论分析确定土压力,概念明确,对黏性土和无黏性土都能计算。为了使墙后土体应力状态符合空间应力状态,必须假设墙背竖直、光滑,墙后填土面水平,因而使用范围受到限制。但由于其假定墙背与填土无摩擦,使计算的主动土压力偏大,被动土压力偏小,结果偏为保守。在基坑开挖工程中,作用在板桩墙上的土压力计算常采用朗肯土压力;对于黏性填土,可用朗肯公式直接计算,在一些特殊情况(如填土面上有均布荷载、成层填土、地下水位等),用朗肯公式计算比较简单,用库仑公式则无法计算。

(3)库仑土压力理论根据墙背和滑裂面之间的土楔处于极限平衡状态,用静力平衡条件推导出土压力的计算公式,考虑了墙背与土之间的摩擦力,并可用于墙背倾斜、填土面倾斜的情况,但由于该理论假设填土是无黏性土,因此不能用库仑土压力理论直接计算黏性土的土压力。库仑土压力理论把土体中的滑动面假定为平面,而实际上却是一曲面,这种平面滑动面的假定使计算出的土压力(特别是被动土压力)存在很大误差。通常在计算主动土压力时偏差为2%~10%,基本能满足工程精度要求;但在计算被动土压力时,由于破裂面接近于对数螺旋线,会产生较大误差,有时可达实测值的2~3倍或更大,因此在实际计算中不用库仑公式计算被动土压力。此时,宜按有限差分解或考虑对数螺旋线区的塑性理论解计算,具体方法可参见有关文献。

练习题

一、判断题

1. 库仑土压力理论最早假定挡土墙墙后的填土是均匀的砂性土。(　　)
2. 库仑土压力计算中α为墙背俯斜与垂线的夹角。(　　)
3. 库仑土压力计算中β为填土表面与竖直面的夹角。(　　)
4. 库仑土压力计算中δ为墙背与土的摩擦角。(　　)
5. 库仑土压力分为主动土压力和被动土压力。(　　)

二、计算题

如图5-50,挡土墙高为5 m,墙背倾角$\alpha=10°$,回填砂土表面水平,其重度为$\gamma=18$ kN/

m^3，$\varphi=35°$，$\delta=20°$，计算挡土墙的主动土压力。

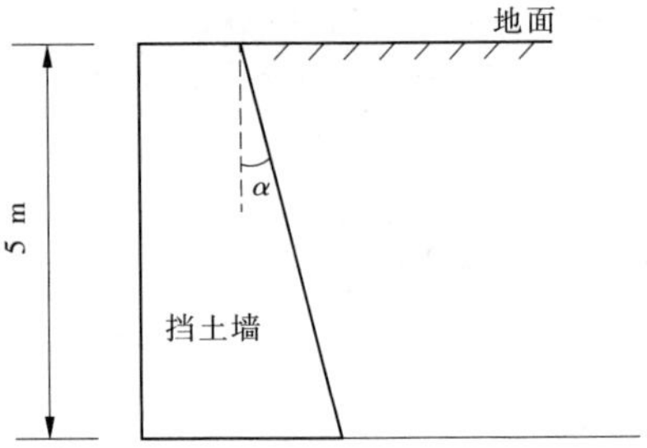

图 5-50　计算题图

小　结

一、挡土墙及土压力

(1) 挡土墙：用来支撑天然或人工斜坡不致坍塌，保持土体稳定性的一种建筑物。

(2) 挡土墙分类：重力式挡土墙、悬臂式挡土墙、扶臂式挡土墙、加筋土式挡土墙、锚杆式及锚定板挡土墙、桩板式挡土墙。

(3) 土压力：挡土墙承受墙后填土的自重或作用在填土表面上的荷载对墙背所产生的侧向压力。

(4) 静止土压力：当挡土墙在墙后填土的推力作用下，不产生任何移动或转动时，墙后土体没有破坏，而处于弹性平衡状态，作用于墙背上的土压力称为静止土压力，用 E_0 表示。

(5) 主动土压力：当挡土墙在土压力作用下，背离填土方向移动或转动时，墙后土体由于侧面所受限制的放松而有下滑趋势，土体内潜在滑动面上的剪应力增加，使作用在墙背上的土压力逐渐减小，当墙的移动或转动达到一定数值时，墙后土体达到主动极限平衡状态，此时作用在墙背上的土压力，称为主动土压力，用 E_a 表示。

(6) 被动土压力：当挡土墙在外力作用下，向着填土方向移动或转动时，墙后土体由于受到挤压，有上滑趋势，土体内滑动面上的剪应力反向增加，作用在墙背上的土压力逐渐增加，当墙的移动量足够大时，墙后土体达到被动极限平衡状态，这时作用在墙背上的土压力，称为被动土压力，用 E_p 表示。

二、静止土压力计算

静止土压力强度 $\sigma_0=K_0\gamma z$，静止土压力沿墙高呈三角形分布，若墙高为 H，则作用于单位长度墙上的总静止土压力 $E_0=\dfrac{1}{2}\gamma H^2K_0$。

三、朗肯土压力计算

(1) 朗肯土压力理论的基本假设条件是：挡土墙墙背竖直、光滑，墙后填土面水平。

(2) 主动土压力系数为 $K_a=\tan^2(45°-\dfrac{\varphi}{2})$。

(3) 墙后土体为黏性土时，主动土压力强度为 $\sigma_a=\gamma zK_a-2c\sqrt{K_a}$，黏性土的主动土压力强度包括两部分：一部分是由土的自重引起的土压力强度 $\gamma z K_a$，另一部分是由黏聚力 c 引起的负侧压力 $2c\sqrt{K_a}$，若墙高为 H，则作用于单位长度墙上的主动土压力为 $E_a=\frac{1}{2}\gamma H^2 K_a-2cH\sqrt{K_a}\frac{2c^2}{\gamma}$。

(4)墙后土体为无黏性土时，主动土压力强度为 $\sigma_a=\gamma z K_a$，沿墙高呈三角形分布，若墙高为 H，则作用于单位长度墙上的主动土压力为 $E_a=\frac{1}{2}\gamma H^2 K_a$。

(5)被动土压力系数为 $K_p=\tan^2(45°+\frac{\varphi}{2})$。

(6)墙后土体为黏性土时，被动土压力强度为 $\sigma_p=\gamma z K_p+2c\sqrt{K_p}$，黏性土的被动土压力强度呈梯形分布，若墙高为 H，则作用于单位长度墙上的被动土压力为 $E_p=\frac{1}{2}\gamma H^2 K_p+2cH\sqrt{K_p}$。

(7)墙后土体为无黏性土时，被动土压力强度为 $\sigma_p=\gamma z K_p$，非黏性土的被动土压力呈三角形分布，若墙高为 H，则作用于单位长度墙上的被动土压力为 $E_p=\frac{1}{2}\gamma H^2 K_p$。

四、库仑土压力计算

库仑土压力理论的基本假设是：①墙后填土是均质的无黏性土($c=0$)；②挡土墙产生主动土压力或被动土压力时，墙后填土形成滑动土楔，其滑裂面为通过墙踵的平面；③滑动楔体为刚体，即本身无变形。

思考练习题

1. 土压力有哪几种？影响土压力大小的因素有哪些？其中最主要的影响因素是什么？

2. 试阐述主动土压力、静止土压力、被动土压力的定义及产生的条件，在相同条件下比较三者的数值大小。

3. 试比较朗肯土压力理论和库仑土压力理论的基本假定、计算原理及适用条件。

4. 如图5-51所示，挡土墙的墙背垂直光滑，墙后填土面水平，试计算墙背主动土压力、静止土压力、被动土压力，并判断各压力之间大小。

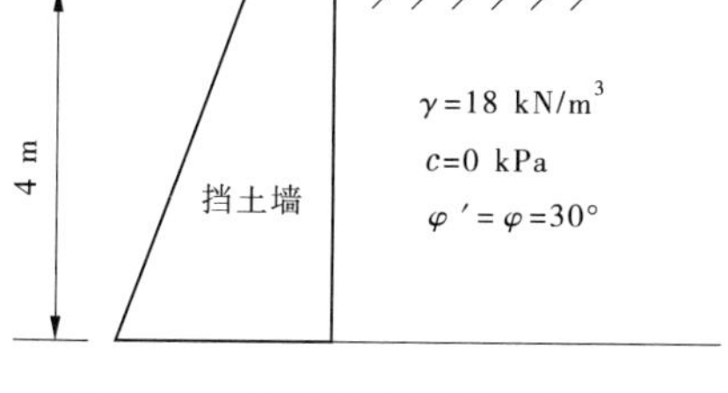

图5-51 思考练习题第4题图

5. 挡土墙高为4 m，墙背直立、光滑，填土面水平，填土由两层土组成，填土的物理力学性质如图 5-52 所示。试求主动土压力 E_a，并绘出主动土压力分布图。

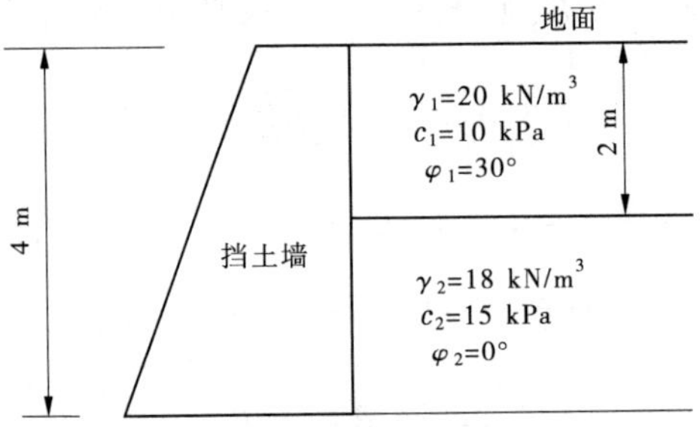

图 5-52　思考练习题第 5 题图

6. 如图 5-53 所示，一挡土墙墙背垂直光滑，填土面水平，且有地下水，计算作用在墙背的被动土压力，试计算被动土压力 E_p 大小和作用点位置，并绘出被动土压力分布图。

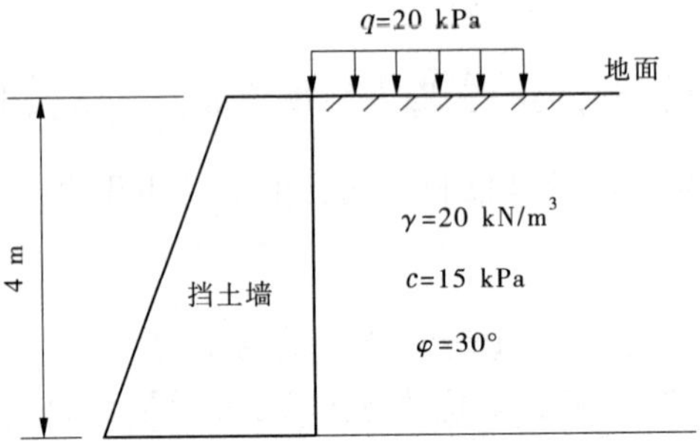

图 5-53　思考练习题第 6 题图

项目6 软弱地基处理

【知识要点】

软弱土的工程特性;软弱地基处理方法(换填法、强夯法、排水固结法、深层搅拌法、挤密法、CFG桩)的原理、适用范围及施工工艺。

【技能要求】

掌握软弱土的类型及工程特性,了解复合地基;

掌握换填法的定义和适用范围,了解换填法处理软弱地基;

掌握强夯法的定义和适用范围,了解强夯法处理软弱地基;

掌握排水固结法的定义和适用范围,了解排水固结法处理软弱地基;

掌握深层搅拌法的定义和适用范围,了解深层搅拌法处理软弱地基;

掌握挤密法的定义和适用范围,了解挤密法处理软弱地基;

掌握CFG桩的定义和适用范围,了解CFG桩处理软弱地基。

【思政导引】

国家的需要就是我们的研究方向
——龚晓南院士30余年创新实践,为地基处理开"良方"

我国地域辽阔,工程地质条件复杂,改革开放以来,工程建设规模日益扩大,因而在具体建设中,遇到越来越多的软弱地基或不良地基问题。作为长三角一体化的重要大动脉,杭宁高速公路浙江段于2000年建造,跨越杭嘉湖平原,大部分地区为河相、湖相沉积,软土分布范围广,软土层厚度变化大。高速公路建设中既要处理好地基稳定性问题、有效控制工后沉降和沉降差,又要尽量减小在施工期对当地群众交通的影响,难度很大。

由于特殊的地质地貌,这一路段一般线路多采用堆载预压法处理,但在对涵洞和通道地基如何处理上产生了困难。如果还是采用堆载预压法处理,预压完成后再进行开挖不仅工期长而且影响当地群众交通;但如果采用桩基础,虽然施工时间缩短,但是工程费用较大,而且与填土路堤连接处容易产生沉降差,形成颠簸出现"跳车"现象。

为了解决这一难题,龚晓南团队提出,将原来涵洞和通道堆载预压法处理改用低强度混凝土桩复合地基处理;同时在涵洞和通道二侧设置采用复合地基处理的过渡段,通过改变复合地基的桩长和置换率,实现了复合地基和堆载预压二种地基处理方法之间差异沉降的平缓过渡。龚晓南带着团队成员一起现场设计、实施、检测与科研。这比原设计的塑料排水板堆载预压处理方案的工期缩短了一年左右,而且不需要进行二次开挖,处理后路基工后沉降和不均匀沉降较小,有效地控制了"桥头跳车"现象。

在杭宁高速上的防"跳车"经验,如今普遍运用于软土地基高速公路的路堤与桥头连接处,通过复合地基处理过渡段,缓解差异沉降。在珠江三角洲高速公路的建设中,复合地基的广泛应用,在解决软基高填方路堤的稳定、沉降及扩建公路路堤加宽沉降控制等方面发挥了巨大作用,有效提高了公路建设质量,缩短了建设工期,降低了工程造价。

"土是自然和历史的产物,形成年代不同、区域不同,土体的成分构造不同。每一个工程所面临的地质条件是千差万别的，在大的理论框架下，我们还要对症下药，一个工程，一个‘方子’。”龚晓南说。

龚晓南出生于浙江金华汤溪镇山下龚村，家境贫寒却热爱读书。1961年他考入清华大学土建系，从此开启了人生的新篇章。“刚进清华，有两幅大标语让我印象深刻，一是‘清华园——工程师的摇篮’，二是‘为祖国健康工作五十年’。”龚晓南回忆道：“这两句话让我养成了两个习惯，那就是不断学习和坚持锻炼。”

6年的大学时光，也给龚晓南心里种下了一颗“为祖国服务”的种子。大学毕业后，龚晓南来到陕西凤县，投身到“大三线建设”当中。修公路、架桥梁、筑防洪堤，工程需要他干什么，龚晓南就干什么，这一干就是十余年。

1988年国外学习回国后，龚晓南看到国家建设急需发展高效、经济和快速的地基处理新技术时，就将研究重点转到了复合地基。从1990年龚晓南就一头扎了进去，勤勤恳恳地研究了近30年。从理论到实践，再从实践中凝练问题，理论再研究，这段路重复了无数次。

龚晓南院士是我国培养的第一位岩土工程博士，在一次采访中龚晓南说：“作为一个青年学生，首先，不管干什么事情，勤奋是基础，哪怕再聪明，你还是要学习的，这个是基础；另外，尽量挑自己有兴趣的事情做，但是当你挑好了就得好好干，这样人的效率和能力会激发出来；凡事要从小事入手，通过完成一件件小事情，积累一段时间后，可能有一定的成果；最后要对自己有一个合理的估计，你的期望不要超过你自己的潜能。”

在2018年国家科学技术奖励大会上，龚晓南院士领衔的“复合地基理论、关键技术及工程应用”获得了国家科技进步奖一等奖。

龚晓南院士总是说：“国家的需要就是我们的研究方向”。

6.1 概　述

若天然地基软弱，不能满足地基承载力和变形等要求，则先要经过人工加固后再建造基础，这种人工处理地基的方法称为软弱地基处理。地基处理的目的是利用人工置换、夯实、挤密、排水、注浆、加筋和冷热处理等方法，对软弱地基土进行改造和加固，来改善地基土的工程性质，包括改善地基土的变形特性和渗透性，提高其抗剪强度和抗液化能力，使其满足工程建设的要求。

如图6-1~图6-4所示，软弱土地基经过处理，防止了各类倒塌、倾斜、地基液化、下沉等事故的发生，确保了基础和上部结构的使用安全和耐久性，具有较大的技术和经济意义。

图6-1　加拿大特朗斯康谷仓倾斜

图6-2　意大利比萨斜塔

图 6-3　日本新潟地震地基液化

图 6-4　高速公路路基下沉

6.1.1　软弱土的特征

根据现行国家标准《建筑地基基础设计规范》(GB 50007—2011)规定,软弱地基系指主要由淤泥、淤泥质土、冲填土、杂填土或其他高压缩性土层构成的地基。以下简述软弱地基土的特征。

6.1.1.1　软土

淤泥及淤泥质土称为软土。它是在静水或非常缓慢的流水环境中沉积,经生物化学作用形成的,天然含水率大于液限、天然孔隙比大于或等于1.0的黏性土。当天然孔隙比大于或等于1.0且小于1.5时为淤泥质土;当天然孔隙比大于或等于1.5时为淤泥。软土广泛分布在我国沿海地区、湖盆、洼地及河流两岸。软土具有显著的结构性和明显的流变性,以及抗剪强度低、压缩性较高和透水性较差等特性。因此,在软土地基上修建建筑物,必须重视地基的变形和稳定问题。软土的工程特性主要有:

(1)含水率高,孔隙比大:$\omega=40\%\sim90\%$,甚至$>100\%$。

(2)压缩性高:压缩系数 $a>0.5\sim3.0\ \text{MPa}^{-1}$。

(3)抗剪强度低:黏聚力 $c_u<20$ kPa,软土承载力一般为50~80 kPa。

(4)渗透性较差:渗透系数 $k=10^{-6}\sim10^{-8}$ cm/s,固结过程长。

(5)具有显著的结构性:我国沿海软土的灵敏度 $S_t=4\sim10$,属高灵敏土。

(6)具有明显的流变性:次固结量随时间增加。

6.1.1.2　冲填土

冲填土是在整治和疏通江河时,用挖泥船或泥浆泵把江河或港湾底部的泥砂用水力冲填或吹填形成的沉积土。在我国长江、黄浦江和珠江两岸及天津等地分布着不同性质的冲填土。冲填土的物质成分比较复杂,以粉土、黏土为主,则属于欠固结的软弱土;而主要由中砂粒以上的粗颗粒组成的,则不属于软弱土。冲填土的工程性质主要取决于颗粒组成、均匀性和排水固结条件等。

6.1.1.3　杂填土

杂填土是由于人类活动而产生的人工杂物,包括建筑垃圾、工业废料和生活垃圾等。杂填土的成因没有规律,组成物质杂乱,分布极不均匀,结构松散。其主要特性是强度低、压缩性高和均匀性差,一般还具有浸水湿陷性。即使在同一建筑场地的不同位置,地基承载力和压缩性也有较大差异。对有机质含量较多的生活垃圾和对地基有侵蚀性的工业废料等杂填土,设计时尤应注意。杂填土一般未经处理不宜作为地基持力层。

6.1.1.4 其他高压缩性土

饱和松散粉细砂及部分粉土,在机械振动、地震等动力荷载的重复作用下,有可能会产生液化或震陷变形。另外,在基坑开挖时,也可能会产生流砂或管涌。因此,对于这类地基土,往往需要进行地基处理。

6.1.1.5 特殊土地基

大部分带有地区性特点,包括湿陷性黄土、膨胀土和冻土等。

码 6-1 典型案例 16-"工程癌症"膨胀土

码 6-2 典型案例 17-南水北调中线工程(膨胀土对工程的影响)

6.1.2 地基处理方法分类

地基处理方法分类多种多样。按时间分为临时处理和永久处理;按处理深度分为浅层处理和深层处理;按处理土性分为砂性土处理和黏性土处理、饱和土处理和非饱和土处理;也可以按照地基处理的作用机制分类,见表 6-1。需要说明,一种地基处理方法可能会同时具有几种不同的作用,如砂石桩具有置换、挤密、排水和加筋等多重作用。

表 6-1 软弱土地基处理方法分类

分类	处理方法	原理及作用	适用范围
换填垫层	砂石垫层、素土垫层、灰土垫层、矿渣垫层等	挖去地表浅层软弱土层或不均匀土层,回填坚硬、较粗粒径的材料,并夯压密实,形成垫层,从而提高地基承载能力	适用于处理浅层软弱地基或不均匀地基
碾压和夯实	重锤夯实、机械碾压、振动压实	利用压实原理,通过夯实、碾压、振动,把地表层压实,以提高其强度,减少其压缩性和不均匀性,消除其湿陷性	适用于处理低饱和度的黏性土、粉土、砂土、碎石土、人工填土等
	强夯	反复将重锤提到高处使其自由落下,给地基以冲击和振动能量,将其夯实,从而提高土的强度,降低其压缩性,在有效影响深度范围内消除土的液化和湿陷性	适用于处理碎石土、砂土、低饱和度的粉土和黏性土、湿陷性黄土、素填土、杂填土等
预压	堆载预压、真空预压、降水预压	对地基进行堆载预压或真空预压,加速地基的固结和强度增长,提高地基稳定性,加速沉降发展,使地基沉降提前完成。降水预压则是借井点抽水降低地下水位,以增加土的自重应力,达到预压的目的	堆载预压或真空预压适用于处理饱和软弱土。降水预压适用于渗透性较好的砂或砂质土

续表 6-1

分类	处理方法	原理及作用	适用范围
挤密、振密	土或灰土挤密桩、石灰桩、砂石桩等	借助于机械、夯锤或爆破,使土的孔隙减少,强度提高,必要时回填素土、灰土、石灰、砂、碎石等,与地基组成复合地基,从而提高地基的承载能力,减少沉降量	适用于处理无黏性土、杂填土、非饱和黏性土及湿陷性黄土等
置换及拌入	高压喷射注浆、水泥搅拌桩等	在地基中掺入水泥、石灰或砂浆等形成增强体,与未处理部分土组成复合地基,从而提高地基的承载力,减少沉降量	适用于处理软弱黏性土、欠固结充填土、粉砂、细砂等
加筋	土工合成材料加筋、锚固、加筋土、树根桩	通过在地基中设置强度较大的土工合成材料、拉筋等加筋材料,从而提高地基承载力,减少沉降量,或维持建筑物的稳定	适用于处理砂土、软弱土、人工填土地基
托换技术	桩式托换、灌浆托换、加热托换、纠偏托换	通过独特的技术措施对原有建筑物和基础处理、加固或改建,来改变受力和变形性能,以满足原有建筑物的安全和正常使用。	根据建筑物和地基基础情况确定

6.1.3 复合地基

6.1.3.1 复合地基的概念与分类

复合地基是指天然地基在地基处理过程中部分土体被增强或被置换形成增强体,由增强体和其周围地基土共同承担荷载的地基。复合地基有两个基本特点:

(1)加固区是由增强体和周围地基土两部分组成,是非均质和各向异性的。

(2)增强体和其周围地基土体共同承担荷载并协调变形。前一特点使它区别于均质地基(包括天然和人工均质地基),后一特点使它区别于桩基础。

复合地基的分类方法有多种。根据地基中增强体的方向可分为竖向增强体复合地基(包括柔性桩、半刚性桩和刚性桩复合地基)和横向增强体复合地基(包括土工合成材料、金属材料格栅等形成的复合地基);根据成桩材料可分为散体材料桩(如砂石桩、石灰桩、灰土挤密桩、土挤密桩等)、水泥土类桩(如水泥土搅拌桩、夯实水泥土桩、旋喷桩等)和混凝土类桩(如水泥粉煤灰碎石桩、树根桩、锚杆静压桩等);根据成桩后桩体的强度(或刚度)可分为柔性桩(散体材料桩属此类)、半刚性桩(水泥土类桩属此类)和刚性桩(混凝土类桩属此类)。

6.1.3.2 复合地基的作用机制

复合地基的作用机制可体现在以下几个方面。

(1)桩体作用。复合地基是由许多独立桩体与桩周土共同工作,由于桩体的刚度比周围土体大,在刚性基础底面产生等量变形时,地基中的应力将重新分配,桩体产生应力集中而桩周土应力降低,于是复合地基承载力和整体刚度高于原地基,沉降量有所减小。

(2)加速固结作用。散体材料桩具有良好的透水性,可加速地基的固结。另外,水泥土类桩和混凝土类桩在某种程度上也可加速地基固结。

(3)挤密作用。砂石桩等在施工过程中由于振动、挤压等原因,可对桩间土起到一定的密实作用。

(4)加筋作用。通过在土层中埋设强度较大的土工合成材料、拉筋、受力杆件等达到提高地基承载力和整体刚度,减小沉降,或维持建筑物稳定的作用。

(5)褥垫层作用。复合地基与桩基础在构造上的区别是:桩基础中群桩与基础承台相连接,而复合地基中的桩体与浅基础之间通过褥垫层过渡,如图 6-5、图 6-6 所示。复合地基的褥垫层可调节桩土相对变形,避免荷载引起桩体应力集中,有效保证桩体正常工作。

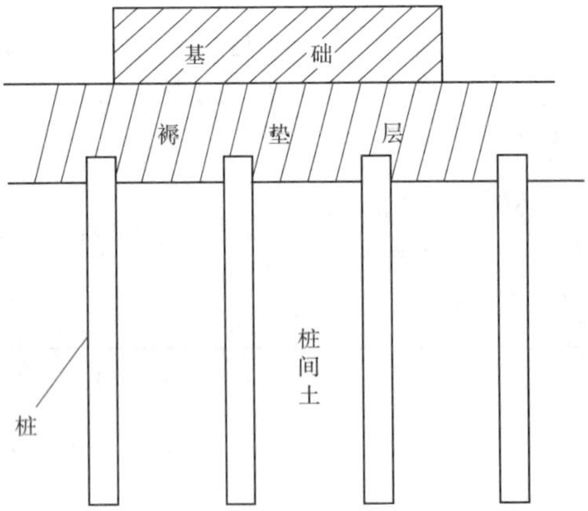

图 6-5　复合地基

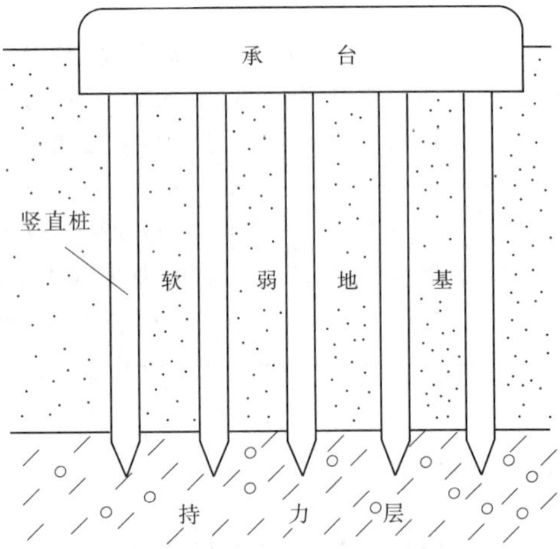

图 6-6　桩基础

练习题

一、判断题

1. 复合地基是指天然地基中部分土体得到增强、置换,或设置加筋材料,加固区是由基体和增强体两部分组成的人工地基。(　　)

2. 桩基础由基桩和连接于桩顶的承台共同组成。(　　)

3. 冲填土是由于人类活动而产生的人工杂物,包括建筑垃圾、工业废料和生活垃圾等。(　　)

4. 淤泥及淤泥质土称为软土。它是在静水或非常缓慢的流水环境中沉积,经生物化学作用形成的。(　　)

二、选择题

1. 复合地基的作用机制有(　　)。

A. 挤密　　B. 置换　　C. 排水　　D. 加筋

E. 垫层

2. 我国现行标准《建筑地基基础设计规范》(GB 50007—2011)中规定:软弱地基是指压缩层主要由(　　)构成的地基。

A. 淤泥　　B. 淤泥质土　　C. 冲填土　　D. 杂填土
E. 其他高压缩性土层

3. 根据成桩后桩体的强度(或刚度)可分为(　　)。
A. 柔性桩　　B. 刚性桩　　C. 半刚性桩　　D. 半柔性桩

4. 地基处理方法分类多种多样,按处理深度分为(　　)。
A. 浅层处理　　B. 临时处理　　C. 深层处理　　D. 永久处理

6.2 换填法

码 6-3　典型案例 18-地基处理(换填法)

换填法是将基础底面下一定范围内的软弱土层挖去,然后分层填入强度较大的砂、碎石、素土、灰土以及其他性能稳定和无侵蚀性的材料,并夯实(或振实)至要求的密实度,如图 6-7 所示。当软弱土地基的承载力和变形满足不了建筑物的要求,而软弱土层的厚度又不很大时,采用换填法能取得较好的效果。

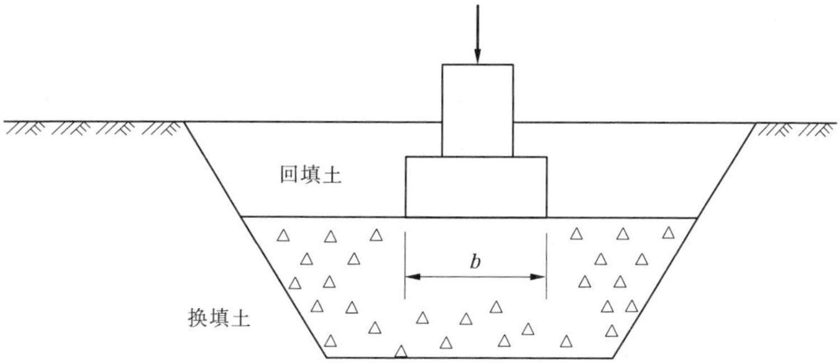

图 6-7　换填法地基处理

6.2.1　适用范围

换填法适用于淤泥、淤泥质土、湿陷性黄土、素填土、杂填土地基及暗沟、暗塘等浅层处理。常用于轻型建筑、地坪、堆料场地和道路工程等地基处理。当建筑物荷载不大,软弱土层厚度较小时,采用换填垫层法能取得较好的效果。

6.2.2　换填法的作用

(1)提高持力层的强度,并将建筑物基底压力扩散到垫层以下的软弱地基,从而满足强度要求。

(2)垫层置换了软弱土层,从而可减少地基的变形量。

(3)加速软土层的排水固结。

(4)防止冻胀。

(5)对湿陷性黄土、膨胀土等特殊土,处理的目的是为了消除或部分消除地基土的湿陷性、胀缩性等。

在各类工程中，垫层所起的作用往往是不同的，如房屋建筑基础下的垫层主要起提高浅层地基承载力的作用；而在路堤及土坝等工程中的垫层主要起排水固结的作用。

6.2.3 换填的材料

目前换填可选用下列材料：砂石、粉质黏土、灰土、矿渣、粉煤灰、其他工业废渣、土工合成材料等。但应注意：

(1)对湿陷性黄土地基，不得选用砂石等透水材料。

(2)用于湿陷性黄土或膨胀土地基的粉质黏土垫层，土料中不得夹有砖、瓦和石块。

(3)易受酸、碱影响的基础或地下管网不得采用矿渣垫层。

(4)作为建筑物垫层的粉煤灰和矿渣应符合有关放射性安全标准的要求，大量填筑粉煤灰和矿渣时，应考虑对地下水或土壤的环境影响。

(5)所用土工合成材料的品种与性能及填料的土类应根据工程特性和地基土条件，按照现行国家标准《土工合成材料应用技术规范》(GB/T 50290—2014)的要求，通过设计并进行现场试验后确定。

6.2.4 施工工艺(以灰土换填为例)

(1)首先检查土料种类和质量、石灰材料的质量是否符合标准要求；然后分别过筛。块灰闷制的熟石灰，要用6~10 mm的筛子过筛，生石灰粉可直接使用；土料要用16~20 mm筛子过筛，均应确保粒径的要求。

(2)灰土拌和：灰土的配合比应用体积比，除设计有特殊要求外，一般为2:8或3:7。基础垫层灰土必须过标准斗，严格控制配合比。拌和时必须均匀一致，至少翻拌两次，拌和好的灰土颜色应一致。

(3)灰土施工时，应适当控制含水率。如土料水分过大或不足，应晾干或洒水润湿。

(4)基坑(槽)底或地基土表面应清理干净。特别是槽边掉下的虚土，风吹入的树叶、木屑、纸片、塑料袋等垃圾杂物。

(5)分层铺灰土：每层的灰土铺摊厚度，可根据不同的施工方法，按表6-2选用。

表6-2 灰土最大虚铺厚度

项次	夯具的种类	重量(kN)	虚铺厚度(mm)	备注
1	石夯、木夯	0.4~0.8	200~250	人力打夯，落高400~500 mm，一夯压半夯
2	轻型夯实工具	1.2~4.0	200~250	蛙式打夯机、柴油打夯机、夯实后100~250 mm
3	压路机	60~100	200~300	双轮

(6)夯打密实：夯打(压)的遍数应根据设计要求的干密度或现场试验确定，一般不少于三遍。人工夯打应一夯压半夯，夯夯相接，行行相接，纵横交叉。

练习题

一、判断题

1. 换填法适用于淤泥、淤泥质土、暗塘等浅层处理。(　　)

2. 换填法中对湿陷性黄土地基,不得选用砂石等透水材料。(　　)

3. 换填法中使用粉煤灰和矿渣,要考虑对环境的影响。(　　)

4. 换填法中所用土工合成材料的品种与性能,通过现场试验后确定。(　　)

5. 换填法处理材料不可以使用工业废渣、土工合成材料。(　　)

二、选择题

1. 换填法中粉质黏土和灰土土料的施工含水率宜控制在(　　)。

A. 最优含水率 $\omega_{op}\pm4\%$　　B. 最优含水率 ω_{op}

C. 最优含水率 $\omega_{op}\pm2\%$　　D. 最优含水率 $\omega_{op}\pm10\%$

2. 砂垫层施工控制的关键是(　　)。

A. 虚铺厚度　　B. 最大干密度　　C. 最优含水率　　D. 换填深度

3. 垫层的主要作用有(　　)。

A. 提高地基承载力　　B. 减少沉降量

C. 加速软弱土层的排水固结　　D. 防止冻胀

E. 消除膨胀土的胀缩作用

4. 换填法的处理深度通常宜控制在(　　)以内。

A. 3 m　　B. 5 m　　C. 1.5 m　　D. 0.5 m

5. 对现场土的压实,应以(　　)来进行检验。

A. 压实系数　　B. 施工含水率　　C. 铺填厚度　　D. 压实遍数

6.3　排水固结法

码6-4　动画16-地基处理(堆载预压排水固结法)

排水固结法是对地基进行堆载或真空预压,使地基土固结的地基处理方法。该法常用于解决饱和软黏土地基的沉降和稳定问题,可使地基的沉降在加载期间基本完成或大部分完成,使建筑物在使用期间不致产生过大的沉降量和沉降差。同时,可增加地基土的抗剪强度,从而提高地基的承载力和稳定性。

排水固结法是由排水系统和加压系统两部分共同组成的。排水系统,主要用于改变原有地基的排水条件,缩短排水距离。该系统由水平排水垫层和竖向排水体构成。当软土层较薄,或土的渗透性较好而施工期较长时,可仅在地面铺设一定厚度的砂垫层,然后加载。当软土层较厚且土的渗透性较差时,可在地基中设置砂井等竖向排水体,地面连接砂垫层,构成排水系统,加快土体固结,如图6-8所示。

加压系统,是指对地基施加预压的荷载,它使地基土的附加压力增加而产生固结。其加压材料有固体(土石料等)、液体(水等)、真空负压力等。根据所施加的预压荷载不同,预压

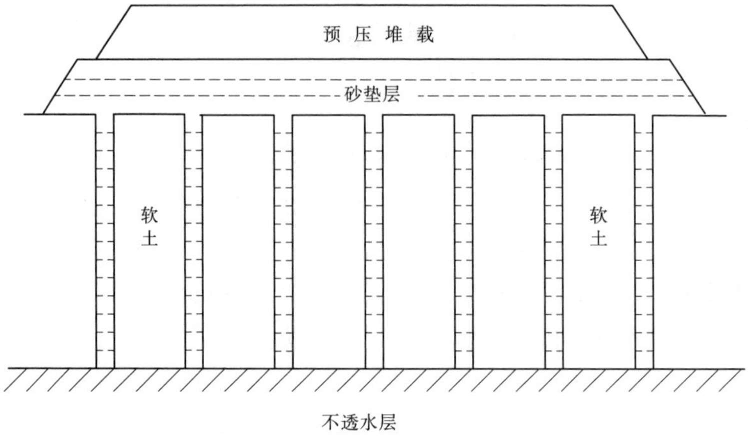

图 6-8 堆载预压法

法可分为堆载预压法、真空预压法和降低地下水位法。堆载预压法是直接在地基上加载而使地基固结的方法;真空预压法是通过对覆盖于竖井地基表面的不透气薄膜内抽真空,而使地基固结的方法,如图 6-9 所示;降低地下水位法是通过降低地基土中的地下水位,增加土的有效自重应力,促使地基固结的方法。在实际工程中,可单独使用一种方法,也可将几种方法联合使用。

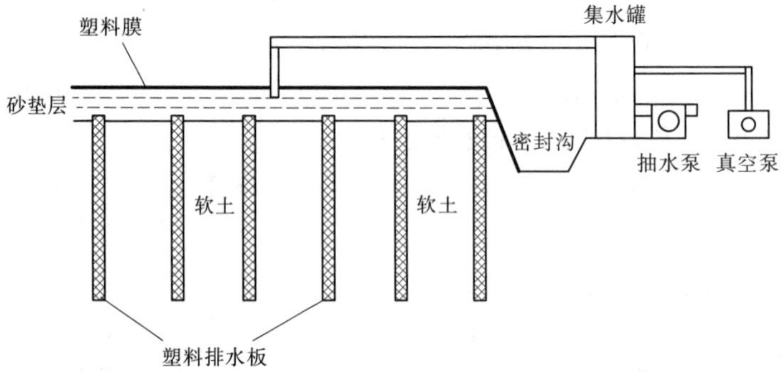

图 6-9 真空预压法

6.3.1 适用范围

排水固结法适用于处理淤泥、淤泥质土和冲填土等饱和软黏土地基。对于砂类土和粉土,以及软土层厚度不大或软土层含较多薄粉砂夹层,且固结速率能满足工期要求时,可直接用堆载预压法;对深厚软黏土地基,应设置塑料排水带或砂井等排水竖井。真空预压法适用于能在加固区形成(包括采取措施后形成)稳定负压边界条件的软土地基;降低地下水位法适用于砂性土地基,也适用于软黏土层上存在砂性土的情况。

码 6-5 典型案例 19-浦东国际机场跑道(真空预压排水法)

6.3.2　加固原理

码6-6　工程图片3-真空预压施工

饱和软黏土地基在荷载作用下,孔隙中的水逐渐地排出,孔隙体积不断减小,地基发生固结变形,同时随着超静孔隙水压力逐渐消散,有效应力逐渐提高,地基土的强度逐渐增长。如果在建筑场地先加一个和上部建筑物相同的压力进行预压,使土层固结完后卸除荷载再建造建筑物,这样建筑物所引起的沉降即可大大减小。如果预压荷载大于建筑物荷载,即所谓超载预压,则效果更好,因为当土层的固结压力大于使用荷载下的固结压力时,原来的正常固结黏土层将处于超固结状态,从而使土层在使用荷载下的变形大为减小。

土层的排水固结效果和它的排水边界条件有关。当土层厚度相对荷载宽度(或直径)比较小时,土层中孔隙水向上下面透水层排出而使土层发生固结,如图6-10所示,称为竖向排水固结。根据太沙基固结理论,黏性土固结所需时间与排水距离的平方成正比。因此,为了加速土层的固结,常在被加固地基中置入砂井、塑料排水板等竖向排水体,增加土层的排水途径,缩短排水距离,达到加速地基固结的目的。

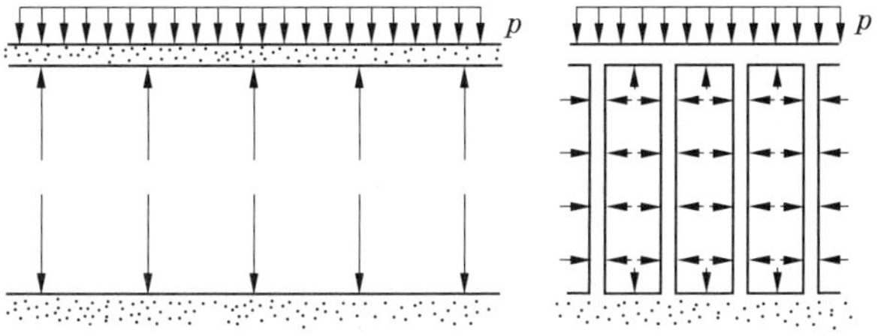

图6-10　砂井竖向排水情况

6.3.3　施工工艺

(1)砂井成孔:先用打桩机将井管沉入地基中预定深度后,吊起桩锤,在井管内灌入砂料,然后利用桩架上的卷扬机吊振动锤,边振动边将桩管向上拔出;或用桩锤,边锤击边拔管,再复打桩管,以捣实挤密形成砂柱,如此往复,使拔管与冲击交替重复进行,直至砂充填井孔内,井管拔出。控制拔管的速度,使砂子借助重力留于井孔中形成密实的砂井。

(2)采用锤击法沉桩管,管内砂子亦可用吊锤击实,或用空气压缩机向管内通气压实。

(3)打砂井顺序应从外围或两侧向中间进行,砂井间距较大的可逐排进行。打砂井后基坑表层会产生松动隆起,应进行压实。

(4)灌砂井中砂的含水率应加控制,对饱和土层,砂可采用饱和状态,对非饱和土和杂填土,或能形成直立孔的土层。

(5)砂井顶面铺设排水砂垫层,分层铺设、夯实。

(6)堆载方法,大面积可采用自卸汽车与推土机联合作业。预压荷载一般取等于或大于设计荷载。有时为加速压缩过程和减少建(构)筑物的沉降,可采用比建(构)筑物重量大10%~20%的超载进行预压。

练习题

一、判断题

1. 排水固结法分为堆载预压、真空预压、无载预压。(　　)

2. 排水固结法适用于处理淤泥、淤泥质土和冲填土等饱和软黏土地基。(　　)

3. 排水系统指的是竖向排水体。(　　)

4. 土层的排水固结效果和它的排水边界条件无关。(　　)

5. 降低地下水位法不适用于砂性土地基，但适用于软黏土层上存在砂性土的情况。(　　)

二、选择题

1. 砂井在地基中的作用为(　　)。

A. 置换作用　　B. 排水作用　　C. 加筋作用　　D. 复合作用

2. 排水固结法适用于处理(　　)地基土。

A. 淤泥　　B. 淤泥质土　　C. 泥炭土　　D. 冲填土

E. 有机质土　　F. 砂性土

3. 竖向排水体在工程中的应用有(　　)。

A. 普通砂井　　B. 砂垫层　　C. 袋装砂井　　D. 塑料排水带

4. 在排水系统中，属于水平排水体的有(　　)。

A. 普通砂井　　B. 袋装砂井　　C. 塑料排水带　　D. 砂垫层

6.4　强夯法和强夯置换法

强夯法是通过8~40 t的重锤(最重可达200 t)和8~25 m的落距(最高可达40 m)，对地基土反复施加冲击和振动能量，将地基土夯实的地基处理方法。强夯置换法是将重锤提到高处使其自由落下形成夯坑，并不断夯击坑内回填的砂石、钢渣等硬粒料，使其形成密实的墩体的地基处理方法。强夯法和强夯置换法可提高地基土的强度、降低土的压缩性、改善砂土的抗液化条件、消除湿陷性黄土的湿陷性等。同时，冲击和振动能量还可提高土层的均匀程度，减少将来可能出现的差异沉降。强夯法在开始时，仅用于加固砂土和碎石土地基，经过多年的发展和应用，它已适用于碎石土、砂土、低饱和度的粉土与黏性土、湿陷性黄土、杂填土和素填土等地基的处理。

码6-7　课程思政案例4-长城的夯土技术

对饱和度较高的粉土与黏性土，如用强夯法处理效果不太显著，则采用强夯置换法。

6.4.1　适用范围

强夯法适用于处理碎石土、砂土、低饱和度的粉土与黏性土、湿陷性黄土、素填土和杂填土等地基。强夯置换法适用于高饱和度的粉土与软塑—流塑的黏性土等对地基土变形控制要求不严的工程。但是强夯法不得用于不允许对工程周围建筑物和设备有振动影响的场地地基加固,必需时,应采取防振、隔振措施。强夯置换法在设计前必须通过现场试验确定其适用性和处理效果。

6.4.2 加固机制

强夯法加固地基有三种不同的加固机制:动力密实、动力固结和动力置换,它取决于地基土的类别和强夯法的施工工艺。

6.4.2.1 动力密实

采用强夯法加固多孔隙、粗颗粒、非饱和土是基于动力密实的机制,即用冲击型动力荷载,使土体中的孔隙减小,土体变得密实,从而提高地基土强度。非饱和土的夯实过程,就是土中的气相(空气)被挤出的过程,夯实变形主要是由于土颗粒的相对位移引起的。

6.4.2.2 动力固结

用强夯法处理细颗粒饱和土时,则是借助于动力固结理论,即巨大的冲击能量在土中产生很大的应力波,破坏土体原有结构,使土体局部发生液化并产生裂隙,从而增加排水通道,加速孔隙水排出,随着超静孔隙水压力的消散,土体逐渐固结。由于软土的触变性,强度得到提高。

6.4.2.3 动力置换

动力置换是利用夯击时产生的冲击力,强行将砂、碎石等挤填到饱和软土层中,置换原饱和软土,形成“桩柱”或密实砂石层。与此同时,未被置换的下卧层饱和软土,在动力作用下排水固结,变得更加密实,从而使地基承载力提高,沉降减小。

6.4.3 施工工艺

(1)当地下水位较高,夯坑底积水影响施工时,宜采用人工降低地下水位或铺填一定厚度的松散性材料,夯坑内或场地积水应及时排除。

(2)强夯施工前,应查明场地范围内的地下构筑物和各种地下管线的位置及标高等,并采取必要的措施,以免因强夯施工而造成破坏。

(3)当强夯施工所产生的振动,对邻近建筑物或设备产生有害的影响时,应采取防振或隔振措施。

(4)强夯施工可按下列步骤进行:

①清理并平整施工场地。

②标出第一遍夯点位置(夯点的布置可参考图6-11),并测量场地高程。

③起重机就位,使夯锤对准夯点位置。

④测量夯前锤顶高程。

⑤将夯锤起吊到预定高度,待夯锤脱钩自由下落后,放下吊钩,测量锤顶高程,若发现因坑底倾斜而造成夯锤歪斜时,应及时将坑底整平。

⑥按设计规定的夯击次数及控制标准,完成一个夯点的夯击,重复步骤③至⑥,完成第一遍全部夯点的夯击。

⑦用推土机将夯坑填平,并测量场地高程。

⑧在规定的时间间隔后,按上述步骤逐次完成全部夯击遍数,最后用低能量满夯,将场

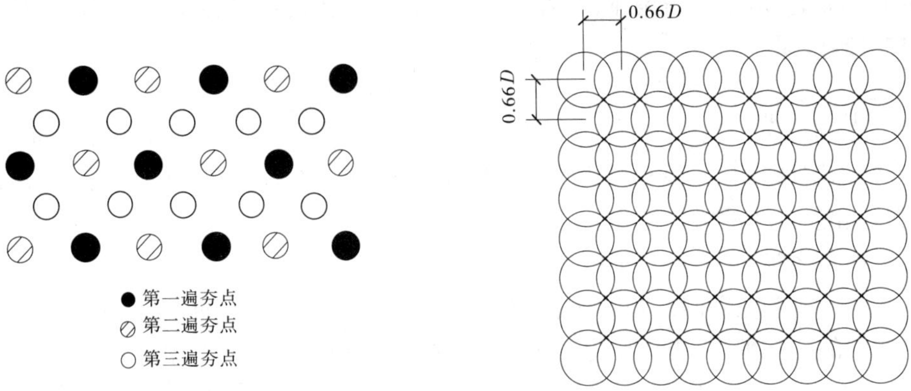

(a)点夯　(b)满夯

图 6-11　强夯法夯点布置

地表层松土夯实,并测量夯后场地高程。

练习题

一、判断题

1. 强夯法可提高地基土的强度、降低土的压缩性、改善砂土的抗液化条件等。(　　)
2. 强夯法加固地基有三种不同的加固机制:动力密实、动力固结和动力置换。(　　)
3. 强夯法的加固机制只取决于地基土的类别。(　　)
4. 强夯法适用于高饱和度的粉土与软塑—流塑的黏性土等地基。(　　)
5. 动力置换是利用夯击时产生的冲击力进行加固。(　　)

二、选择题

1. 强夯时为减少对周围邻近构筑物的振动影响,常采取(　　)措施。
   A. 降水　B. 降低夯击能量　C. 挖隔振沟　D. 钻孔
2. 强夯法适用的土类较多,但对(　　)处理效果比较差。
   A. 饱和软黏性土　B. 湿陷性黄土　C. 砂土　D. 碎石土
3. 强夯法加固黏性土的机制为(　　)。
   A. 动力密实　B. 动力固结　C. 动力置换　D. 静力固结
4. 强夯法加固无黏性土的机制为(　　)。
   A. 动力密实　B. 动力固结　C. 动力置换　D. 静力固结

6.5　水泥土搅拌桩法

码 6-8　典型案例 20-地基处理(水泥土搅拌法)

水泥土搅拌桩法是以水泥作为固化剂的主剂,通过特制的深层搅拌机械,将固化剂(浆体或粉体)和地基土强制搅拌,使软土硬结成具有整体性、水稳定性和一定强度的桩体的地基处理方法。

6.5.1 适用范围

水泥土搅拌桩法适用于处理正常固结的淤泥与淤泥质土、粉土、饱和黄土、素填土、黏性土以及无流动地下水的饱和松散砂土地基。水泥土搅拌桩法分为深层搅拌法(简称湿法)和粉体喷搅法(简称干法)。当地基土的天然含水率小于 30%(黄土含水率小于 25%)、大于 70%或地下水的 pH 小于 4 时不宜采用干法。水泥土搅拌桩法形成的水泥土加固体,可作为竖向承载的复合地基,基坑工程围护挡墙、被动区加固、防渗帷幕,大体积水泥稳定土等。

6.5.2 加固机制

水泥加固土的基本原理是基于水泥加固土的物理化学反应过程,它与混凝土硬化机制不同,由于水泥掺量少,水泥是在具有一定活性介质土的围绕下进行反应,硬化速度较慢,且作用复杂,水泥水解和水化生成各种水化合物后,有的又发生离子交换和团粒化作用以及凝硬反应,使水泥土体强度大大提高。

6.5.3 施工工艺

如图 6-12 所示,水泥土搅拌桩法施工主要步骤有:

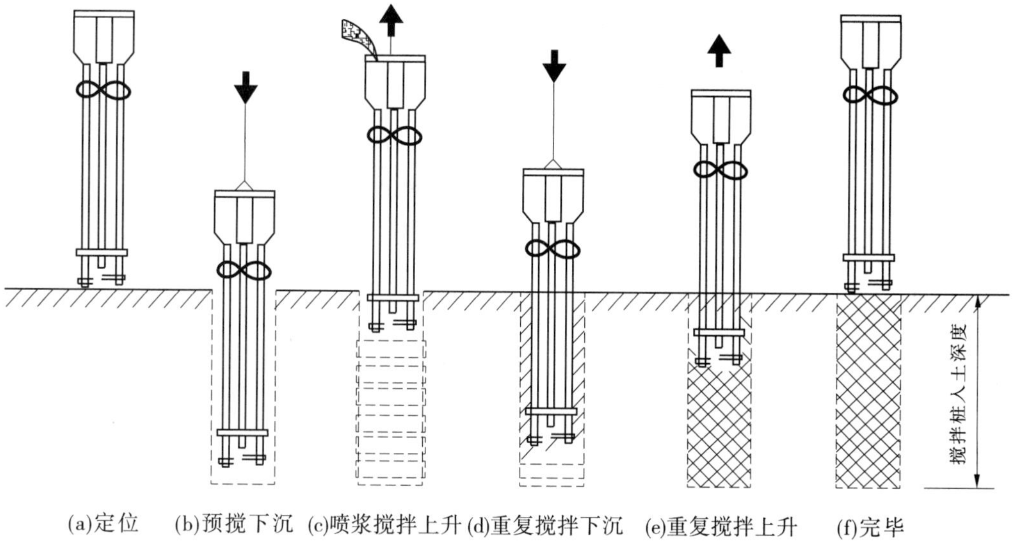

图 6-12 水泥土搅拌桩法施工流程

(1)桩机定位、对中、调平。放好搅拌桩桩位后,移动搅拌桩机到达指定桩位,对中,调平。

(2)调整导向架垂直度。采用经纬仪或吊线锤双向控制导向架垂直度。按设计及规范要求,垂直度小于 1.0%桩长。

(3)预先拌制浆液。深层搅拌机预搅下沉同时,后台拌制水泥浆液,待压浆前将浆液放入集料斗中。选用普通硅酸水泥拌制浆液,控制水灰比。

(4)搅拌下沉。启动深层搅拌桩机转盘,待搅拌头转速正常后,方可使钻杆沿导向架边下沉边搅拌,调控下沉速度。

(5)喷浆搅拌提升。下沉到达设计深度后,开启灰浆泵,通过管路送浆至搅拌头出浆口,按设计确定的提升速度边喷浆搅拌边提升钻杆,使浆液和土体充分拌和。

(6)重复搅拌下沉。搅拌钻头提升至桩顶以上 500 mm 后,关闭灰浆泵,重复搅拌下沉至设计深度,下沉速度按设计要求进行。

(7)喷浆重复搅拌提升。下沉到达设计深度后,喷浆重复搅拌提升,一直提升至地面。

(8)桩机移位。施工完一根桩后,移动桩机至下一根桩位,重复以上步骤进行下一根桩的施工。

练习题

一、判断题

1. 水泥土搅拌桩法分为湿法和干法。(　　)
2. 水泥土搅拌桩法适用于处理粉土、素填土、黏性土等地基。(　　)
3. 当地基土的地下水的 pH 小于 4 时不宜采用湿法。(　　)
4. 水泥加固土的基本原理与混凝土硬化机制不同。(　　)
5. 水泥加固土的基本原理是基于水泥加固土的物理化学反应。(　　)

二、选择题

1. 作为建筑地基竖向承载加固时,水泥土搅拌桩的加固形式可采用(　　)。
   A. 柱状　　B. 壁状　　C. 格栅状　　D. 块状
2. 水泥土搅拌桩的加固机制有(　　)。
   A. 水泥的水解　　B. 水泥的水化
   C. 颗粒与水泥水化物的作用　　D. 碳酸化作用
3. 下列(　　)地基土适合于采用水泥土搅拌法加固。
   A. 淤泥　　B. 淤泥质土　　C. 粉土　　D. 泥炭土
   E. 饱和黄土　　F. 黏性土
4. 在化学加固法中(　　)能够精确控制加固体的直径。
   A. 灌浆法　　B. 水泥土搅拌法　　C. 高压喷射注浆法　　D. 换填法
5. 不同的外掺剂对水泥土强度有着不同的影响,粉煤灰对水泥土可以起(　　)作用。
   A. 早强　　B. 减水　　C. 缓凝　　D. 提高强度

6.6　挤密桩法

挤密桩法,是软土地基加固处理的方法之一。通常在湿陷性黄土地区使用较广,用冲击或振动方法,把圆柱形钢质桩管打入原地基,拔出后形成桩孔,然后进行素土、灰土、石灰土、水泥土等物料的回填和夯实,从而达到形成增大直径的桩体,并同原地基一起形成复合地基。特点在于不取土,挤压原地基成孔;回填物料时,夯实物料进一步扩孔。

挤密桩法与其他地基处理方法比较,有如下主要特征:

(1)灰土、素土等挤密桩法是横向挤密,但可同样达到所要求加密处理后的最大干密度的指标。

(2)与土垫层相比,无须开挖回填,因而节约了开挖和回填土方的工作量。比换填法缩短工期约一半。

(3)由于不受开挖和回填的限制,一般处理深度可达 12~20 m。

(4)由于填入桩孔的材料均属就地取材,因而比其他处理湿陷性黄土和人工填土的方法造价较低,能取得很好的效益。

6.6.1 适用范围

灰土、素土等挤密桩法适用于处理地下水位以上的湿陷性黄土、素填土和杂填土等地基,可处理地基的深度为 5~20 m。当以消除地基土的湿陷性为主要目的时,宜选用素土挤密桩法。当以提高地基土的承载力或增强其水稳性为主要目的时,宜选用灰土挤密桩法。当地基土的含水率大于 24%、饱和度大于 65%时,不宜选用灰土挤密桩法或素土挤密桩法。

6.6.2 加固机制

(1)土的侧向挤密作用。土(或灰土)桩挤压成孔时,桩孔位置原有土体被强制侧向挤压,使桩周一定范围内的土层密实度提高。其挤密影响半径通常为(1.5~2.0)d(d 为桩孔直径)。相邻桩孔间挤密效果试验表明,在相邻桩孔挤密区交界处挤密效果相互叠加,桩间土中心部位的密实度增大,且桩间土的密度变得均匀,桩距越近,叠加效果越显著。合理的相邻桩孔中心距为(2~3)倍桩孔直径。

土的天然含水率和干密度对挤密效果影响较大,当天然含水率接近最优含水率时,土呈塑性状态,挤密效果最佳。当天然含水率偏低,土呈坚硬状态时,有效挤密区变小。当天然含水率过高时,由于挤压引起超孔隙水压力,土体难以挤密,且孔壁附近土的强度因受扰动而降低,拔管时容易出现缩颈等情况。

土的天然干密度越大,则有效挤密范围越大;反之,则有效挤密区较小,挤密效果较差。土质均匀则有效挤密范围大,土质不均匀则有效挤密范围小。

土体的天然孔隙比对挤密效果有较大影响,当 $e=0.90\sim1.20$ 时,挤密效果好,当 $e<0.80$ 时,一般情况下土的湿陷性已消除,没有必要采用挤密地基,故应持慎重态度。

(2)灰土性质作用。灰土桩是用石灰和土按一定体积比例(2:8或 3:7)拌和,并在桩孔内夯实加密后形成的桩,这种材料在化学性能上具有气硬性和水硬性,由于石灰内带正电荷钙离子与带负电荷黏土颗粒相互吸附,形成胶体凝聚,并随灰土龄期增长,土体固化作用提高,使土体逐渐增加强度。在力学性能上,它可达到挤密地基效果,提高地基承载力,消除湿陷性,沉降均匀和沉降量减小。

(3)桩体作用在灰土桩挤密地基中,由于灰土桩的变形模量远大于桩间土的变形模量(灰土的变形模量为 29~36 MPa,相当于夯实素土的 2~10 倍),荷载向桩上产生应力集中,从而降低了基础底面以下一定深度内土中的应力,消除了持力层内产生大量压缩变形和湿陷变形的不利因素。此外,由于灰土桩对桩间土能起侧向约束作用,限制土的侧向移动,桩间土只产生竖向压密,使压力与沉降始终呈线性关系。

土桩挤密地基由桩间挤密土和分层填夯的素土桩组成,土桩桩体和桩间土均为被机械挤密的重塑土,两者均属同类土料。因此,两者的物理力学指标无明显差异。因而,土桩挤密地基可视为厚度较大的素土垫层。

6.6.3 施工工艺(以灰土挤密桩为例)

(1)施工前清除地表耕植土。平整场地,清除障碍物,标记处理场地范围内地下构造物及管线。

(2)测量放线,定出控制轴线、打桩场地边线并标识。成孔机械表面应有明显的进尺标记,以此来控制成孔深度。

(3)施工前进行土方、成孔、夯填和挤密效果试验,确定有关施工技术参数,并对试桩进行测试承载力和挤密效果等。

(4)桩机就位,使沉管尖对准桩位,调平扩桩机架,使桩管保持垂直,用线锤吊线检查桩管垂直度,确保垂直度偏差不大于1.5%。

(5)成孔工艺。采用沉桩机将与桩孔同直径钢管打入土中拔管成孔,桩管顶设桩帽,下端作成60°锥形活动桩尖,施工前在桩架或钢管上标出控制深度标记,以便施工中进行钢管深度观测。挤密桩施工时应控制拔管速度,在拔管前宜停顿10 s左右。成孔后清底夯实、夯平,夯实次数不小于8击,成孔后进行孔中心位移、垂直度、孔径、孔深检查,合格后进行下道工序施工或用盖板盖住孔口防止杂物落入。

(6)填料的拌制与运输。灰土要求采用厂拌,采用运输车覆盖运输。

(7)灰土回填夯实。成孔后及时夯填,在向孔内填料前先夯实孔底。灰土分层回填夯实,采用电动卷扬机提升式夯实机分层夯实。

练习题

一、判断题

1. 灰土比例2:8是质量之比。(　　)

2. 土挤密桩处理深度可达12~20 m。(　　)

3. 灰土、素土等挤密桩法是横向和纵向挤密。(　　)

4. 灰土、素土等挤密桩法适用于处理地下水位以上的湿陷性黄土、素填土和杂填土等地基。(　　)

5. 土桩挤密地基可视为厚度较大的素土垫层。(　　)

二、选择题

1. 灰土挤密桩法的加固机制为(　　)。

A. 挤密作用　　B. 灰土性质作用　　C. 桩体作用　　D. 排水固结

2. 下列(　　)地基土适合采用灰土挤密桩法处理。

A. 地下水位以上的湿陷性黄土、素填土和杂填土

B. 湿陷性黄土、素填土和杂填土

C. 以消除地基土的湿陷性为主要目的的地下水位以上的湿陷性黄土

D. 以提高地基土的承载力或增强其水稳性为主要目的的地下水位以上的湿陷性黄土

E. 地基土的含水率小于24%的湿陷性黄土

3. 土挤密桩法的加固机制有(　　)。

A. 挤密作用　　B. 灰土性质作用　　C. 置换作用　　D. 垫层作用

4. 灰土挤密桩法和土挤密桩法的挤密影响直径为桩径直径的(　　)倍。

A. 1.5~2.0　　B. 2.0~3.0　　C. 3.0~4.0　　D. 4.0~6.0

6.7 CFG桩

CFG桩为水泥粉煤灰碎石桩,由碎石、石屑、砂、粉煤灰掺水泥加水拌和,用各种成桩机械制成的具有一定强度的可变强度桩。CFG桩是一种低强度混凝土桩,可充分利用桩间土的承载力共同作用,并可传递荷载到深层地基中去,具有较好的技术性能和经济效果。

6.7.1 适用范围

6.7.1.1 振动沉管灌注成桩工艺

若地基土是松散的饱和粉细砂、粉土,以消除液化和提高地基承载力为目的,此时应选择振动沉管打桩机施工;振动沉管灌注成桩属挤土成桩工艺,对桩间土具有挤(振)密效应。但振动沉管灌注成桩工艺难以穿透厚的硬土层、砂层和卵石层等。在饱和黏性土中成桩,会造成地表隆起,挤断已打桩,且振动和噪声污染严重,在城市居民区施工受到限制。当夹有硬的黏性土时,可采用长螺旋钻机引孔,再用振动沉管打桩机制桩。

6.7.1.2 长螺旋钻孔灌注成桩工艺

长螺旋钻孔灌注成桩适用于地下水位以上的黏性土、粉土、素填土、中等密实以上的砂土,属非挤土成桩工艺,该工艺具有穿透能力强、无振动、低噪声、无泥浆污染等特点,但要求桩长范围内无地下水,以保证成孔时不塌孔。

6.7.1.3 长螺旋钻孔、管内泵压混合料成桩工艺

长螺旋钻孔、管内泵压混合料成桩工艺,是国内近几年来使用比较广泛的一种新工艺,属非挤土成桩工艺,具有穿透能力强、低噪声、无振动、无泥浆污染、施工效率高及质量容易控制等特点。

长螺旋钻孔灌注成桩和长螺旋钻成孔、管内泵压混合料成桩工艺,在城市居民区施工,对周围居民和环境的不良影响较小。

6.7.1.4 泥浆护壁钻孔灌注成桩工艺

泥浆护壁钻孔灌注成桩适用于分布有砂层的地质条件,以及对振动噪声要求严格的场地。该方法钻孔速度较快,但是泥浆对场地的污染严重,影响后续孔的施工,且往往孔底沉渣较大也会影响成桩质量。

6.7.2 加固机制

CFG桩是由水泥、粉煤灰、碎石、石屑或砂加水拌和形成的高黏结强度桩,和桩间土、褥

垫层一起形成复合地基,如图 6-13 所示。CFG 桩复合地基通过褥垫层与基础连接,无论桩端落在一般土层还是坚硬土层,均可保证桩间土始终参与工作。由于桩体的强度和模量比桩间土大,在荷载作用下,桩顶应力比桩间土表面应力大。桩可将承受的荷载向较深的土层中传递并相应减少了桩间土承担的荷载。这样,由于桩的作用使复合地基承载力提高,变形减小,再加上 CFG 桩不配筋,桩体利用工业废料粉煤灰作为掺和料,大大降低了工程造价。

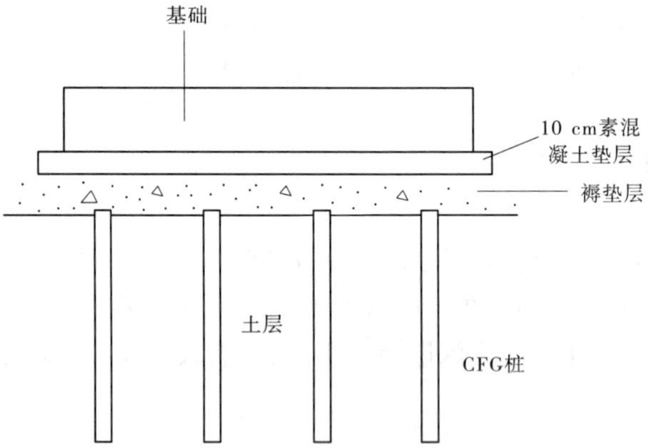

图 6-13　CFG 桩复合地基示意图

复合地基设计中,基础与桩和桩间土之间设置一定厚度散体粒状材料组成的褥垫层,是复合地基的一个核心技术。如图 6-14 所示,基础下是否设置褥垫层,对复合地基受力影响很大。若不设置褥垫层,复合地基承载特性与桩基础相似,桩间土承载能力难以发挥,不能成为复合地基。基础下设置褥垫层,桩间土承载力的发挥就不单纯依赖于桩的沉降,即使桩端落在好土层上,也能保证荷载通过褥垫层作用到桩间土上,使桩土共同承担荷载。

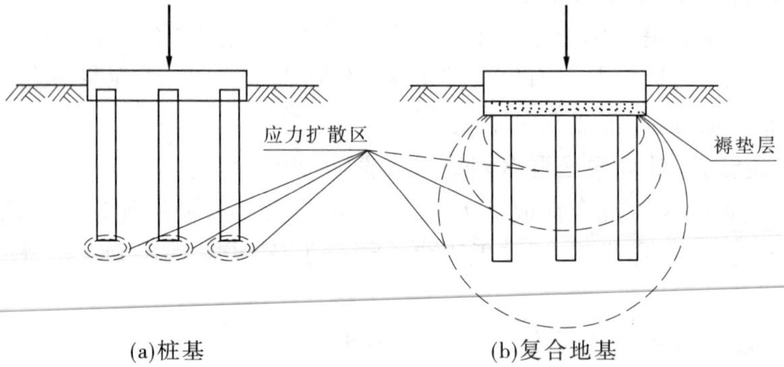

(a)桩基　　(b)复合地基

图 6-14　褥垫层作用

6.7.3　施工工艺

(1)测量放样。使用测量仪器按桩位布置图逐桩放样。

(2)桩机就位、对中。CFG 桩位定好后,移动 CFG 桩机到达指定桩位,用钻机塔身的前后和左右的垂直标杆检查塔身导杆,校正位置,使钻杆垂直对准桩位中心。

开钻前量好钻具长度,并在机架上画上明显的进尺深度标志,保证成孔深度和有效桩长。桩机就位必须铺垫平稳,立柱垂直稳定牢固,钻头对准桩位。

(3)钻进成孔。启动马达钻进,一般先慢后快,钻进过程中,平台应保持平衡,未达到设计标高不得反转或提升钻杆。钻进至设计标高后方可停钻。

(4)灌注及拔管。CFG 桩成孔到设计标高后,停止钻进。开始泵送混合料,当钻杆芯管充满混合料后开始拔管,严禁先提管后泵料,成桩的提拔速度宜控制在每分钟 2~3 m。提升压灌过程中,保证钻机水平,灌注成桩完成后,用水泥袋盖好桩头,进行保护。施工桩顶高程宜高出设计桩顶标高,以保证桩顶混凝土强度达到设计要求。

(5)移位、施工下一根桩。当上一根桩施工完成后,重复以上步骤进行下一根桩的施工,在桩机移动过程中防止桩机本身和支腿对桩体的破坏。

(6)待桩体达到一定强度(一般 3~7 d),进行开槽及桩头处理。

(7)桩头处理完毕后进行褥垫层铺设,褥垫层所用的材料为级配砂石,虚铺后采用静力压实,当基础底面下桩间土的含水率较小时,也可采用动力压实。褥垫层高度比基础宽度要大,其宽出部分不小于褥垫层的厚度。

练习题

一、判断题

1. CFG 桩处理后的桩间土有明显的挤密作用。(　　)
2. 复合地基和桩基础的作用机制是一样的。(　　)
3. CFG 桩也称为水泥、粉煤灰、碎石桩。(　　)
4. 褥垫层是 CFG 桩复合地基不可缺少的一部分。(　　)
5. CFG 桩是一种高强度混凝土桩。(　　)

二、选择题

1. CFG 桩法适用于处理以下(　　)地基土。

A. 淤泥　　B. 淤泥质土　　C. 黏性土　　D. 粉土

E. 砂土

2. CFG 桩复合地基由以下(　　)部分组成。

A. CFG 桩　　B. 桩间土　　C. 素混凝土垫层　　D. 褥垫层

3. CFG 桩褥垫层的作用有(　　)。

A. 保证桩、土共同承担荷载

B. 减少基础底面的应力集中

C. 调整桩土荷载分担比

D. 调整桩、土水平荷载分担比

4. 水泥粉煤灰碎石桩的成桩方法有(　　)。

A. 长螺旋钻孔灌注成桩

B. 长螺旋钻孔、管内泵压混合料灌注成桩

C. 振动沉管灌注成桩

D. 人工成孔灌注成桩

5. 下列成桩方法中,(　　)是属于挤土成桩工艺。

A. 长螺旋钻孔灌注成桩

B. 长螺旋钻孔、管内泵压混合料灌注成桩

C. 振动沉管灌注成桩

D. 人工成孔灌注成桩

小　结

一、概述

(1)软弱地基处理:若天然地基很软弱,不能满足地基承载力和变形等要求,则先要经过人工加固后再建造基础,这种人工处理地基的方法称为软弱地基处理。

(2)根据现行国家标准《建筑地基基础设计规范》(GB 50007—2011)规定的,软弱地基是指主要由淤泥、淤泥质土、冲填土、杂填土或其他高压缩性土层构成的地基。

(3)复合地基:指天然地基在地基处理过程中部分土体被增强或被置换形成增强体,由增强体和其周围地基土共同承担荷载的地基。

二、换填法

(1)换填法:当软弱土地基的承载力或变形满足不了建筑物的要求,而软弱土层的厚度又不很大时,将基础底面下处理范围内的软弱土层或不均匀土层挖去,然后分层回填坚硬、较粗粒径的材料,并夯压密实至要求的密实度为止,这种地基处理方法称为换填垫层法。

(2)换填法适用于淤泥、淤泥质土、湿陷性黄土、素填土、杂填土地基及暗沟、暗塘等浅层处理。

三、排水固结法

(1)排水固结法:对地基进行堆载或真空预压,使地基土固结的地基处理方法。

(2)排水固结法适用于处理淤泥、淤泥质土和冲填土等饱和软黏土地基。

四、强夯法和强夯置换法

(1)强夯法:通过8~40 t的重锤(最重可达200 t)和8~25 m的落距(最高可达40 m),对地基土反复施加冲击和振动能量,将地基土夯实的地基处理方法。

(2)强夯法适用于处理碎石土、砂土、低饱和度的粉土与黏性土、湿陷性黄土、素填土和杂填土等地基。

五、水泥土搅拌桩法

(1)水泥土搅拌桩法:以水泥作为固化剂的主剂,通过特制的深层搅拌机械,将固化剂(浆体或粉体)和地基土强制搅拌,使软土硬结成具有整体性、水稳定性和一定强度的桩体的地基处理方法。

(2)水泥土搅拌桩法适用于处理正常固结的淤泥与淤泥质土、粉土、饱和黄土、素填土、黏性土及无流动地下水的饱和松散砂土地基。

六、挤密法

(1)挤密桩法:通常在湿陷性黄土地区使用较广,用冲击或振动方法,把圆柱形钢质桩

管打入原地基,拔出后形成桩孔,然后进行素土、灰土、石灰土、水泥土等物料的回填和夯实,从而达到形成增大直径的桩体,并同原地基一起形成复合地基。

(2)灰土、素土等挤密桩法适用于处理地下水位以上的湿陷性黄土、素填土和杂填土等地基,可处理地基的深度为5~20 m。

七、CFG桩

(1)CFG桩:为水泥粉煤灰碎石桩,由碎石、石屑、砂、粉煤灰掺水泥加水拌和,用各种成桩机械制成的具有一定强度的可变强度桩。

(2)若地基土是松散的饱和粉细砂、粉土,以消除液化和提高地基承载力为目的,此时应选择振动沉管打桩机施工;长螺旋钻孔灌注桩适用于地下水位以上的黏性土、粉土、素填土、中等密实以上的砂土,属非挤土成桩工艺;泥浆护壁钻孔灌注成桩工艺适用于分布有砂层的地质条件,以及对振动噪声要求严格的场地。

思考练习题

一、选择题

1. 夯实法可适用于以下(　　)地基土。
   A. 松砂地基　B. 杂填土　C. 淤泥　D. 淤泥质土
   E. 饱和黏性土　F. 湿陷性黄土
2. 对于饱和软黏土适用的处理方法有(　　)。
   A. 表层压实法　B. 强夯　C. 降水预压　D. 堆载预压
   E. 搅拌桩　F. 振冲碎石桩
3. 对于湿陷性黄土地基适用的处理方法有(　　)。
   A. 强夯法　B. 预压法　C. 换填垫层法　D. 水泥土搅拌法
   E. 石灰桩法　F. 真空预压　G. 土(或灰土)桩法
4. 土工合成材料的主要功能有(　　)。
   A. 排水作用　B. 隔离作用　C. 反滤作用　D. 加筋作用
   E. 置换作用
5. 可有效地消除或部分消除黄土的湿陷性的方法有(　　)。
   A. 砂垫层　B. 灰土垫层　C. 碎石桩　D. 强夯
   E. 灰土桩
6. 在所学的加固方法中,(　　)方法可以形成防渗帷幕。
   A. 换填法　B. 化学加固法　C. 挤密法　D. 排水固结

二、问答题

1. 水利工程中的地基问题主要有哪些?
2. 简述复合地基的加固机制。
3. 简述砂(石)垫层的主要作用。

项目 7 土工试验

【知识要点】

土的粒组划分;土的颗粒级配的概念;土的密度;土的含水率;土的物理状态;土的液限;土的塑限;塑性指数;液性指数;击实曲线;压实度的概念;渗透系数;压缩系数;压缩模量;库仑定律;黏聚力;内摩擦角。

码 7-1 工程图片 4-常见室内土工试验设备

【技能要求】

掌握粗粒土的筛分法操作技能,对土进行工程分类;

掌握土的密度、含水率试验方法和操作技能,确定土的物理性质指标;

掌握细粒土的液、塑限试验方法和操作技能,判断土的物理状态;

掌握土的击实试验的操作技能,确定最大干密度和最优含水率;

掌握土的渗透试验的操作技能,测定土的渗透系数;

掌握土的固结试验的操作技能,确定土的压缩指标;

掌握土的剪切试验的操作技能,测定土的抗剪强度指标。

【思政导引】

两院院士之黄熙龄:“摸”起中国的高楼广厦

1973 年 7 月 28 日,唐山大地震,二十三秒,一座百万人口的城市瞬间化为烈狱,死伤严重。在党中央组织的专业调查团队中,黄熙龄第一时间亲赴现场。当时,黄熙龄院士主要是负责调查“陡河电厂破坏情况”,大家都在关于“陡河电厂是否在原址重建”这个问题争论不休。黄熙龄却默默地跑到了原址调查,对着土地一寸一寸的摸来摸去,时不时还停下来敲两下。当大家再追问他的意见时,他石破惊天的说了一句:“陡河电厂地基没有问题,可以重建。”他提出的意见,为我国灾后重建工作减轻了财政负担。这次亲自观察土壤,也让他发现了一个致命问题。那就是当时中国用的是苏联的地基规范,苏联的土质情况和中国不一样,如果用苏联的规范在中国设计的房子会出现裂缝和沉降。为了解决这个情况,党中央提出由黄熙龄带队,编写属于我国自己的地基基础设计规范。

“地基不牢,地动山摇”,这个东西不能有半份虚假,必须要去实打实的调查。全中国那么多土地,要做到每个省每个区都得有人看,都得一点点去看去分析。他带领着团队在全国各地研究实验前后共收集到了 10 000 多份土工试验资料、2 000 多份载荷试验资料、沉降观测资料 300 多份。用三年的时间编写出了我国第一本《工业与民用建筑地基基础设计规范》,结束我国没有自己的地基设计规范的历史,向全国、向广大人民交出了一份满意答卷。

要研究地基就得先研究土,即使当选院士之后,他每次到工地还是要亲自下基坑,用手摸摸土,掌握第一手资料。他凭借着一双手摸来摸去的本事,成为了我国建筑行业的有志者、实践者,传承者,是我国的大地之子。

所谓的土工试验就是对岩土的一个测试,经过一定的研究分析,进而检测出岩土的力学性质、物理性质以及动力特性等各种性能的综合情况。这些性能的各个参数的统计也就推动了工程设计和施工的进程。工程上科学用土从成功掌握土的工程性质开始,土工试验和黄文熙院士用手“摸”土都是为了了解土、认识土、与土做朋友、成功掌握土的工程性质,同学们在进行土工试验时也要勇于“摸”土,积极“摸”土,将土工试验的参数与手感结合,像黄熙龄院士一样积累“摸”土的本事,“摸”起中国的高楼广厦,“摸”起坚不可摧的中国大坝。

7.1 室内试验土样制备

7.1.1 导言

在开展所有的室内试验之前,都应对试样进行制备,制样的质量很大程度上决定了试验结果的成败。尤其对于特殊的原状土应特别注意,在采集和运输过程中尽量保持原土样密度、土样结构及含水率等不变。如果土样不符合要求,没有代表性,那么试验就变得毫无意义。

在介绍试样制备前有几个名词需要了解:

(1)土样。现场土层特性的样品叫作土样。用于试验的土样是经过各种处理后得到的适合于进行试验用的样品。

(2)原状土。天然状态下的土,具有天然的应力状态,同时土的结构、密度及含水率也都保持天然状态,其物理力学性质是该土在天然状态下的具体真实反映,这样的土称为原状土。

(3)扰动土。这是相对于原状土来说的,一般指重塑土。实验室若要改变原状土的一些物理力学性质指标,如含水率、干密度、颗粒级配等,就需要把现场取回来的整块土打碎后烘干,再加水配成所要的含水率后,再进行试验,这时与原状土相比,扰动土自身的固有结构和状态已经被人为地破坏。

7.1.2 土样制备

7.1.2.1 制备土样的装置

(1)分土细筛:孔径分别为0.075 mm、0.25 mm、0.5 mm、1 mm、2 mm和5 mm。

(2)台秤:称量10~40 kg,最小分度值5 g。

(3)天平:称量5 kg,最小分度值1 g;称量200 g,最小分度值0.01 g。

(4)环刀:由不锈钢材料制成(将与试验装置配套,例如固结仪、渗透仪等装置),常用尺寸有:内径61.8 mm,高20 mm;内径79.8 mm,高20 mm;内径61.8 mm,高40 mm。

(5)击样器,如图7-1所示。

(6)压样器,如图7-2所示。

(7)抽气设备:真空表和真空缸。

(8)其他:切土刀、刮刀、钢丝锯、木槌、木碾、橡皮板、玻璃瓶、土样标签、凡士林、烘箱、保湿缸设备等。

7.1.2.2 扰动土样制备步骤

(1)将土样从土样筒或包装袋中取出,对土样颜色、气味、夹杂物和土类及均匀程度进

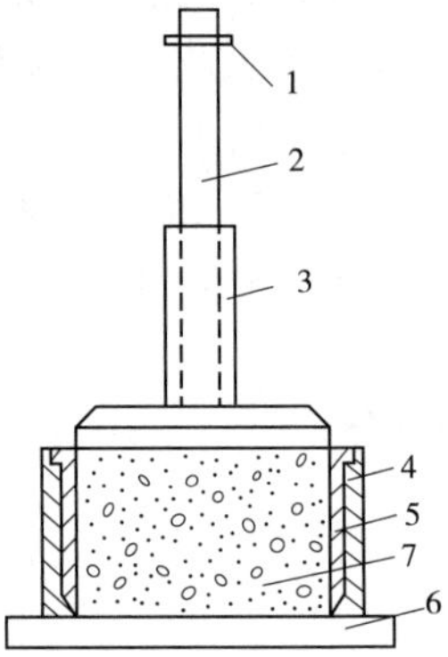

1—定位环;2—导杆;3—击锤;4—击样筒;5—环刀;6—底座;7—试样

图 7-1　击样器

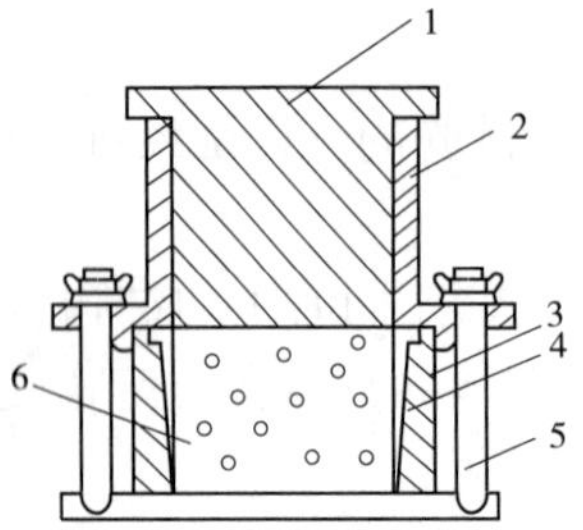

1—活塞; 2—导筒; 3—护环;
4—环刀; 5—拉杆; 6—试样

(a)单向

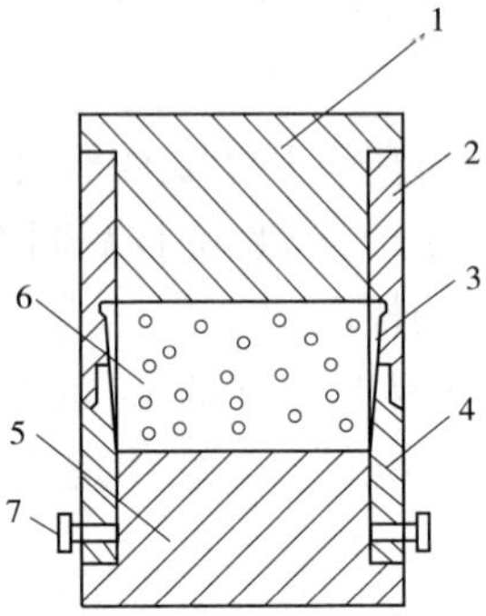

1—上活塞;2—上导筒;3—环刀;
4—下导筒; 5—下活塞; 6—试样; 7—销钉

(b)双向

图 7-2　压样器

行描述,并将土样切成碎块,拌和均匀,取代表性土样测定含水率。

(2)根据试验需要的试样数量,将土碾散后过筛。用于物理性质试验(液限、塑限试验)的土样过 0.5 mm 筛,用于力学性质试验(固结、渗透、剪切试验)过 2 mm 筛;对于击实试验土样,过 5 mm 筛。

过筛后的土样,取筛下土采用四分对角取样法或者分砂器取出根据试验需要的、足够数量的代表性试验用土,分别装入玻璃缸并贴标签。

注:四分对角法就是将原始样品做成平均样品,即将原始样品充分混合均匀后,堆积在清洁的玻璃板上,压平成一定厚度的形状,并划成对角线或"十"字线,将样品分成四份,取对角线的两份混合,再分为四份,取对角线的两份。反复操作直至取得所需数量为止,即为试验所需的样品。

(3)取过筛后的风干土 1~5 kg,测定土的风干含水率 ω_0,若需配制成含水率为 ω_1 的土样备用,则需要加水的质量为

$$m_w = \frac{m_0}{1 + \omega_0} \cdot (\omega_1 - \omega_0) \tag{7-1}$$

式中 m_w——制备试样所需要的加水量,g;

m_0——湿土(或风干土)质量,g;

ω_0——湿土(或风干土)含水率(%);

ω_1——制样要求的含水率(%)。

(4)称取过筛的风干土样平铺于搪瓷盘内,将水均匀喷洒于土样上,充分拌匀后装入盛土器内盖紧,浸润一昼夜,砂土的浸润时间可以酌减。

(5)测定浸润土样不同位置处的含水率,不应少于两点,要求实测含水率与制备期望含水率差值不超过±1%。

(6)根据环刀容积及所需的干密度,制样所需的湿土量应按式(7-2)计算:

$$m_0 = (1 + \omega_0)\rho_d V \tag{7-2}$$

式中 ρ_d——试样的干密度,g/cm³;

V——试样体积(环刀容积),cm³。

(7)扰动土样可以采用击样法和压样法:

①击样法:根据环刀容积和要求干密度所需质量的湿土,倒入装有环刀的击样器内,击实到所需密度。

②压样法:根据环刀容积和要求干密度所需质量的湿土,倒入装有环刀的压样器内,以静压力通过活塞将土样压紧到所需密度。

(8)取出带有试样的环刀,称环刀和试样总质量,对不需要饱和且不立即进行试验的试样,应存放在保湿器内备用。

7.1.2.3 原状土样制备步骤

(1)原状土一般从装样筒中取出,按标明的上、下方向放置,剥除蜡封和胶带,整平土样两端。检查土样结构,当确定土样已受扰动或取土质量不符合规定时,不应制备力学性质试验的试样。

(2)根据试验要求用环刀切取试样时,应在环刀内壁涂一薄层凡士林,刃口向下放在土样上,将环刀垂直下压,并用切土刀沿环刀外侧切削土样,边压边削至土样高出环刀,根据试样的软硬采用钢丝锯或切土刀整平环刀两端土样,擦净环刀外壁,称量环刀和土的总质量。

(3)从余土中取代表性试样进行物理性质试验,如含水率、比重、颗粒分析、界限含水率等。平行试验或同一组试样密度差值不大于±0.1 g/cm³,余土含水率测定与原状土的含水率差异不超过2%。

(4)切削试样时,应对土样的层次、气味、颜色、夹杂物、裂缝和均匀性进行描述,对低塑性和高灵敏性的软土,制样时不得扰动。

7.1.3 土样饱和

(1)土样饱和宜根据土样的透水性能,分别采用下列方法:

①粗粒土采用浸水饱和法。

②渗透系数大于 10^{-4} cm/s 的细粒土,采用毛细管饱和法;渗透系数小于或等于 10^{-4} cm/s 的细粒土,采用抽气饱和法。

(2)饱和设备。

①重叠式饱和器,如图7-3所示。

②框式饱和器,如图 7-4 所示。

③三轴试样专用饱和器。

④带有真空表的抽气机。

⑤带有金属或者玻璃真空缸的饱和装置。

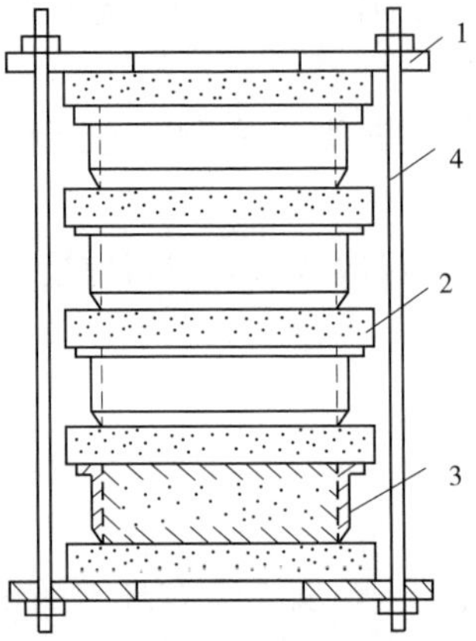

1—夹板;2—透水板;3—环刀;4—拉杆

图 7-3 重叠式饱和器

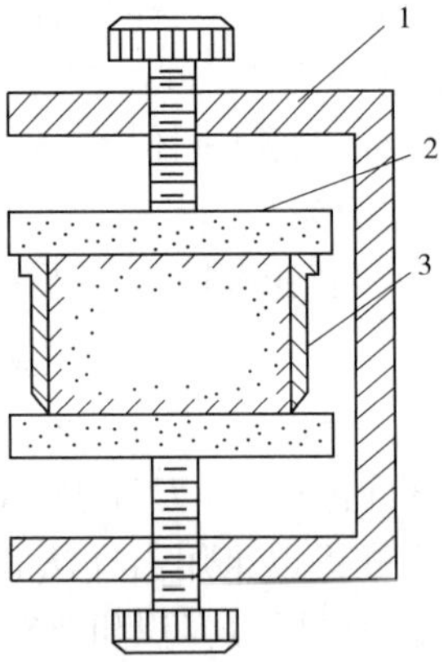

1—夹板;2—透水板;3—环刀

图 7-4 框式饱和器

(3)毛细饱和法步骤。

①如图 7-4 所示,选用框式饱和器,试样上、下面放滤纸和透水板,装入饱和器内,并旋紧螺母。

②将装好的饱和器放入水箱内,注入清水,水面不宜将试样淹没,关箱盖,浸水时间不得少于两昼夜,使试样充分饱和。

③取出饱和器,松开螺母,取出环刀,擦干外壁,称量环刀和试样总质量,精确至 0.1 g,并计算试样的饱和度。当饱和度低于 95%时,应继续饱和。

④饱和度计算应按式(7-3)或式(7-4)进行计算:

$$S_r = \frac{(\rho_{S_r} - \rho_d) G_s}{e\rho_d} \tag{7-3}$$

或

$$S_r = \frac{\omega_{S_r} G_s}{e} \tag{7-4}$$

式中 S_r——试样的饱和度(%);

ω_{S_r}——试样饱和后的含水率(%);

ρ_{S_r}——试样饱和后的密度,g/cm^3;

G_s——土粒比重;

e——试样的孔隙比。

(4)抽气饱和法步骤。

①选用叠式或框式饱和器和真空饱和装置,如图 7-5 所示。在叠式饱和器下夹板的正中,依次放置透水板、滤纸、带试样的环刀、滤纸、透水板,如此顺序重复,由下向上重叠到拉

杆高度,将饱和器上夹板盖好后,拧紧拉杆上端的螺母,将各个环刀在上、下夹板间夹紧。

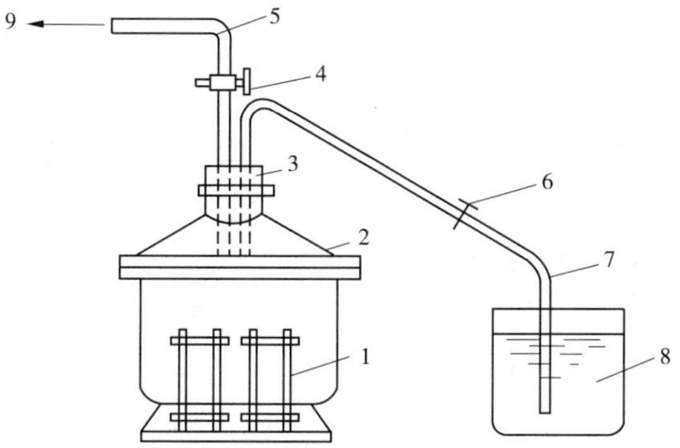

1—饱和器;2—真空缸;3—橡皮塞;4—二通阀;5—排气管;
6—管夹;7—引水管;8—盛水器;9—接抽气机

图 7-5 真空饱和装置

②将装有试样的饱和器放入真空缸内,真空缸和盖之间涂一薄层凡士林盖紧。将真空缸与抽气机接通,启动抽气机,当真空压力表读数接近当地一个大气压值时(抽气时间不少于 1 h),微开管夹,使清水徐徐注入真空缸,在注水过程中,真空压力表读数宜保持不变。

③待水淹没饱和器后停止抽气。开管夹使空气进入真空缸,静止一段时间,细粒土宜为 10 h,使试样充分饱和。

④打开真空缸,从饱和器内取出带环刀的试样,称量环刀和试样总质量,按式(7-3)或式(7-4)计算饱和度。当饱和度低于 95%时,应继续抽气饱和。

7.2 颗粒分析试验

7.2.1 试验目的

本试验的目的是测定干土中各粒组占该土总质量的百分数,用以了解土粒的颗粒级配情况,为判断土的工程性质、选择填方工程中的土料及砂类土的工程分类提供依据。

7.2.2 试验方法

(1)筛分法:适用于粒径大于 0.075 mm、小于 60 mm 的土粒。

(2)密度计法:适用于粒径小于 0.075 mm 的土粒。

下面主要介绍筛分法。

7.2.3 试验仪器及设备

(1)分析筛:孔径为 60 mm、40 mm、20 mm、10 mm、5 mm、2 mm、1 mm、0.5 mm、0.25 mm、0.1 mm、0.075 mm。

(2)天平:称量 5 000 g,最小分度值 1 g;称量 1 000 g,最小分度值 0.1 g;称量 200 g,最小分度值 0.01 g。

(3)振筛机:筛析过程中应能上下震动。

(4)其他:烘箱、研钵、瓷盘、毛刷等。

7.2.4 试验步骤

(1)从风干的松散土样中,用四分对角法取代表性试样 500 g 时,要求称量精确至 0.1 g。

(2)把标准筛刷干净按大孔径在上、小孔径在下的顺序叠好;然后将已称量好的试样倒入顶层的筛盘中,盖好盖,用振筛机或手动进行筛析,摇振时间一般为 10~15 min;之后按顺序将筛盘取下,把每个筛盘中的试样放入准备好的白纸上。

(3)称量留在各级筛子上的土粒质量,由最大孔径筛开始,顺序将各筛取下,在白纸上用手轻叩摇晃,如仍有砂粒漏下应继续轻叩摇晃,至无砂粒漏下为止。漏下的砂粒应全部放入下级筛内。

7.2.5 数据记录与处理

(1)试验数据记录,见表 7-1。

表 7-1 颗粒大小分析试验记录表(筛分法)

筛号	孔径(mm)	累积留筛土质量(g)	小于该孔径的土质量(g)	小于该孔径的土质量百分数(%)
底盘总计				

(2)试验数据处理。

①小于某粒径的试样质量占试样总质量的百分比,应按式(7-5)计算:

$$X = \frac{m_A}{m_B} \tag{7-5}$$

式中 X——小于某粒径的试样质量占试样总质量的百分比(%);

m_A——小于某粒径的试样质量,g;

m_B——所取试样的总质量,g。

注:各筛盘及底盘上土粒的质量之和与筛前的质量之差不得大于 1%,否则应该重新试验。

②以小于某粒径的试样质量占试样总质量的百分数为纵坐标,颗粒粒径为横坐标,在单对数坐标上绘制颗粒大小分布曲线,如图 7-6 所示。

③各粒组的百分含量,应按式(7-6)计算:

$$X_1 = \frac{m_1}{m_B} \tag{7-6}$$

式中 X_1——某粒组的百分含量(%);

m_1——某粒组的质量,g。

④计算级配指标:不均匀系数 C_u 和曲率系数 C_c。

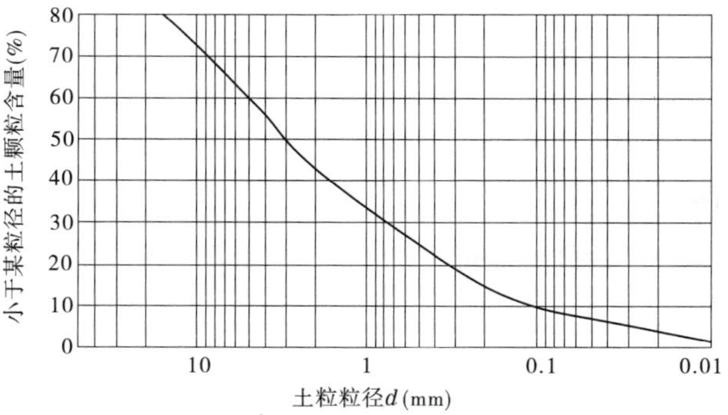

图 7-6 土的颗粒大小级配曲线

$$C_u = \frac{d_{60}}{d_{10}} \tag{7-7}$$

$$C_c = \frac{d_{30}^2}{d_{60} \times d_{10}} \tag{7-8}$$

式中 d_{60}——限制粒径,颗粒大小分布曲线上的某粒径,小于该粒径的土含量占总质量的60%;

d_{10}——有效粒径,颗粒大小分布曲线上的某粒径,小于该粒径的土含量占总质量的10%;

d_{30}——颗粒大小分布曲线上的某粒径,小于该粒径的土含量占总质量的30%。

对于砾石和砂土,$C_u \geqslant 5$ 且 $C_c = 1 \sim 3$ 为级配良好;不能同时满足这两个要求,则为级配不良。

⑤根据土中各粒组的百分含量及级配情况对土进行工程分类。

7.2.6 试验中的注意事项

(1)在筛析进行中,尤其是将试样由一器皿倒入另一器皿时,要避免微小颗粒的飞扬。

(2)过筛后,要检查筛孔中是否夹有颗粒,若夹有颗粒,应将颗粒轻轻刷下,放入该筛盘上的土样中,一并称量。

7.3 液塑限试验

7.3.1 试验目的

细粒土由于含水率不同,分别处于流动状态、可塑状态、半固体状态和固体状态。液限是细粒土呈可塑状态的上限含水率;塑限是细粒土呈可塑状态的下限含水率。

本试验的目的是测定细粒土的液限、塑限,计算塑性指数,给土分类定名;计算土液性指数,判定土体所处的状态,供设计、施工使用。

7.3.2 试验方法

(1)土的液塑限试验:采用液塑限联合测定法。

(2)土的液限试验:采用圆锥液限仪试验法。

(3)土的塑限试验:采用搓滚法。

7.3.3 液塑限联合测定法

7.3.3.1 试验仪器及设备

(1)光电式液塑限联合测定仪,如图 7-7 所示,有电磁吸锥、测读装置、升降支座、试样杯(直径 40~50 mm,高 30~40 mm)等组成,圆锥质量 76 g,锥角 30°。

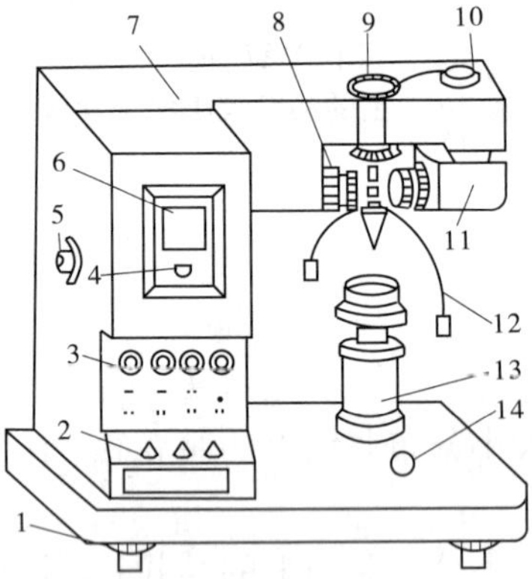

1—水平调节旋钮;2—控制开关;3—指示灯;4—零线调节旋钮;5—反光镜调节旋钮;6—屏幕;7—机壳;8—物镜调节旋钮;9—电磁装置;10—电源调节旋钮;11—光源;12—圆锥仪;13—升降台;14—水平泡

图 7-7 液塑限联合测定仪示意图

(2)天平:称量 200 g,分度值 0.01 g。

(3)其他:调土刀、不锈钢杯、凡士林、称量盒、烘箱、干燥器等。

7.3.3.2 试验步骤

(1)本试验宜采用天然含水率试样,当土样不均匀时,采用风干土样,当试样中含有粒径大于 0.5 mm 的土粒和杂物时,应过 0.5 mm 筛。

(2)当采用天然含水率土样时,取代表性土样 250 g;采用风干试样时,取 0.5 mm 筛下的代表性土样 200 g,将试样放在橡皮板上用纯水将土样调成均匀膏状,放入调土皿,浸润过夜。

(3)将制备好的土膏用调土刀调拌均匀,填入试样杯中,填样时不应留有空隙,对较干的试样应充分搓揉,密实地填入试样杯中,高出试样杯的余土用刮土刀刮平,随即将试样杯放在仪器底座上。

(4)取圆锥仪,在锥体上涂一薄层凡士林,接通电源,使电磁铁吸稳圆锥仪。

(5)调节屏幕准线,使初始读数为零。调节升降座,使圆锥仪锥角接触试样顶面,指示灯亮时圆锥仪在自重下沉入试样内,经 5 s 后立即测读圆锥下沉深度(显示在屏幕上),取下试样杯,从杯中取 10 g 以上的试样 2 个,测定含水率。

(6)将全部试样再加水或吹干并调匀,按步骤(3)~(5)测定第二点、第三点试样的圆锥下沉深度及相应的含水率,液塑限联合测定应不少于三点。

注:三个不同含水率试样的圆锥入土深度的各自范围宜为 3~4 mm、7~9 mm,15~17 mm。

7.3.3.3 试验数据记录与处理

(1)计算含水率,即

$$\omega = \left(\frac{m_0}{m_s} - 1\right) \times 100\% \tag{7-9}$$

式中 m_0——湿土质量,g;

m_s——干土质量,g。

(2)绘制圆锥下沉深度 h 与含水率 ω 的关系曲线,如图7-8所示,以含水率为横坐标,圆锥下沉深度为纵坐标,在双对数纸上绘制 $h—\omega$ 的关系曲线:①三点连一条直线;②当三点不在一直线上时,通过高含水率的一点分别与其余两点连成两条直线,在圆锥下沉深度为2 mm处查得相应的含水率,当两个含水率的差值小于2%时,应以两点含水率的平均值与高含水率的点连成一线;③当两个含水率的差值大于或等于2%时,应重做试验。

(3)确定液限、塑限。在圆锥下沉深度 h 与含水率 ω 关系图上,查得下沉深度为17 mm所对应的含水率为液限 ω_L,查得下沉深度为2 mm所对应的含水率为塑限 ω_P,以百分数表示,精确至0.1%。

(4)计算塑性指数和液性指数。即

塑性指数
$$I_P = \omega_L - \omega_P \tag{7-10}$$

液性指数
$$I_L = \frac{\omega - \omega_P}{\omega_L - \omega_P} \tag{7-11}$$

式中 I_P——塑性指数;

ω_L——液限(%);

ω_P——塑限(%);

I_L——液性指数。

(5)按相应规范或规程确定土的名称,判定土的状态。

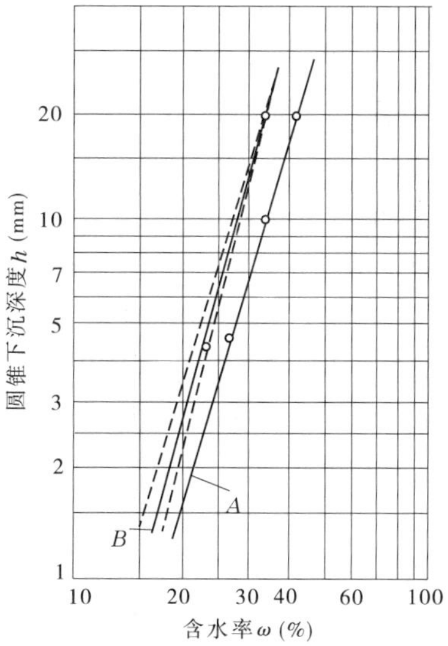

图7-8 圆锥下沉深度 h 与含水率 ω 关系曲线

(6)试验数据记录,见表7-2。

表 7-2　液塑限联合测定试验记录表

试样编号	圆锥下沉深度(mm)	盒号	盒质量(g)	盒+湿土质量(g)	盒+干土质量(g)	水分质量(g)	干土质量(g)	含水率(%)	平均含水率(%)	液限(%)	塑限(%)	塑性指数	液性指数

7.3.4　圆锥液限仪法

7.3.4.1　仪器设备

(1)圆锥液限仪,如图 7-9 所示。圆锥质量目前较多为 76 g(交通运输部公路规程中有用 100 g 圆锥的),锥尖 30°;试样杯直径为 40~50 cm,高为 30~40 cm。

(2)天平:称量 200 g,最小分度值 0.01 g。

(3)其他:烘箱、干燥器、称量盒、调土刀、孔径为 5 mm 的筛、滴管、凡士林等。

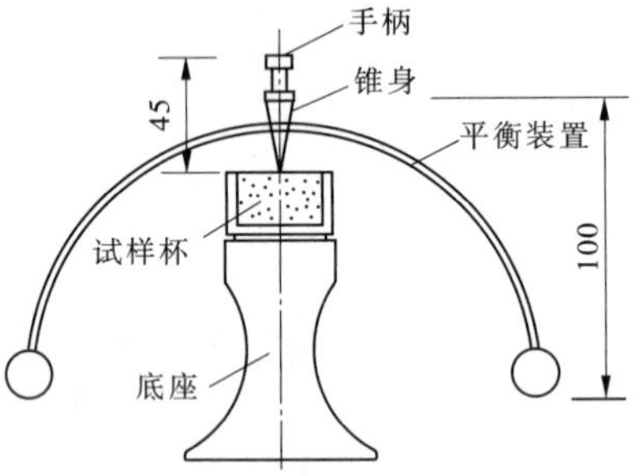

图 7-9　圆锥液限仪示意图

7.3.4.2　试验步骤

(1)制备试样。同液塑限联合测定法试验步骤(1)、(2)。

(2)将试样用调土刀调匀,密实地填入试样杯中,将高出试样杯的余土用调土刀刮平,随即将试样杯放于仪器底座上。

(3)将圆锥仪擦拭干净,在锥尖上抹一层凡士林,用手拿住圆锥仪手柄,使锥体垂直于土面,当锥尖刚好接触土面时,轻轻松手让锥体自由沉入土体中。

(4)松手 15 s 后观看锥尖的入土深度,若入土深度刚好为 17 mm,此时土的含水率即为液限。

(5)若锥体入土深度大于或小于 17 mm,则代表试样的含水率高于或低于液限,应根据试样的干、湿情况,适当加水拌和或边调拌边风干,重复步骤(2)~(4),直至满足刺入深度要求为止。

(6)取出锥体,用调土刀取锥尖附近土样 10~15 g(注意去除有凡士林部分),放入称量盒内,测定其含水率。

7.3.4.3 试验数据记录与处理

(1)按式(7-12)计算液限,精确至0.1%。

$$\omega_L = (\frac{m_0}{m_s} - 1) \times 100\% \tag{7-12}$$

式中 m_0——湿土质量,g;

m_s——干土质量,g。

(2)本试验需进行两次平行测定,取算术平均值,精确至0.1%。平行差值中,高液限土($\omega_L \geq 50\%$)不得大于2%,低液限土($\omega_L < 50\%$)不得大于1%。

(3)试验数据记录,见表7-3。

表7-3 液限试验(圆锥液限仪法)记录计算表

试样编号	盒号	盒质量(g)	盒+湿土质量(g)	盒+干土质量(g)	水分质量(g)	干土质量(g)	含水率(%)	平均含水率(%)

7.3.4.4 试验中的注意事项

(1)制备土样含水率过大时不能加干土或烘烤,只能自然晾干、吹干或者搅拌散发水量。

(2)放锥时手要平稳,避免产生冲击力,影响试验结果。

(3)从调土杯中取土样时必须将凡士林除去才能重新调制土样或者测含水率。

7.3.5 搓滚法塑限试验

7.3.5.1 仪器设备

(1)毛玻璃板:尺寸200 mm×300 mm。

(2)缝隙3 mm的模板或直径3 mm的金属丝,或卡尺。

(3)天平:称量200 g,最小分度值0.01 g。

(4)其他:烘箱、干燥器、称量盒、孔径为5 mm的筛等。

7.3.5.2 试验步骤

(1)取过0.5 mm筛的代表性试样100 g,放在盛土皿中加纯水拌匀,湿润过夜。

(2)将制备好的试样在手中揉捏至不粘手,捏扁,当出现裂缝时,表示其含水率接近塑限。

(3)取接近塑限含水率的试样8~10 g,用手搓成椭圆形,放在毛玻璃板上用手掌滚搓,滚搓时手掌的压力要均匀地施加在土条上,不得使土条在毛玻璃板上无力滚动,土条不得有空心现象,土条长度不宜大于手掌宽度。

(4)当土条直径搓成3 mm时产生裂缝,并开始断裂,表示试样的含水率达到塑限含水率。当土条直径搓成3 mm时不产生裂缝或土条直径大于3 mm时开始断裂,表示试样的含水率高于塑限或低于塑限,都应重新取样进行试验。

(5)取直径3 mm有裂缝的土条3~5 g,测定土条的含水率。

7.3.5.3 试验数据记录与处理

(1)按式(7-13)计算塑限,精确至0.1%:

$$\omega_P = (\frac{m_0}{m_s} - 1) \times 100\% \tag{7-13}$$

(2)本试验需进行两次平行测定,两次测定的差值应符合下述要求:

①当含水率小于40%时为1%;

②当含水率等于或大于40%时为2%;

③对层状和网状构造的冻土不大于3%。

取两个测值的平均值,以百分数表示。

(3)试验数据记录,见表7-4。

表7-4 塑限试验(滚搓法)记录计算表

试样编号	盒号	盒质量(g)	盒+湿土质量(g)	盒+干土质量(g)	水分质量(g)	干土质量(g)	含水率(%)	平均含水率(%)

7.3.5.4 试验中的注意事项

(1)搓条时必须用力均匀,防止土条中空,土样应当充分拌匀。

(2)土条必须多产生裂纹时才可以达到塑限,且产生裂纹必须是螺纹状。

7.4 击实试验

7.4.1 试验目的

本试验的目的是测定土的最大干密度与相应的最优含水率,为工程设计和现场施工提供压实资料,是控制土坝、路堤或填土地基等压实质量的重要指标。

7.4.2 试验方法

(1)轻型击实试验:适用于粒径小于5 mm的黏性土,其单位体积击实功约592.2 kJ/m³。

(2)重型击实试验:适用于粒径不大于20 mm的黏性土,采用三层击实时,最大粒径不大于40 mm,其单位体积击实功约2 684.9 kJ/m³。

下面主要介绍轻型击实试验。

7.4.3 试验仪器

(1)标准击实仪:由击实筒和击锤组成(见图7-10)。击实锤底直径为51 mm,质量为2.5 kg,落高为305 mm;击实筒直径为102.0 mm,筒高为116 mm,体积947.4 cm³。

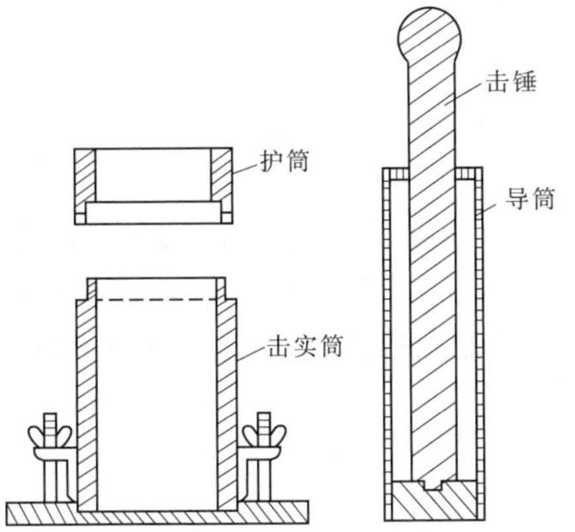

图7-10 击实仪示意图

(2)天平:称量200 g,最小分度值0.01 g。

(3)台秤:称量10 kg,最小分度值5 g。

(4)标准筛:孔径为20 mm、5 mm。

(5)其他:喷水设备、木槌、盛土器、推土器、修土刀等。

7.4.4 试验步骤

(1)制备土样:用四分对角法对分法取风干代表性土样20 kg,放在橡皮板上用木槌碾散,过5 mm筛,将筛下土样拌匀,并测定土样的风干含水率。

(2)预估加水量:根据土的塑限预估最优含水率,并制备一组5个不同含水率的试样,相邻2个含水率的差值宜为2%,其中2个含水率大于塑限,2个小于塑限,1个接近塑限。需加水量可按式(7-1)计算。

(3)加水备样:按预定含水率加水制备试样。取土样2.5 kg,平铺于不吸水的平板上,用喷水设备往土样上均匀喷洒预定的水量,装入塑料袋内或密封于盛土器内备用。湿润时间,高液限黏土不得少于24 h,低液限黏土可酌情缩短,但不少于12 h。

(4)分层击实:将击实仪平稳放在坚实的地面上,击实筒与底座连接好,安装好护筒,在击实筒内壁均匀涂一薄层凡士林。取制备好的土样600~800 g(其数量上应满足击实后试样略高于筒高的1/3)倒入筒内,整平其表面,按25击进行击实。击实时,击锤应自由铅直下落,锤迹必须均匀分布于土面上,然后把土刨毛。重复上述步骤进行第二层、第三层的击实,击实后试样略高于筒顶(不得大于6 mm)。

(5)称质量:卸下护筒,用修土刀修平击实筒顶部的试样,拆除底板,试样底部若超出筒外,也应修平,擦净筒外壁,称筒与试样的总质量,精确至1 g,并计算试样的湿密度。

(6)测含水率:用推土器将试样从击实筒推出,称筒的质量,精确至1 g,并从试样中心处取2个代表性试样测定含水率,2个含水率的差值不应大于1%。

(7)按步骤(4)~(6)对不同含水率的试样依次击实。

7.4.5 试验数据记录与处理

(1)计算击实后试样的干密度ρ_d为

$$\rho_d = \frac{\rho}{1+\omega} \tag{7-14}$$

式中　ρ——湿密度，g/cm^3，精确至 0.01 g/cm^3。

ω——含水率(%)。

(2)以干密度 ρ_d 为纵坐标、含水率 ω 为横坐标，绘制干密度与含水率的关系曲线，曲线上峰值点所对应的纵坐标为击实试样最大干密度，相应的横坐标为击实试样的最优含水率（见图 7-11）。当关系曲线不能绘制出峰值点，应进行补点，土样不宜重复使用。

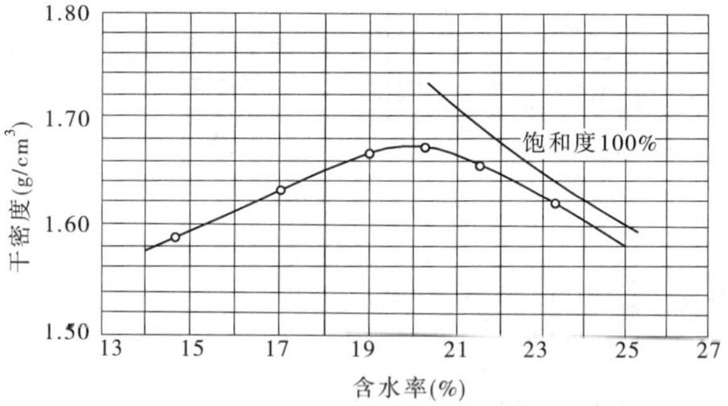

图 7-11　干密度与含水率关系曲线

(3)试验数据记录，见表 7-5。

表 7-5　击实试验记录计算表

最大干密度______g/cm³				最优含水率______%				筒体积______cm³		
筒+试样质量(g)	筒质量(g)	试样质量(g)	湿密度(g/cm³)	干密度(g/cm³)	盒号	盒质量(g)	盒+湿土质量(g)	盒+干土质量(g)	含水率(%)	平均含水率(%)

7.5　含水率试验

7.5.1　试验目的

该试验目的是测定土的含水率，以反映土的干、湿状态。该指标的变化将使土的一系列力学性质发生很大变化，如天然地基的承载力、黏性土的压缩性及强度等；同时含水率又是计算密度、孔隙比、饱和度等指标的依据。本试验方法适用于粗粒土、细粒土、有机质土和冻土。

7.5.2　试验方法

烘干法、酒精燃烧法。下面主要介绍烘干法。

7.5.3 试验仪器及设备

(1)电热烘箱:应能控制温度为105~110 ℃。

(2)天平:称量200 g,最小分度为0.01 g。

(3)其他设备:铝盒、干燥器等。

7.5.4 试验步骤

(1)先称取铝盒质量,之后对细粒土,取具有代表性试样15~30 g或用环刀中的试样,有机质土、砂类土和整体状构造冻土为50 g,放入称量盒内,盖上盒盖,称盒加湿土质量,精确至0.01 g。

(2)打开盒盖,将盒置于烘箱内,在105~110 ℃的恒温下烘至恒量。烘干时间对黏土、粉土不得少于8 h,对砂土不得少于6 h,对含有机质超过干土质量5%的土,应将温度控制在65~70 ℃的恒温下烘至恒重。

(3)将称量盒从烘箱中取出,盖上盒盖,放入干燥器中冷却至室温,称盒加干土质量,精确至0.01 g。

7.5.5 试验数据记录与处理

(1)试样的含水率,应按式(7-15)计算,精确至0.1%。

$$\omega = \left(\frac{m_0}{m_s} - 1\right) \times 100\% \qquad (7\text{-}15)$$

(2)本试验需进行两次平行测定,两次测定的差值同7.3.5.3。

(3)试验数据记录,见表7-6。

表7-6 含水率试验(烘干法)记录计算表

盒号	盒质量(g)	盒+湿土质量(g)	盒+干土质量(g)	水分质量(g)	干土质量(g)	含水率(%)	平均含水率(%)

7.5.6 试验中的注意事项

(1)取出土样后应该立即称量湿土质量,以免水分蒸发。

(2)烘干土样时必须烘干至质量不变为止,否则会影响测量精度。

(3)烘干的土样应该充分冷却后称量,不然会影响测量精度。

7.6 密度试验

7.6.1 试验目的

该试验目的是测定土的密度,以了解土的疏密状态,为工程设计及施工质量控制提供依据。

7.6.2 试验方法

(1)环刀法:用于测定细粒土的密度。

(2)灌砂法、灌水法:用于测定粗粒土的密度。

(3)蜡封法:用于测定易破裂土和形状不规则的坚硬土。

下面主要介绍环刀法测土的密度。

7.6.3 试验仪器及设备

(1)环刀:内径61.8 mm和79.8 mm,高度20 mm。

(2)天平:称量500 g,最小分度值0.1 g;称量200 g,最小分度值0.01 g。

(3)其他:切土刀、钢丝锯、玻璃片、凡士林等。

7.6.4 试验步骤

(1)取原状土样或制备好的重塑黏性土样,将土样两端整平。在环刀内壁上涂一层凡士林,称量涂抹凡士林后的环刀质量。

(2)将环刀刃口向下放在土样上,一边将环刀垂直下压,一边用刮刀沿环刀外侧切削土样,压切同时进行,直至土样高出环刀。

(3)根据土样的软硬程度采用钢丝锯或切土刀对环刀两端土样进行整平。取剩余的土样测定含水率。擦净环刀外壁,称量环刀和土的总质量,精确至0.1 g。

7.6.5 试验数据记录与处理

(1)试样的湿密度,应按下式计算:

$$\rho_0 = \frac{m_0}{V} \tag{7-16}$$

式中 ρ_0——试样的密度,g/cm^3;

V——环刀体积,cm^3;

m_0——湿土质量,g。

注:本试验应进行两次平行测定,两次测定的差值不得大于0.03 g/cm^3,取两次测值的平均值。

(2)试验数据记录,见表7-7。

表7-7 密度试验(环刀法)记录计算表

环刀号	环刀质量(g)	环刀+土的质量(g)	环刀体积(cm^3)	湿密度(g/cm^3)	平均湿密度(g/cm^3)

7.6.6 试验中的注意事项

(1)用环刀切土样时,必须按步骤进行,压环刀时用力要均匀,以免土样开裂造成土样扰动,使试验结果不准确。

(2)修平土样时不能用力压土样表面,以免扰动土样。

(3)称量时注意归零。

7.7 固结试验

7.7.1 试验目的

本试验的目的是测定试样在侧限条件下变形和压力的关系曲线,从而求出土的压缩指标,判断土的压缩性,进而可以计算建筑物地基的沉降量。

7.7.2 试验方法

快速固结试验法:以侧限模拟无限土体,以最后一级压力达到稳定的沉降量为依据,对各级压力下的沉降量进行校正,从而计算出各级压力下的孔隙比 e_i ,并绘制 $e—p$ 曲线。

7.7.3 试验仪器

(1)固结容器:由环刀、护环、透水板、水槽及加压上盖组成,如图7-12所示。

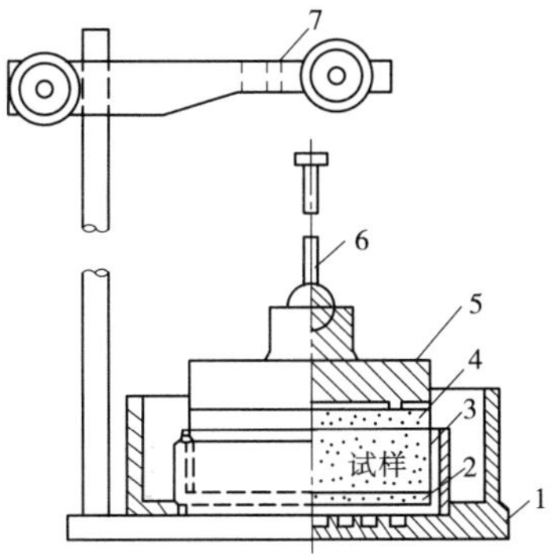

1—水槽;2—护环;3—环刀;4—透水板;
5—加压上盖;6—位移计导杆;7—量表架

图7-12 固结仪示意图

①环刀:内径为61.8 mm和79.8 mm,高度为20 mm,环刀应具有一定的刚度,内壁应保持较高的清洁度。

②透水板:其渗透系数应大于试样的渗透系数。

(2)加压设备:采用杠杆式加荷设备,能垂直地瞬间施加各级压力,且没有冲击力。

(3)测微表:量程10 mm,最小分度值0.01 mm。

(4)其他:修土刀、钢丝锯、滤纸、天平、秒表等。

7.7.4 试验步骤

(1)试样制备:试样的制备应按7.1.2.1或7.1.2.2进行,并测定试样的含水率和密度。

试样需要饱和时,应按 7.1.3(4)的规定进行抽气饱和。

(2)试样安装:在固结容器内依次放上护环、透水板、滤纸,将带有环刀的试样刃口向下小心装入护环,然后在试样上放滤纸、透水板和加压上盖,将固结容器置于加压框架下,对准加压框架的正中。

(3)安装测微表:调节测微表使其距离不小于 8 mm 的量程,稍稍提起测微表导杆,保证其能上下运行自如。

(4)预压:施加 1 kPa 的压力,判断各部件的连接是否良好,调整测微表,使长指针读数为零。

(5)施加荷载:快速固结试验法一般的加压等级为 50 kPa、100 kPa、200 kPa、300 kPa、400 kPa,加压后测记各级压力下固结时间为 1 h 的测微表读数,仅在最后一级压力下,除测记 1 h 的测微表读数外,还应测读固结稳定时的测微表读数,稳定标准为测微表读数每小时变化不大于 0.05 mm。

(6)卸荷取试样:试验结束后,卸除仪器各部件,取出环刀和试样。

7.7.5　试验数据记录与处理

(1)计算试样的初始孔隙比 e_0 为

$$e_0 = \frac{\rho_w G_s (1 + \omega_0)}{\rho_0} - 1 \tag{7-17}$$

式中　G_s——土粒比重;

ρ_w——水的密度,g/cm³;

ρ_0——试样的初始密度,g/cm³;

ω_0——试样的初始含水率(%)。

(2)计算各级压力下固结稳定的孔隙比 e_i 为

$$e_i = e_0 - (1 + e_0)\frac{\sum \Delta s_i}{h_0} \tag{7-18}$$

对快速固结法试验结果,需要计算试样校正的变形量:

$$\sum \Delta s_i = \Delta s_i K \tag{7-19}$$

$$K = \frac{(s_n)_T}{(s_n)_t} \tag{7-20}$$

式中　h_0——试样的初始高度,m;

$\sum \Delta s_i$——某一级压力下校正后试样变形量,mm;

Δs_i——某一级压力下 1 h 的试样变形量减去仪器变形量,mm;

K——校正系数;

$(s_n)_T$——最后一级压力达到稳定标准的总变形量减去该压力下的仪器变形量,mm;

$(s_n)_t$——最后一级压力下固结 1 h 的总变形量减去该压力下的仪器变形量,mm。

(3)以孔隙比 e 为纵坐标,压力 p 为横坐标,绘制孔隙比与压力的关系曲线,如图 7-13

所示。

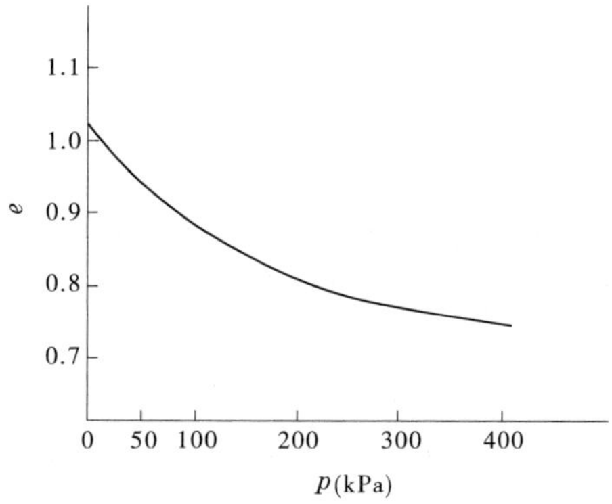

图 7-13　孔隙比与压力的关系曲线

(4)计算该试样的压缩系数 a_{1-2} 和压缩模量 E_{s1-2}：

$$a_{1-2}=\frac{e_1-e_2}{p_2-p_1} \tag{7-21}$$

$$E_{s1-2}=\frac{1+e_1}{a_{1-2}} \tag{7-22}$$

式中　p_1、p_2——100 kPa、200 kPa 的压力值；

e_1、e_2——对应 100 kPa、200 kPa 的孔隙比。

(5)试验数据记录，见表 7-8。

表 7-8　快速测定法固结试验记录计算表

含水率 ω_0 =________　初始孔隙比 e_0 =________　试样高 h_0 =________　比重 G_s =________

密度 ρ_0 =____________　K=____________　a_{1-2} =____________　E_s =____________

压力历时(h)	压力 p(kPa)	测微表读数(mm)	仪器变形量(mm)	校对前试样变形量(mm)	校对后试样变形量(mm)	孔隙比 e
	(1)	(2)	(3)	(4)=(2)-(3)	(5)=K(4)	$e_i=e_0-(1+e_0)\frac{\sum \Delta s_i}{h_0}$

7.8 剪切试验

7.8.1 试验目的

本试验的目的是测定土的抗剪强度指标,即黏聚力 c 和内摩擦角 φ 。土的抗剪强度指标是土坝、土堤、路基、岸坡稳定性分析及地基承载力、土压力等计算中的重要指标。

7.8.2 试验方法

剪切试验方法主要分为室内试验和野外试验两种。

(1)室内试验:直接剪切试验、三轴压缩试验、无侧限抗压强度试验等;

(2)野外试验:十字板剪切试验等。

下面主要介绍室内的直接剪切试验和三轴压缩试验。

7.8.3 直接剪切试验

1. 试验原理

通常采用4个试样为一组,分别在不同的垂直压力 σ 下,施加水平剪应力进行剪切,求得破坏时的剪应力 τ,然后通过库仑定律确定土的抗剪强度指标。

试验方法可以分为快剪、固结快剪、慢剪三种。

2. 试验仪器

(1)应变控制式直接剪切仪由剪切盒、垂直加压设备、剪切传动装置、测力环、位移量测系统等组成,如图7-14所示。

(2)其他:量表、环刀、修土刀、秒表、塑料布等。

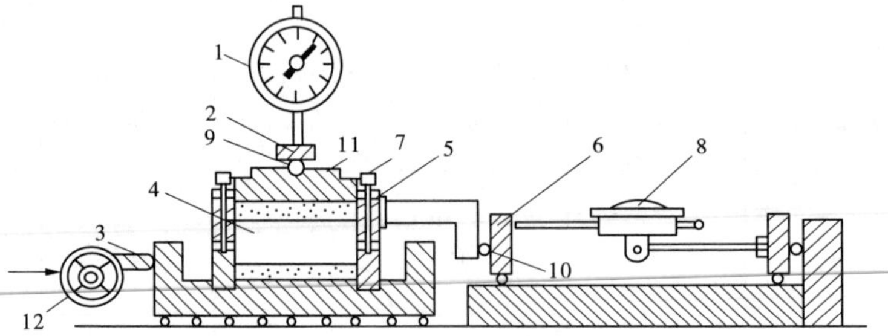

1—垂直变形量百分表;2—垂直加压框架;3—推动座;4—试样;5—剪切盒;6—量力环;7—销钉;8—量力环百分表;9—传力钢珠;10—前端钢珠;11—试样顶盖;12—手轮

图7-14 应变控制式直接剪切仪示意图

3. 试验步骤(快剪试验)

(1)试样制备:试样的制备应按7.1.2.1小节或7.1.2.2小节进行,并测定试样的含水率和密度。试样需要饱和时,应按7.1.3(4)部分的规定进行抽气饱和。

(2)试样装入剪切盒:对准上下盒,插入固定销钉,在下盒内放入透水板,并在透水板与试样之间放一块塑料布，然后将装有试样的环刀刃口向上小心推入剪切盒内，移去环刀。

(3)量表调零：转动手轮，使上盒前端钢珠刚好与测力计接触，顺次在试样上放一块塑料布、透水板，加上传压板、压力框架，将测力计的量表读数调整为零。

(4)施加压力：四个试样分别施加 100 kPa、200 kPa、300 kPa、400 kPa 的垂直压力，各垂直压力可一次轻轻施加，若土质松软，也可分次施加。

(5)剪切试样：施加垂直压力后，立即拔去固定销钉，以 0.8 mm/min(4~6 r/min)的速率剪切试样。当量力环中量表不再前进，或者有显著后退，表示试样已发生剪切破坏，一般宜剪至剪切变形达到 4 mm，若量表指针继续前进，则剪切变形应达到 6 mm 为止。手轮每转一转，应同时测记转数和量力环读数。

(6)卸荷：剪切结束后，吸去剪切盒中积水，倒转手轮，尽快移去垂直压力框架、传压板，并取出试样。

4. 试验数据记录与处理

(1)计算各级垂直压力下所测得的抗剪强度 τ_f 为

$$\tau_f = CR \tag{7-23}$$

式中 C ——量力环率定系数，kPa/0.01mm；

R ——量力环读数，0.01 mm。

(2)以土的抗剪强度为纵坐标、垂直压力为横坐标，绘制抗剪强度与垂直压力的关系曲线(库仑抗剪强度直线)，如图 7-15 所示，直线与横轴的夹角即为土的内摩擦角 φ，直线在纵轴上的截距即为土的黏聚力 c。

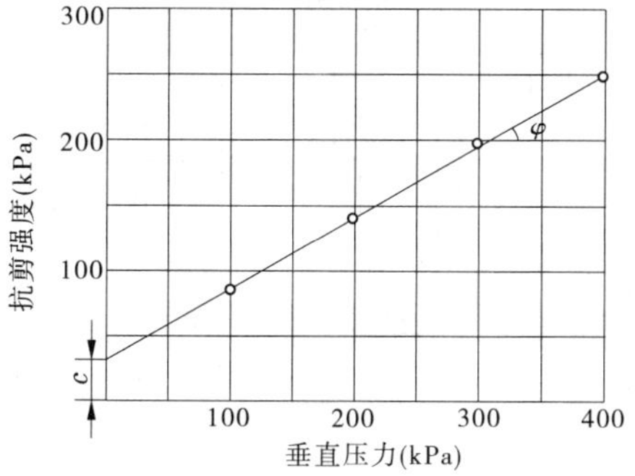

图 7-15 抗剪强度与垂直压力关系曲线

(3)试验数据记录，见表 7-9。

表 7-9 直接剪切试验记录计算表

量力环率定系数(kPa/0.01 mm)______				
垂直压力(kPa)				
量力环读数(0.01 mm)				
抗剪强度(kPa)				
土的内摩擦角 φ =______		黏聚力 c =______		

5. 试验中的注意事项

(1)仪器应定期检查,保证加荷准确。

(2)加砝码应稳妥,避免振动。

7.8.4 三轴压缩试验

1. 试验原理

三轴压缩试验通常用3~4个圆柱形试样,分别在不同的周围压力(小主应力σ_3)下,施加轴向压力(产生主应力差($\sigma_1-\sigma_3$))进行剪切破坏,然后根据莫尔-库仑理论,求得抗剪强度参数。

试验方法分为不固结不排水剪、固结不排水剪和固结排水剪。

2. 试验仪器

(1)三轴剪力仪:由压力室、轴向加压设备、周围压力系统、反力系统、孔隙水压力测量系统、轴向变形和体积变化量测系统组成,如图7-16所示。

(2)附属设备:包括击样器、饱和器、切土器、原状土分样器、切土盘、承膜筒和对开圆膜(如图7-17~图7-20所示)。

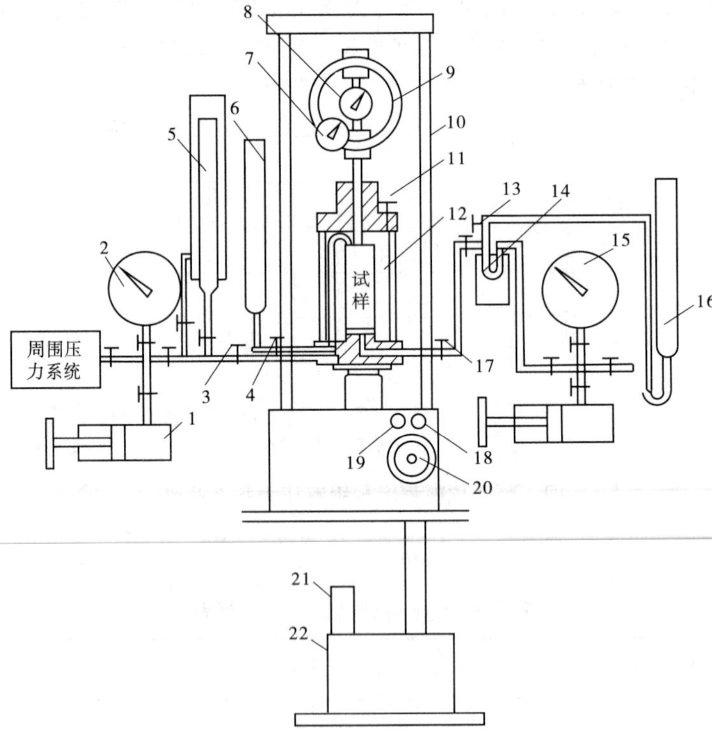

1—调压筒;2—围压表;3—周围压力阀;4—排水阀;5—体变管;6—排水管;7—轴向位移百分表;8—量力环百分表;9—量力环;10—轴向加压设备;11—排气孔;12—压力室;13—量管阀;14—零位指示器;15—孔压表;16—量管;17—孔压压力阀;18—加载离合器粗调、细调调节钮;19—加载离合器人工、手动调节钮;20—手轮;21—电动机;22—变速箱

图7-16 应变控制式三轴仪

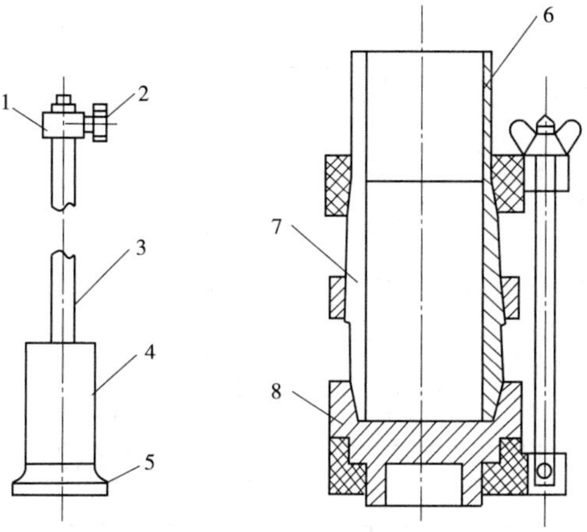

1—套环;2—定位螺丝;3—导杆;4—击锤;5—底板;6—套筒;
7—击样筒;8—底座

图 7-17 应变控制式三轴仪

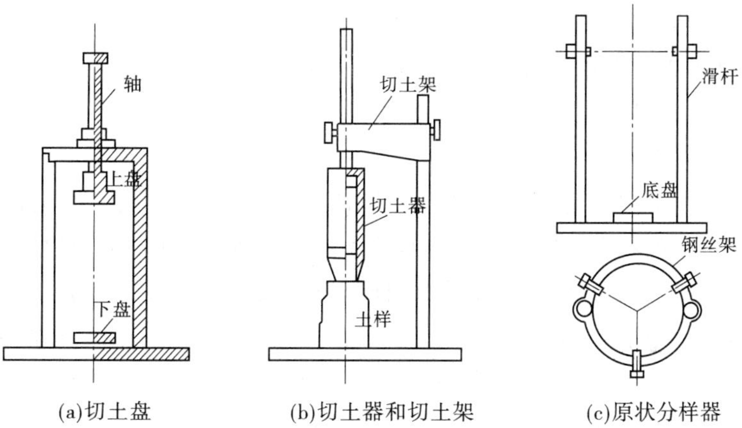

(a)切土盘 (b)切土器和切土架 (c)原状分样器

图 7-18 原状土切土盘、分样器

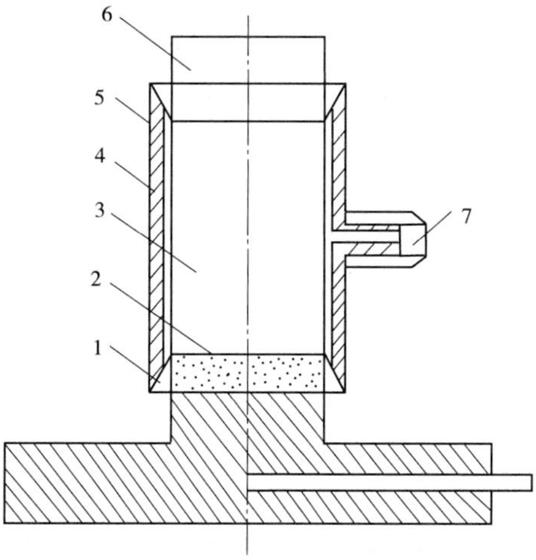

1—压力室底座;2—透水板;3—试样;4—承膜筒;5—橡皮膜;6—上帽;7—吸气孔

图 7-19 承膜筒

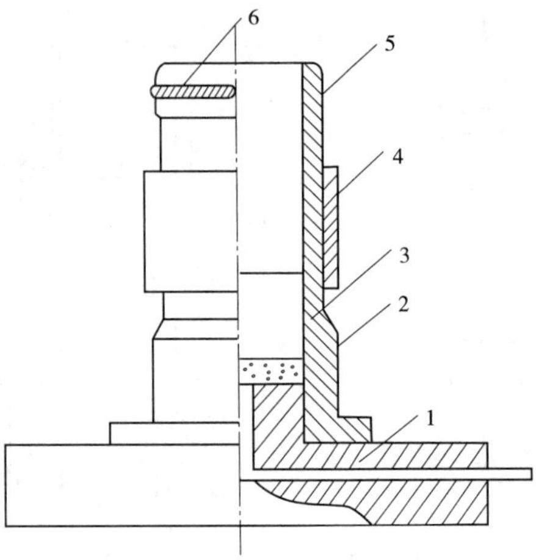

1—压力室底座;2—透水板;3—制样圆膜(两片合成);4—紧箍;5—橡皮膜;6—橡皮圈

图 7-20　对开圆膜

(3)其他:量表、环刀、修土刀、秒表、塑料布等。

3. 操作步骤(不固结不排水剪)

1)试样制备(高度与直径之比要求在 2.0~2.5)

(1)原状土样的制备:

①对于较软弱的土样先用钢丝锯、削土刀切取一稍大于规定尺寸的土柱,放在切土盘上、下圆盘之间,再用钢丝锯或削土刀紧靠侧板由上往下细心切削,边削边转动圆盘直至土样的直径被削成规定的直径为止,然后按试样高度的要求削平上下两端。对于直径为 10 cm 的软黏土土样可先用分样器分成 3 个土柱,然后再按上述的方法,切削成直径为 39.1 mm 的试样。对较硬的土样,先用切土刀取一稍大于规定尺寸的土样,放在切土架上,用切土器切削土样,边削边压切土器,直至切削到试样高度约 2 cm 为止。

②将切削好的试样称量,准确至 0.1 g,测其密度。试样高度和直径用卡尺量测,试样的平均直径按公式(7-24)计算:

$$D_0 = \frac{D_1 + 2D_2 + D_3}{4} \tag{7-24}$$

式中　D_0——试样平均直径,mm;

　　D_1、D_2、D_3——试样上、中、下部的直径,mm。

③取切下的余土,测定含水率,取其平均值作为试样的含水率。

④对于同一组原状试样,其密度的差值不宜大于 0.03 g/cm^3,含水率差值不宜大于 2%。

(2)扰动土试样的制备:

①选取一定数量的代表性土样(对直径 39.1 mm 试样约取 2 kg),经风干、碾碎、过筛后测定风干含水率,按要求的含水率计算出所需加水量。

②将需加的水量喷洒到土料上拌匀,稍静置后装入塑料袋,然后置于密闭容器内至少 20 h,使含水率均匀。取出土料复测其含水率。

③击样筒壁在使用前应先擦干净，涂一薄层凡士林。根据要求的干密度，称取所需土质量。在击样器内分层击实，粉土宜为3~5层，黏土宜为5~8层，各层土料数量应相等，各层接触面应刨毛。击完最后一层，将击样器内的试样两端整平，取出试样称量。一组试样的密度差值应小于0.02 g/cm³。

2）试样安装

（1）在压力室的底座上，依次放上不透水板、试样及不透水试样帽，将橡皮膜用承膜筒套在试样外，并用橡皮圈将橡皮膜两端与底座及试样帽分别扎紧。

（2）将压力室罩顶部活塞提高，放下压力室罩，将活塞对准试样中心，并均匀地拧紧底部连接螺母，向压力室内注满纯水，待压力室顶部排气孔有水溢出时，关闭排气孔，并将活塞对准测力计和试样顶部中心。

（3）将离合器调至粗位，转动粗调手轮；当试样帽与活塞及测力计接近时，将离合器调至细位，改用细调手轮，使试样帽与活塞及测力计接触；然后将轴向测力计和轴向位移计的读数调整到零位，关闭体变管阀及排水阀，施加所需周围压力，周围压力的大小应与工程的实际荷载相适应，也可按100 kPa、200 kPa、300 kPa、400 kPa施加。

3）剪切试样

（1）剪切时，剪切应变速率宜为每分钟0.5%~1.0%，开动电动机，合上离合器，进行剪切。开始阶段试样每产生0.3%~0.4%的轴向应变，测记一次测力计读数和轴向位移计读数，当轴向应变达3%以后，每产生0.7%~0.8%轴向应变，测记一次。在出现峰值后，应继续剪3%~5%轴向应变；若测力计读数无明显减少，则剪切至轴向应变达15%~20%。

（2）试样结束后关闭电动机，关闭周围压力阀，然后拔出离合器，倒转手轮，开排气孔，排去压力室内的水，扯除压力室罩，揩干试样周围的余水，脱去试样外的橡皮膜，描述破坏后试样的形状，称试样质量，并测含水率。

（3）其余几个试样，在不同周围压力下以同样的剪切应变速率进行试验。

4. 计算

（1）轴向应变计算按式（7-25）计算：

$$\varepsilon_1 = \frac{\Delta h}{h_0} \times 100\% \tag{7-25}$$

式中 ε_1——轴向应变，%；

Δh——剪切过程中试样的高度变化，mm；

h_0——试样的初始高度，mm。

（2）试样的校正段面积按式（7-26）计算：

$$A_a = \frac{A_0}{1 - \varepsilon_1} \tag{7-26}$$

式中 A_a——试样的校正断面积，cm^2；

A_0——试样的初始断面积，cm^2。

（3）主应力差按式（7-27）计算：

$$\sigma_1 - \sigma_3 = \frac{CR}{A_a} \times 10 \qquad (7\text{-}27)$$

式中 σ_1——大主应力,kPa;

σ_3——小主应力,kPa;

C——测力计率定系数,N/0.01 mm;

R——测力计读数,0.01 mm;

A_a——试样剪切时的面积,cm^2。

5. 制图

(1)以主应力差为纵坐标,横向应变为横坐标,绘制主应力差与轴向应变关系曲线,如图 7-21 所示,取曲线上主应力差的峰值作为破坏点;无峰值时,取 15%轴向应变时的主应力差值为破坏点。

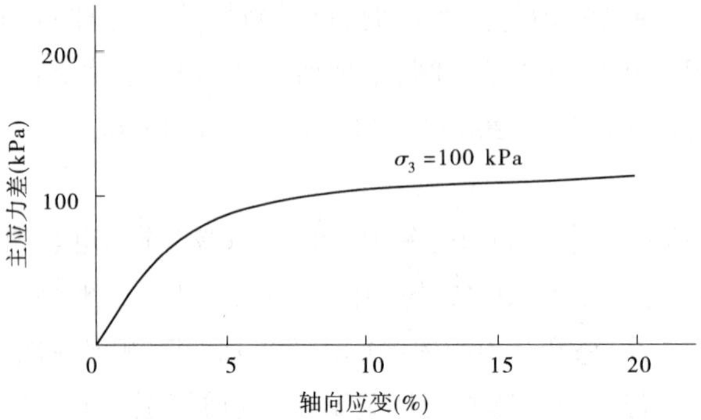

图 7-21 主应力差与轴向应变关系曲线

(2)以法向应力 σ 为横坐标,剪应力 τ 为纵坐标,在横坐标上以 $\frac{\sigma_{1f} + \sigma_{3f}}{2}$ 为圆心,以 $\frac{\sigma_{1f} - \sigma_{3f}}{2}$ 为半径,绘制破坏总应力圆,并绘制不同周围压力下破坏应力圆的包线。该包线的倾角为内摩擦角 φ_u,包线在纵轴上的截距为黏聚力 c_u,如图 7-22 所示。

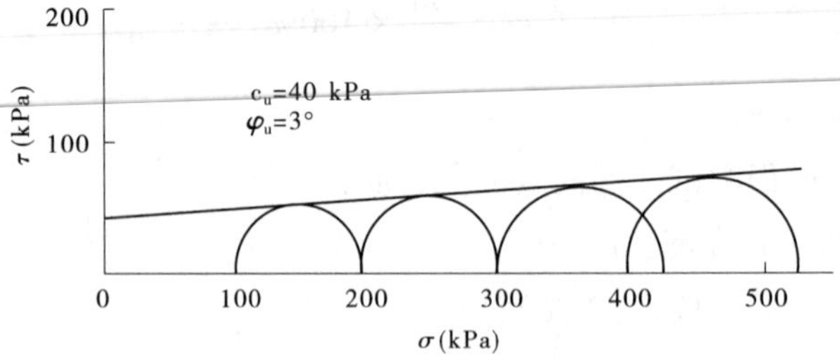

图 7-22 不固结不排水剪强度包线

6. 试验数据记录

试验数据记录,见表 7-10。

表 7-10 不固结不排水剪三轴试验记录表

周围压力 σ_3 (kPa)	轴向变形 Δh (0.01 mm)	轴向应变 ε (%)	校正面积 $A_a=\frac{A_0}{1-\varepsilon}$ (cm^2)	量力环读数 R (0.01 mm)	主应力差 $\sigma_1-\sigma_3$ (kPa)

7.9 渗透试验

7.9.1 试验目的

本试验的目的是测定土的渗透系数。渗透系数是土的一项重要力学性质指标,可用来分析天然地基、堤坝和基坑开挖边坡的渗透稳定性,以确定土的渗透变形,为施工选料等提供指标和依据。

7.9.2 试验方法

(1)常水头渗透试验:适用于粗粒土。

(2)变水头渗透试验:适用于细粒土。

7.9.3 常水头法测定渗透系数

7.9.3.1 试验仪器及设备

(1)常水头渗透仪装置:由金属封底圆筒、金属孔板、滤网、测压管和供水瓶组成。金属圆筒内径为 10 cm,高 40 cm。如图 7-23 所示。

(2)温度计:分度值 0.5 ℃。

(3)其他:秒表、天平、量杯等。

7.9.3.2 试验步骤

(1)按要求装好仪器,量测滤网至筒顶的高度,将调节管和供水管相连;从渗水孔向圆筒充水至高出滤网顶面。

(2)取具有代表性的风干土样 3~4 kg,测定其风干含水率;将风干土样分层装入圆筒内,每层 2~3 cm,根据要求的孔隙比,控制试样厚度;当试样中含黏粒时,应在滤网上铺 2 cm 厚的粗砂作为过滤层,防止细粒流失。每层试样装完后从渗水孔向圆筒充水至试样顶面,最后一层试样应高出测压管 3~4 cm,并在试样顶面铺 2 cm 砾石作为缓冲层。当水面高出试样顶面时,应继续充水至溢水孔有水溢出。

(3)量试样顶面至筒顶高度,计算试验高度,称剩余土样的质量,计算试样质量。

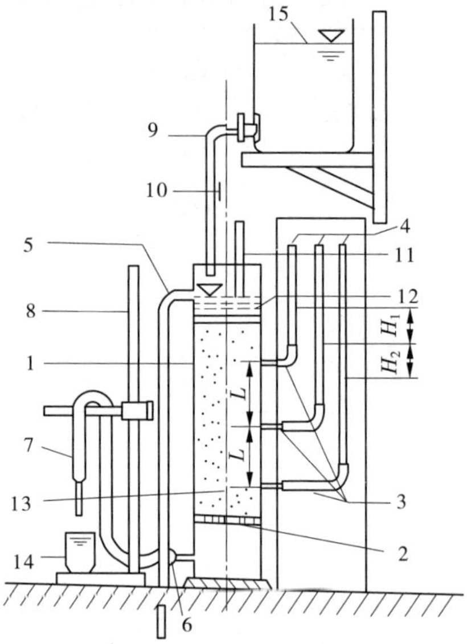

1—金属圆筒;2—金属孔板;3—测压孔;4—测压管;5—溢水孔;6—渗水孔;
7—调节管;8—滑动架;9—供水管;10—止水夹;11—温度计;12—砾石层;
13—试样;14—量杯;15—供水瓶

图 7-23　常水头渗透试验装置示意图

(4)检查测压管水位,当测压管与溢水孔水位不平时,调整测压管水位,直至两者齐平。

(5)将调节管提高至溢水孔上,将供水瓶放入圆筒内,开止水夹,使水由顶部注入圆筒,降低调节管至试样上部 1/3 高度处,形成水位差使水渗入试样,经过调节管流出。调节供水管止水夹,使进入圆筒的水量多于溢出的水量,溢水孔始终有水溢出,保持圆筒内水位不变,试样处于常水头下渗透。

(6)当测压管水位稳定后,测记水位,并计算各测压管之间的水位差。按规定时间计算渗出水量,接取渗出水量时,调节管口不得浸入水中,测量进水和出水处的水温,取平均值。

(7)降低调节管至试样的中部和下部 1/3 处,按步骤(5)、(6)重复测定渗出水量和水温,当不同水力梯度下测定的数据接近时,结束试验。

(8)根据工程需要,改变试样的孔隙比,继续试验。

7.9.3.3　试验数据记录与处理

(1)常水头渗透系数应按式(7-28)计算:

$$k_T = \frac{QL}{AHt} \tag{7-28}$$

式中　k_T——水温为 T ℃时试样的渗透系数,cm/s;

Q——时间 t 秒内渗出水量,cm^3;

L——两测压管中心间的距离,cm;

A——试样的断面面积,cm^2;

H——平均水位差,cm,$H=(H_1+H_2)/2$;

t——时间,s。

(2)本试验以水温 20 ℃为标准温度,标准温度下的渗透系数应按式(7-29)计算:

$$k_{20}=k_T\frac{\eta_T}{\eta_{20}}\tag{7-29}$$

式中 k_{20}——标准温度时试样的渗透系数,cm/s;

η_T——T ℃时水的动力黏滞系数,kPa·s;

η_{20}——20 ℃时水的动力黏滞系数,kPa·s。

黏滞系数比 η_T/η_{20} 可查表7-11。

表7-11 η_T/η_{20} 与温度关系表

温度(℃)	5.0	5.5	6.0	6.5	7.0	7.5	8.0	8.5	9.0	9.5	10.0	10.5
$\frac{\eta_T}{\eta_{20}}$	1.501	1.478	1.455	1.435	1.414	1.393	1.373	1.353	1.334	1.315	1.297	1.279
温度(℃)	11.0	11.5	12.0	12.5	13.0	13.5	14.0	14.5	15.0	15.5	16.0	16.5
$\frac{\eta_T}{\eta_{20}}$	1.261	1.243	1.227	1.211	1.194	1.176	1.168	1.148	1.133	1.119	1.104	1.090
温度(℃)	17.0	17.5	18.0	18.5	19.0	19.5	20.0	20.5	21.0	21.5	22.0	22.5
$\frac{\eta_T}{\eta_{20}}$	1.077	1.066	1.050	1.038	1.025	1.012	1.000	0.988	0.976	0.964	0.958	0.943
温度(℃)	23.0	24.0	25.0	26.0	27.0	28.0	29.0	30.0	31.0	32.0	33.0	34.0
$\frac{\eta_T}{\eta_{20}}$	0.932	0.910	0.890	0.870	0.850	0.833	0.815	0.798	0.781	0.765	0.750	0.735

注:根据计算的渗透系数,应取3~4个在允许差值范围内的数据平均值,作为试样在该孔隙比下的渗透系数(允许差值不大于 2×10^{-n})。

(3)试验数据记录,见表7-12。

表7-12 常水头渗透试验记录计算表

经过时间(s)	测压管水位(cm)			水位差(cm)			水力坡降 i	渗水量(cm^3)	渗透系数(cm/s)	水温(℃)	校正系数	水温20 ℃时的渗透系数(cm/s)	平均渗透系数(cm/s)
	Ⅰ管	Ⅱ管	Ⅲ管	H_1	H_2	平均							
(1)	(2)	(3)	(4)	(5)	(6)	(7)	(8)	(9)	(10)	(11)	(12)	(13)	(14)
				(2)-(3)	(3)-(4)	$\frac{(5)+(6)}{2}$	$\frac{(7)}{L}$		$\frac{(9)}{A\times(8)\times(1)}$				

7.9.4 变水头法测定渗透系数

7.9.4.1 仪器设备

(1)渗透容器:由环刀、透水石、套环、上盖和下盖组成。环刀内径61.8 mm,高40 mm;

透水石的渗透系数应大于 10^{-3} cm/s。

(2)变水头装置:由渗透容器、变水头管、供水瓶、进水管等组成(见图 7-24)。变水头管的内径应均匀,管径不大于 1 cm,管外壁应有最小分度为 1.0 mm 的刻度,长度宜为 2 m 左右。

(3)其他:量筒、秒表、温度计、凡士林等。

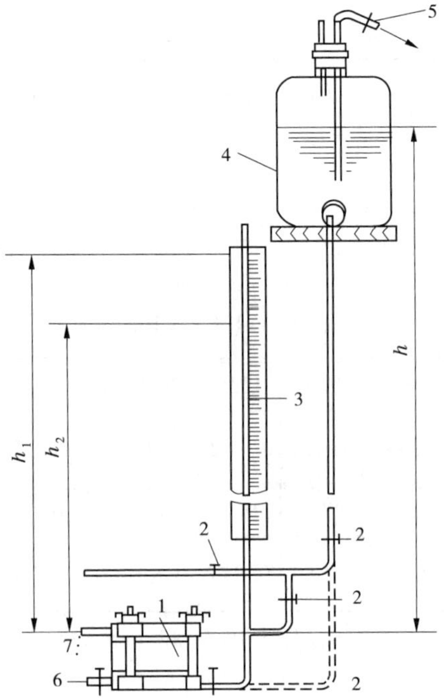

1—渗透容器;2—进水管夹;3—变水头管;4—供水瓶;
5—接水源管;6—排气水管;7—出水管

图 7-24　变水头渗透试验装置示意图

7.9.4.2　试验步骤

(1)试样制备:试样的制备应按 7.1.2.1 小节或 7.1.2.2 小节进行,并测定试样的含水率和密度。

(2)装样饱和:将装有试样的环刀装入渗透容器,用螺母旋紧,要求密封至不漏水不漏气。对不易透水的试样,按本标准 7.1.3(4)小节内容的规定进行抽气饱和;对饱和试样和较易透水的试样,直接用变水头装置的水头进行试样饱和。

(3)排气:将渗透容器的进水口与变水头管连接,利用供水瓶中的纯水向进水管注满水,并渗入渗透容器,开排气阀,排除渗透容器底部的空气,直至溢出水中无气泡,关排水阀,放平渗透容器,关进水管夹。

(4)供水:向变水头管注纯水。使水升至预定高度,水头高度根据试样结构的疏松程度确定,一般不应大于 2 m,待水位稳定后切断水源,开进水管夹,使水通过试样,当出水口有水溢出时开始测记变水头管中起始水头高度和起始时间,按预定时间间隔记水头和时间的变化,并测记出水头的水温。

(5)测记:将变水头管中的水位变换高度,待水位稳定再进行测记水头和时间变化,重复试验5~6次。当不同开始水头下测定的渗透系数在允许误差范围内时,结束试验。

7.9.4.3 **试验数据记录与处理**

(1)变水头渗透系数应按式(7-30)计算:

$$k_T = 2.3\frac{aL}{A(t_2 - t_1)}\lg\frac{H_1}{H_2} \tag{7-30}$$

式中 a——变水头管的断面面积,cm^2;

L——渗径,即试样高度,m;

A——试样的断面面积,cm^2;

t_1, t_2——测读水头的起始时间和终止时间,s;

H_1, H_2——起始和终止水头,cm。

注:①同常水头渗透试验,应计算标准温度下的渗透系数,见式(7-29);

②当进行不同孔隙比下的渗透试验时,应以孔隙比为纵坐标,渗透系数的对数为横坐标,绘制关系曲线。

(2)试验数据记录,见表7-13。

表7-13 变水头渗透试验记录计算表

开始时间 t_1 (s)	终了时间 t_2(s)	经过时间 t (s)	开始水头 h_1 (cm)	终了水头 h_2 (cm)	$2.3\frac{a\times L}{A\times(3)}$	$\lg\frac{h_1}{h_2}$	T ℃时的渗透系数 (cm/s)	水温 (℃)	校正系数	水温20 ℃时的渗透系数 (cm/s)	平均渗透系数 (cm/s)
(1)	(2)	(3)	(4)	(5)	(6)	(7)	(8)	(9)	(10)	(11)	(12)
		(2)-(1)					(6)-(7)		$\frac{\eta_T}{\eta_{20}}$	(8)×(10)	

参考文献

[1] 中华人民共和国住房和城乡建设部. 水利水电工程地质勘察规范:GB 50487—2008[S]. 北京:中国计划出版社,2009.
[2] 中华人民共和国住房和城乡建设部. 建筑地基基础设计规范:GB 50007—2011[S]. 北京:中国建筑工业出版社,2011.
[3] 中华人民共和国住房和城乡建设部. 土工试验方法标准: GB/T 50123—2019[S]. 北京:中国计划出版社,2019.
[4] 中华人民共和国住房和城乡建设部. 建筑地基处理技术规范:JGJ 79—2012[S]. 北京:中国建筑工业出版社,2013.
[5] 中华人民共和国交通运输部. 公路土工试验规程: JTG 3430—2020[S]. 北京:人民交通出版社,2020.
[6] 中华人民共和国建设部. 土的工程分类标准:GB/T 50145—2007[S]. 北京:中国计划出版社,2007.
[7]《工程地质手册》编委会. 地质工程手册[M]. 北京:中国建筑工业出版社,2007.
[8] 务新超,魏明. 土力学与基础工程[M]. 北京:机械工业出版社,2017.
[9] 王玉珏,孙其龙. 工程地质与土力学[M]. 郑州:黄河水利出版社,2012.
[10] 陈希哲. 土力学地基基础[M]. 北京:清华大学出版社,1998.
[11] 刘松玉. 土力学[M]. 北京:中国建筑工业出版社,2017.
[12] 孔军. 土力学与地基基础[M]. 北京:中国电力出版社,2015.
[13] 李飞,王贵君. 土力学与基础工程[M]. 武汉:武汉理工大学出版社,2014.
[14] 陈书申,陈晓平. 土力学与地基基础[M]. 武汉:武汉理工大学出版社,2015.
[15] 孔军. 土力学与地基基础学习指导[M]. 北京:中国电力出版社,2009.
[16] 杨绍平,闫胜. 地基处理技术[M]. 北京:水利水电出版社,2015.
[17] 张振营. 地基处理[M]. 北京:中国电力出版社,2013.
[18] 张荫. 土木工程地基处理[M]. 北京:科学出版社,2009.
[19] 叶观宝,高彦斌. 地基处理[M]. 北京:中国建筑工业出版社,2009.
[20] 陈文化. 地基处理[M]. 北京:人民交通出版社,2011.
[21] 孙静. 地基处理[M]. 北京:中国质检出版社,2012.
[22] 龚晓南. 地基处理手册[M]. 北京:中国建筑工业出版社,2008.
[23] 钱家欢,殷宗泽. 土工原理与计算[M]. 北京:中国水利水电出版社,1996.
[24] 王秀兰. 地基与基础[M]. 北京:人民交通出版社,2007.
[25] 李忠,刘翠. 土工技术[M]. 郑州:黄河水利出版社,2018.

练习题答案

项目1 土的物理性质与工程分类

1.1 土的组成

一、判断题

1. √	2. √	3. ×	4. √	5. √
6. √	7. √	8. √	9. ×	10. ×
11. √	12. ×	13. ×		

二、选择题

1. D	2. A	3. D	4. A	5. B
6. D	7. D	8. A		

1.2 土的物理性质指标

一、判断题

1. ×	2. ×	3. √	4. ×	5. ×
6. √	7. √	8. √	9. ×	10. √

二、选择题

1. B	2. D	3. C	4. B	5. C
6. A	7. B	8. D	9. C	10. A
11. D	12. D	13. C	14. B	15. A
16. A	17. C	18. C	19. B	20. C

1.3 土的物理状态指标

一、判断题

1. √	2. ×	3. √	4. √	5. √
6. √	7. √	8. ×	9. √	10. √
11. √	12. √	13. ×		

二、选择题

1. D	2. B	3. A	4. D	5. D
6. D	7. B	8. A	9. C	10. A
11. C	12. B	13. B	14. B	15. A
16. D	17. B			

1.4 土的工程分类

一、判断题

1. √	2. ×	3. ×	4. √	5. √

二、选择题

1. A	2. A	3. B	4. C	5. B
6. D				

项目 2 土的压缩性和地基变形

2.1 地基中的自重应力

一、判断题

1. √	2. √	3. ×	4. √	5. √

二、选择题

1. D	2. B	3. B	4. A	5. A
6. B	7. B			

2.2 基底压力和基底附加压力

一、判断题

1. √	2. √	3. √	4. √

二、选择题

1. A	2. B	3. D	4. C	5. C
6. B	7. D			

2.3 地基中的附加应力

一、判断题

1. √	2. √	3. ×

二、选择题

1. C	2. C	3. B	4. A	5. A

2.5 土的压缩性

一、判断题

1. √	2. √	3. √	4. ×	5. √
6. √	7. ×			

二、选择题

1. C	2. D	3. A	4. B	5. A
6. A	7. C	8. B	9. B	10. C
11. A	12. B	13. A	14. A	15. A

16. B

2.6 地基变形计算

一、判断题

1. √　2. ×　3. ×

二、选择题

1. C　2. C

项目3 土的渗透性

3.1 达西定律

一、判断题

1. √　2. √　3. √　4. ×　5. √
6. ×

二、选择题

1. B　2. B　3. A　4. D

3.2 渗透系数的测定

一、判断题

1. √　2. √　3. ×　4. √　5. √
6. √

二、选择题

1. D　2. D　3. A　4. D　5. B
6. B

3.3 渗透变形

一、判断题

1. ×　2. √　3. √　4. √　5. √
6. ×　7. ×　8. √　9. ×　10. √
11. √　12. √　13. ×

二、选择题

1. D　2. A　3. C　4. A　5. B
6. C　7. D　8. D　9. D

项目4 土的抗剪强度

4.1 土的抗剪强度

一、判断题

1. × 2. √ 3. √ 4. √ 5. √
6. × 7. √ 8. × 9. √ 10. ×

二、选择题

1. A 2. A 3. C

4.2 土的极限平衡条件

一、判断题

1. × 2. √ 3. × 4. √ 5. ×
6. × 7. × 8. √ 9. √

二、选择题

1. C 2. B 3. A 4. A 5. A
6. A 7. B

4.3 土的抗剪强度指标及其测定

一、判断题

1. × 2. √ 3. × 4. √ 5. √
6. × 7. × 8. √ 9. × 10. √
11. √ 12. √ 13. √ 14. √ 15. √
16. √ 17. × 18. √ 19. × 20. ×

二、选择题

1. A 2. A 3. A 4. B 5. D
6. B 7. A 8. D 9. A

4.4 土坡稳定分析

一、判断题

1. √ 2. √ 3. √

二、选择题

1. C 2. A 3. A 4. C 5. B
6. A 7. C

项目 5 挡土墙与土压力

5.1 概述

一、判断题

1. √ 2. × 3. √ 4. × 5. ×

二、选择题

1. C 2. C 3. ABC 4. ABCDEF

5.2 静止土压力计算

一、判断题

1. √ 2. √ 3. √ 4. √ 5. √

二、选择题

1. C 2. B 3. B 4. C

5.3 朗肯土压力

5.3.2 主动土压力

一、判断题

1. × 2. × 3. × 4. ×

5.3.3 被动土压力

一、判断题

1. √ 2. √ 3. ×

5.4 库仑土压力

一、判断题

1. √ 2. √ 3. × 4. √ 5. √

项目 6 软弱地基处理

6.1 概 述

一、判断题

1. √ 2. √ 3. × 4. √

二、选择题

1. ABCDE 2. ABCDE 3. ABC 4. AC

6.2 换填法

一、判断题

1. √ 2. √ 3. √ 4. √ 5. ×

二、选择题

1. C 2. ABC 3. ABCDE 4. A 5. A

6.3 排水固结法

一、判断题

1. × 2. √ 3. × 4. × 5. ×

二、选择题

1. B 2. ABD 3. ACD 4. D

6.4 强夯法和强夯置换法

一、判断题

1. √　2. √　3. ×　4. ×　5. √

二、选择题

1. C　2. A　3. BC　4. A

6.5 水泥土搅拌桩法

一、判断题

1. √　2. √　3. ×　4. √　5. √

二、选择题

1. A　2. ABCD　3. ABCEF　4. B　5. D

6.6 挤密桩法

一、判断题

1. ×　2. √　3. ×　4. √　5. √

二、选择题

1. ABC　2. ABC　3. AD　4. C

6.7 CFG 桩

一、判断题

1. √　2. ×　3. √　4. √　5. ×

二、选择题

1. CDE　2. ABD　3. ABCD　4. ABC　5. C

思考练习题

1. ABF　2. CDEF　3. ACDEG　4. ABCD　5. BDE
6. B